W0261809

Die Cerebrospinalflüssigkeit

Untersuchungsmethoden und Klinik

Für Ärzte und Tierärzte

Von

Dr. med. **Fritz Roeder** und Dr. med. **Otto Rehm** †
Dozent für Neurologie, Psychiatrie und
Serologie an der Deutschen Forschungsanstalt
für Psychiatrie (Kaiser Wilhelm-Institut)
in München

Nervenarzt in München
(Sanatorium Neufriedenheim)

Mit 58 Abbildungen
und einer farbigen Tafel

Berlin
Springer-Verlag
1942

ISBN-13: 978-3-642-89259-2   e-ISBN-13: 978-3-642-91115-6
DOI: 10.1007/978-3-642-91115-6

Noch während der Drucklegung dieses Buches wurde durch kurze Krankheit das Leben von

Herrn Dr. OTTO REHM

beendet. Durch zahlreiche wertvolle und originelle Arbeiten hatte er sich in der Wissenschaft weitgehende Anerkennung geschaffen. Der Tod hat die Hoffnungen zerstört, die sich an seine weitere unermüdliche Forschungsarbeit knüpften. Das vorliegende Buch stellt zusammenfassend das Hauptgebiet seiner Lebensarbeit dar und ist somit eine würdige Erinnerung an sein Schaffen.

FRITZ ROEDER.

Vorwort.

Der Schwerpunkt des vorliegenden Buches liegt in der zusammenfassenden Darstellung der Methodik der Untersuchung der Spinalflüssigkeit; es ist der Versuch gemacht worden, alle wesentlichen methodischen Neuerungen, die sich nicht nur bei Durchsicht des Liquor-Schrifttums der letzten $1^1/_2$ Jahrzehnte auffinden ließen, sondern vor allem auch hinsichtlich ihrer praktischen Anwendbarkeit genügend gesichert erschienen, ihren Niederschlag in diesem Werk finden zu lassen. Seine Zielsetzung geht somit über den Rahmen eines neuzeitlichen methodischen Kompendiums hinaus.

Seit dem Erscheinen des ersten zusammenfassenden Buches über die Cerebrospinalflüssigkeit in deutscher Sprache, dem Leitfaden von REHM und SCHOTTMÜLLER aus dem Jahre 1913, der Darstellung von ESSKUCHEN („Die Lumbalpunktion" 1917) und dem Buch gleichen Titels von PAPPENHEIM (1922), ferner einem Taschenbuch der praktischen Untersuchungsmethoden der Körperflüssigkeiten bei Nerven- und Geisteskrankheiten aus dem Jahre 1927, hat die eigentliche Methodik über ein Jahrzehnt lang keine zusammenfassende Darstellung gefunden, während die Klinik der Cerebrospinalflüssigkeit durch DEMME eingehend bearbeitet wurde. Wir haben uns bemüht, diese Lücke auszufüllen, denn seither sind zweifellos eine ganze Reihe recht wesentlicher Fortschritte und vor allem neue Erfahrungen hinsichtlich der Brauchbarkeit einzelner Methoden gemacht worden: Die Technik der Kolloidreaktionen hat wesentliche Neuerungen erfahren, das früher mangels geeigneter Methoden unzugängliche Problem des Verhaltens der Lipoide im Liquor bei organischen Erkrankungen des Zentralnervensystems ist inzwischen unter Anwendung neu geschaffener Mikromethoden bearbeitet worden; klinisch brauchbare Verfahren haben sich aus diesen Forschungsarbeiten ergeben.

Über die Notwendigkeit des klinischen Alltages hinaus sind Untersuchungsmethoden zur Ermittlung des Fermentgehaltes, des Hormonspiegels sowie des Gehaltes an Vitaminen gefunden worden. Toxische Wirkungen der Spinalflüssigkeit wurden an Hand spezieller Methoden studiert. Von den verschiedensten Verfahren zur Erfassung der Gesamteiweißmenge sowie der einzelnen Eiweißfraktionen im Liquor haben sich die geeignetsten im Laufe der Jahre ermitteln lassen. Die physikalischen Eigenschaften der Spinalflüssigkeit unter normalen Verhältnissen und während pathologischen Geschehens konnten näher festgelegt werden, wiederum nach Klärung der methodischen Erfordernisse.

Es wird in diesem Buch weiterhin aufgezeigt, welche Wandlungen die Auffassungen vom patho-physiologischen Geschehen innerhalb des Liquorsystems bei organischen Erkrankungen erfahren haben, wie wir es in den Abschnitten über die Physiologie der Spinalflüssigkeit darzustellen unternahmen. Die Methoden zur Erfassung der sog. Permeabilität der Blutliquorschranke und das Problem der Bluthirnschranke sind eingehend besprochen worden; es wird dem Leser in diesen Abschnitten dargestellt, wie gerade die Schrankenfunktionen neuer, eingehender Bearbeitung bedürfen, wenn wir dem Problem des Stoffaustausches zwischen Zentralnervensystem und den Körperflüssigkeiten näher kommen wollen.

Die serologischen Methoden sind, soweit es uns notwendig erschien und allgemein weniger bekannte spezielle Erfahrungen vorlagen, die in den einschlägigen Handbüchern der Serologie nicht zur Darstellung kommen, eingehend behandelt worden.

Wir haben durch das vorliegende Buch gleichzeitig beabsichtigt, dem praktisch tätigen Arzt und Kliniker an Hand der Darstellung der häufigsten Liquorsyndrome bei neurologischen und auch internen Erkrankungen, die differentialdiagnostische Verwertung der erhobenen Liquorbefunde zu erläutern. Die klinischen Abschnitte sind allerdings, um den Umfang des Buches nicht zu sehr zu erweitern, auf ein notwendiges Maß beschränkt worden. Das einschlägige Schrifttum wird ebenfalls aus Platzgründen nur in kleinem Umfange angeführt, jedenfalls vorläufig.

Die Bearbeitung des Buches geschah gemeinsam, wobei F. ROEDER in erster Linie die Methodik, insbesondere die Serologie, ferner der physiologische, chemische und physikalische Teil, sowie auch die Darstellung der Kolloidreaktionen zufielen. O. REHM hat, seinem Spezialgebiet entsprechend, die Morphologie und den Tierliquor bearbeitet. In der Bearbeitung des speziellen klinischen Teiles teilten sich die Verfasser; F. ROEDER bearbeitete zur Hauptsache die Pathologie des menschlichen Liquors und O. REHM die des Tierliquors.

München, Frühjahr 1941.   **F. ROEDER, O. REHM †.**

Nachsatz.

Herr Dr. OTTO REHM hat die Herausgabe dieses Werkes nicht mehr erlebt. Noch während der Drucklegung ist er — 65 Jahre alt — gestorben. Für die deutsche Nervenheilkunde bedeutet sein Tod einen schweren Verlust. Herr REHM, den ich als Menschen sehr hoch schätzte, war ein hervorragender Kenner der Liquordiagnostik, praktisch und theoretisch für dieses Arbeitsgebiet ausgezeichnet begabt, umfassend beschlagen im in- und ausländischen Schrifttum, ein origineller Kopf und guter Beobachter, ein unermüdlicher Arbeiter, der den von ihm erfaßten Problemen um ihrer selbst willen nachging. Was er in der Zeit seines Wirkens auf den verschiedensten Gebieten hat schaffen können, wird ihm einen bleibenden ehrenvollen Platz in der deutschen Psychiatrie sichern.

Hamburg, im Dezember 1941.   **F. ROEDER.**

Inhaltsverzeichnis.

Inhaltsverzeichnis. VII

Tafel:

Einschlußkörper im Liquor cerebrospinalis Poliomyelitiskranker.

Einleitung.

Der Forscher früherer Generationen muß bei der Herausgabe einer umfassenden Bearbeitung eines Teilgebietes der Serologie, der Liquordiagnostik, an erster Stelle gedacht werden. Der Liquor cerebrospinalis soll von COTTUGNO im Jahre 1764 entdeckt worden sein. Die Veröffentlichung erfolgte in einer Arbeit: „De Ichiade nervosa Commentarius", Neapel 1764[1]. Kurze Zeit darauf erwähnt HALLER im Jahre 1766 in der „Physiologie des Menschen" den Liquor. MAGENDIE beschrieb ihn im Jahre 1825 in ausführlicher Weise. QUINCKE förderte seine Untersuchung so, daß er für die Klinik die jetzige große Bedeutung gewann. Seit Anfang dieses Jahrhunderts ist eine Flut von Arbeiten über den Liquor erschienen. Zunächst wurde der durch die Lumbalpunktion gewonnene Liquor diagnostisch ausgewertet, während 1919 die Zisternen- bzw. Suboccipitalpunktion erweiternd dazukam. Ähnlich wie die Lumbalpunktion schon sehr früh zur Anästhesierung benutzt wurde, so war die Suboccipitalpunktion auch schon relativ früh in der Hand des Chirurgen ein Mittel, die Liquorstauungen bei Meningitis und chronischem Hydrocephalus zu bekämpfen. Hier sind die Namen WESTENHÖFER und ANTON zu erwähnen. WEDGEFORTH, AYR und ESSICK führten die Zisternenpunktion 1919 in die Klinik ein (Amer. J. med. Sci. 1919). Die ersten umfassenden Werke über den Liquor wurden von den Franzosen SICARD, ANGLADA und MESTREZAT veröffentlicht. In der zusammenfassenden Darstellung der Ergebnisse und Erfahrungen der serologischen Abteilung der Krankenanstalten Friedrichsberg, Hamburg, besitzt die Medizinische Wissenschaft ein reichhaltiges Nachschlagewerk. Insbesondere leistete hier RIEBELING Hervorragendes hinsichtlich der Erfassung der chemischen, kolloidalen und physikalischen Eigenschaften der Spinalflüssigkeit, sowohl methodisch als auch im Hinblick auf klinische Zusammenhänge. Mit dem morphologischen Teil der Liquoruntersuchung hat sich REHM, mit dem klinischen DEMME eingehend beschäftigt. Besonders zu erwähnen sind die in Deutschland weniger bekannten Arbeiten von H. JESSEN, Aarhus (vornehmlich: „Cytologie du liquide céphalorachidien normal chez l'homme", Paris 1936).

Was den *Tierliquor* betrifft, so fehlt eine zusammenhängende Bearbeitung desselben. Bei großen Tieren wurde seit längerer Zeit die Lumbal-

---

[1] Zitiert nach P. VUILLAUME, Le Liquide céphalorachidien normal du chien. Vet. Med. Dissert. Lyon 1935.

anästhesie mit Hilfe der subduralen Lumbalpunktion betrieben. JOHNE veröffentlichte 1897 wohl die erste Arbeit über den Tierliquor, nämlich über den von Pferden [„Die Resultate einiger quantitativen und qualitativen Untersuchungen der Cerebrospinalflüssigkeit der Pferde". Z. Tiermed. 1, 394 (1897)]. Die Bornasche Krankheit der Pferde gab später Anlaß zu Untersuchungen, allerdings des postmortalen Liquors; im übrigen sind die Liquoruntersuchungen bei Affen, Hunden und Kaninchen ausschließlich zu experimentellen Zwecken erfolgt. Bezeichnend ist, daß der Liquor des Kaninchens besser als der aller anderen Tiere bekannt ist; über den experimentell infizierten Tierliquor wurde die Untersuchung des Liquors gesunder und kranker Tiere fast vollständig vernachlässigt, so daß die klinische Tiermedizin bisher von der Erforschung des Liquors keinen Nutzen hatte.

I. Allgemeiner Teil.

1. Methoden der Entnahme des Liquors.

Die Cerebrospinalflüssigkeit wird in der Regel durch Lumbalpunktion oder Zisternenpunktion entnommen, während die Ventrikelpunktion lediglich zum Zwecke der diagnostischen Liquorentnahme kaum in Frage kommt. Bei Säuglingen können allerdings die Seitenventrikel von der großen Fontanelle aus punktiert werden. Bei der von QUINCKE 1891 eingeführten Lumbalpunktion wird in folgender Weise vorgegangen:

Der Kranke wird auf die Seite gelegt; man läßt die Knie möglichst an den Leib heranziehen und biegt den Rücken stark durch. Das ist in den meisten Fällen durchführbar, bei erregten Kranken ist allerdings zu empfehlen, diese rücklings auf einen Stuhl zu setzen, dann läßt man sie den Kopf nach unten und vorn beugen, so daß der Rumpf abgebogen wird. Bei jeder Art der Lagerung ist es wichtig, daß durch die Beugung des Rumpfes die Dornfortsätze der Wirbelsäule möglichst weit voneinander entfernt werden, so daß die Punktionsnadel einen recht großen Zwischenraum findet. Der liquorführende Subarachnoidealraum wird mit einer dünnen Nadel punktiert, und zwar gehen wir bei der Lumbalpunktion zwischen den Dornfortsätzen des 3. und 4. Lendenwirbels in den Spinalkanal ein. Eine Verletzung der Medulla kann an dieser Stelle nicht zustande kommen, da ihre Endigung, der Conus terminalis, in Höhe des 1. Lendenwirbels liegt. Die Stränge der Cauda equina sowie das Filum terminale weichen der Punktionsnadel aus. Bei dem liegenden Kranken werden mit einem Farbstift die beiden Darmbeinkämme markiert und eine Verbindungslinie quer über den Rücken gezogen. Diese trifft in der Mittellinie den Dornfortsatz des 4. Lendenwirbels. Dann punktiert man den über dem Dornfortsatz befindlichen Interspinalraum, jedoch kann man, ohne eine Verletzung zu setzen, auch den höheren Interspinalraum wählen. Des öfteren gelingt es auch, den Interspinalraum unterhalb des 5. Lendenwirbels zu punktieren, trotzdem der Lumbalsack sich hier konisch verjüngt. In den meisten Fällen wird eine Messung des Liquordrucks vorgenommen werden müssen. Dieses gelingt nur, wenn die Punktion in Seitenlage des Kranken erfolgt. Liquordruckmessungen an sitzenden Kranken führen stets zu fälschlicherweise höheren Werten. Es ist notwendig, darauf hinzuweisen, da dieses gelegentlich übersehen wird.

Druckmessung: Nachdem der Kranke richtig gelagert worden ist — d. h. der Kopf wird in Mittelstellung auf ein Kissen gelagert, die Beugehaltung des Rückens wieder ausgeglichen, die Beine entspannt —, zieht man den Mandrin rasch heraus und schließt ein Steigrohr an die Punktionsnadel an, *ohne* Liquor abfließen zu lassen. Man wartet, bis die Flüssigkeitssäule sich auf eine konstante Höhe einstellt, und mißt dann ihre Höhe in Millimetern, von der Punktionsstelle an gerechnet. Liegt der Verdacht auf eine Behinderung der freien Liquorpassage vor, z. B. durch einen Tumor der Medulla spinalis oder eine Arachnoiditis adhaesiva bedingt, so führt man den QUECKENSTEDTschen Versuch aus: Beide Venae jugulares werden am Hals komprimiert, bei intakter Passage pflanzt sich die dadurch erzeugte intrakranielle Drucksteigerung auf den Spinalkanal fort, die Flüssigkeitssäule im Steigrohr steigt an, um beim Nachlassen der Jugulariskompression prompt wieder abzusinken. Liegt ein Passagehindernis vor, so bleibt dieses Phänomen aus.

Der Cisterna cerebellomedullaris werden bei der Zisternen- oder Suboccipitalpunktion Liquorproben entnommen.

Man setzt den Kranken dazu rücklings auf einen Stuhl, läßt den Kopf leicht nach vorn beugen und von einem Assistenten fixieren. Es ist genauestens darauf zu achten, daß der Kopf völlig gerade gehalten wird und nicht nach der Seite gedreht ist. Der Nacken wird vorher ausrasiert. Man palpiert die Protuberantia occipitalis und den Dornfortsatz des Epistropheus und geht in der Mitte zwischen diesen beiden Punkten ein. Für den Anfänger ist es ratsam, die Punktionsmethode von ESKUCHEN anzuwenden: Mit nach oben gerichteter Nadel punktiert man zuerst in Richtung auf den unteren Rand der Hinterhauptsschuppe, hat man diesen erreicht, wird die Nadel etwas zurückgezogen, ihr Griff gehoben, die Nadel wieder tiefer eingeführt und dann nach Durchstoßen der Membrana atlanto-occipitalis der Mandrin zurückgezogen. Innerhalb der Zisterne herrscht Unterdruck, so daß nach Herausnahme des Mandrins unter leisem Zischen Luft eindringt. Dann tropft meist Liquor ab. Mit einer Rekordspritze aspiriert man die erforderliche Liquormenge, meist 5—8 ccm, und zieht dann die Nadel rasch heraus.

Nach AYER läßt sich die Zisterne mit leicht nach oben gerichteter Nadel direkt punktieren, dieses Verfahren setzt allerdings besondere Übung voraus.

Beim Mann erreicht man gewöhnlich die Zisterne in 5 cm Tiefe, bei der Frau in 4 cm, bei sehr mageren Personen allerdings gelegentlich bereits in 3,5—3 cm. Schwierig sind die Suboccipitalpunktionen gelegentlich bei adipösen Kranken mit sehr starkem Nacken. Dort muß man oft 7—9 cm tief gehen, um Liquor zu aspirieren. Da man sich auf das Gefühl des federnden Widerstandes beim Erreichen der Membrana atlanto-occipitalis nicht verlassen kann, sollte man während der Punktion mit der Spitze aspirieren, um zu erfahren, ob die Zisterne erreicht ist.

Die Zisternenpunktion ist wegen der Gefahr der Verletzung der Medulla oblongata mit viel größerer Vorsicht und nur von wirklich Erfahrenen auszuführen. Sie bietet allerdings den Vorteil, daß nur selten Punktionsbeschwerden auftreten. Sie kann im Gegensatz zur Lumbalpunktion ambulant durchgeführt werden.

Der Grund für die verschiedenartige Auswirkung der zisternalen und der lumbalen Liquorentnahme besteht darin, daß bei der ersteren einem großen Flüssigkeitsreservoir, der in Verbindung mit dem Ventrikelliquor stehenden Cisterna cerebello-medullaris, eine relativ kleine Flüssigkeitsmenge entnommen wird. Die Entnahme der gleichen Liquormenge aus dem viel flüssigkeitsärmeren spinalen Subarachnoidealraum führt zu erheblich stärkeren Verschiebungen innerhalb des Liquorsystems und damit zu bedeutenderen Beschwerden. (RIEBELING.)

2. a) Physiologie des Liquorsystems.

Für das Verständnis der Entwicklung pathologischer Liquorveränderungen ist eine ausreichende Kenntnis der innerhalb des Liquorsystems bestehenden physiologischen Gegebenheiten erforderlich. Das Liquorsystem setzt sich aus folgenden Abschnitten zusammen:

1. dem Ventrikelsystem, das aus vier Hirnkammern besteht,
2. den Meningen,
3. dem Plexus chorioideus,
4. dem Ependym.

Die wichtigsten Organe dieses Systems sind die Plexus chorioidei, deren drüsige Natur bereits 1696 von NUCK angenommen wurde. Die Plexus sind bereits bei den Fischen ausgebildet und zeigen bei allen Wirbeltieren denselben Bau. Bei höheren Säugern, insbesondere beim Menschen, treten als weitere Organe die Arachnoidealzotten hinzu. Sie entstehen durch Ausstülpungen der Arachnoidea in die harte Hirnhaut und grenzen an die großen venösen Blutleiter an; am dichtesten sind sie entlang dem Sinus longitudinalis angeordnet. Die Plexuszellen haben einen sehr komplizierten Bau, der weitgehend an ein drüsiges Organ erinnert; aber nicht nur der anatomische Befund weist in diese

Richtung. Bei Prüfung des Sauerstoffverbrauchs dieser Zellart mit Hilfe der Warburg-Apparatur ließen sich sehr hohe Werte feststellen, wie sie eigentlich nur bei sekretorisch arbeitenden Zellen gefunden werden.

Von älteren Autoren, LUSCHKA, OBERSTEINER u. a., wurde bereits angenommen, daß der Liquor cerebrospinalis in erster Linie von den Plexus ausgeschieden wird. Die unwiderlegbaren Beweise hierfür verdanken wir indessen DANDY und WEED. Der erstere hat die Strömungsrichtung des Liquors mit Hilfe künstlicher Abschlüsse innerhalb des Ventrikelsystems untersucht. Der jeweils von der allgemeinen Liquorzirkulation abgesperrte Abschnitt des Ventrikelsystems erweiterte sich. Bei Abschluß der Kommunikation z. B. eines Seitenventrikels von dem übrigen Höhlensystem entsteht regelmäßig ein Hydrocephalus der abgeschlossenen Seite. Die Bildung der Ventrikelerweiterung erfolgt *hingegen nicht, wenn der Plexus dieses Ventrikels exstirpiert wurde.*

WEED und WEDGEFORTH haben die Abflußwege des Liquors im Tierversuch dadurch auffinden können, daß sie in die Liquorräume isotonische Lösungen von Eisenammoniumcitrat und Ferro-Ferri-Cyankalium injizierten. Ihre Ergebnisse sind von JACOBI, LÖHR und WUSTMANN voll bestätigt worden. Diese konnten zeigen, daß auch das Kontrastmittel Thorostrast nach Einführung in die Liquorräume schon beim Lebenden entlang den Hirnnervenscheiden und Lymphbahnen aus den Liquorräumen abfließt und monatelang röntgenologisch innerhalb dieser Abflußbahnen nachweisbar bleibt. SCHALTENBRAND und PUTNAM sahen nach intravenösen Injektionen von Fluorescin bei eröffneten Seitenventrikeln Farbwolken aus dem Plexus chorioideus austreten. Nach Freilegung der bei Katzen und Kaninchen ziemlich durchsichtigen Dura über der hinteren Zisterne konnten sie die Wanderung des farbigen Kontrastmittels vom Foramen Luschkae zum Spinalkanal verfolgen.

BOSCHI und CAMPAILLA zeigten, daß beim Menschen eine Liquorströmung entlang dem Rückenmark in caudaler Richtung erfolgt, sie wiesen dies ebenfalls unter Anwendung einer Farbmethode nach.

Fassen wir die Ergebnisse dieser Untersuchungen zusammen: Der Liquor cerebrospinalis wird von den Plexus chorioidei gebildet und in das Ventrikelsystem abgegeben. Auf dem Wege über die Foramina Monroi, den 3. Ventrikel, Aquädukt, 4. Ventrikel, die Foramina Luschkae und wahrscheinlich auch das Foramen Magendi ergießt er sich in die basalen Zisternen. Von dort fließt die Cerebrospinalflüssigkeit in die Subarachnoidealräume des Gehirns, des Rückenmarks, um dann vom Venen- und Lymphgefäßsystem des Körpers aufgenommen zu werden. Zur Zeit ist die Frage noch umstritten, ob der Liquor als reines Ultrafiltrat des Blutes (MESTREZAT und FREMONT-SMITH) aufzufassen ist, weil seine Zusammensetzung weitgehend dem Donnan-Gleichgewicht entspricht, oder ob die Plexus aktiv sekretorisch den Ventrikelliquor bilden.

Nach dem Stand der heutigen Forschung neigt sich die Waagschale mehr zugunsten der Sekretionstheorie, aus anatomischen und physiologischen Gründen. STÖHR hat einen großen Reichtum von marklosen Nervenfasern im Plexusepithel nachgewiesen. KREBS und ROSENHAGEN haben den Stoffwechsel der Plexus geprüft und ihn zweimal so hoch als den des Hirnparenchyms gefunden. Diese Verhältnisse weisen darauf hin, daß der Plexus kompliziertere Verrichtungen zu leisten hat, als nur als dialysierende Membran zwischen Blut und Liquor eingeschaltet zu sein, es muß vielmehr eine echte sekretorische Funktion dieses Organs angenommen werden.

Während im allgemeinen der Plexus chorioideus als ein rein *sekretorisches* Organ und als der Ursprungsort des Liquors angesehen wird, rechnen eine Reihe von Autoren auch mit *resorptiven* Funktionen der Plexuszellen.

ASKANAZY fand nach frischen Blutungen in das Ventrikelsystem Eisen in den Plexuszellen und nahm daraufhin eine Resorption an.

SCHALTENBRAND ging dieser Frage weiter nach und injizierte Katzenerythrocyten in physiologischer Kochsalzlösung in die Zisternen von Katzen, um festzustellen, inwieweit die wesentlichen chemischen Bestandteile derselben, wie Hämoglobin und Lipoide, in die Plexuszellen aufgenommen würden. Etwa 23 Stunden nach der Injektion war mit Hilfe der Färbung mit Osmiumsäure eine starke Zunahme von Lipoiden innerhalb der Plexusepithelien nachweisbar, auch Eisen war in die Zellen eingedrungen. Nach einigen Tagen näherte sich das Zellbild wieder der Norm.

Dieselbe Lipoidanreicherung innerhalb des Plexusepithels zeigte sich jedoch auch nach Injektion von Trypanblau oder auch nur von Luft; es handelt sich hier offenbar nur um eine durch entzündungserregende Reize ausgelöste Reaktionsform der Zellen. Das intracelluläre Auftreten von Eisen beweist noch nicht das Vorliegen resorptiver Funktionen, denn dieses kann lediglich durch Diffusion des Hämoglobins aus dem Liquor dorthin gelangt sein. Experimentell ist der Beweis, daß die Plexus chorioidei über eine echte resorptive Funktion verfügen, nicht erbracht worden.

Bei der Bedeutung der Ergebnisse, die die Untersuchung der Beschaffenheit der Cerebrospinalflüssigkeit bei Normalfällen, und vor allem bei Erkrankungen des Zentralnervensystems erbringt, ist eine Auseinandersetzung mit jenen Auffassungen, die den Plexus als eine „Barrière haematoencephalique" (NATALIE ZAND) ansehen, nicht zu umgehen.

Nach diesen Auffassungen geht unter Zwischenschaltung des Plexus chorioideus der gesamte Stoffwechsel des Nervensystems den Weg über den Liquor. HAUPTMANN vertritt eine sehr ähnliche Auffassung, indem er annimmt, daß überall eine Liquorschicht zwischen das nervöse Parenchym und die Blutbahn eingeschaltet sei. Weitere Autoren haben ebenfalls die Ansicht geäußert, daß sämtliche Stoffe, die vom Blut in das Nervensystem gelangen, den Weg über die Cerebrospinalflüssigkeit nehmen.

WALTER sowie FRIEDMANN und ELKELES heben demgegenüber hervor, daß für den Stoffwechsel des Zentralnervensystems der Weg Blut—Nervensystem das Wesentlichste sei. Hierbei stellen sie die Bedeutung des Weges über den Liquor mehr oder weniger in Abrede. Die neueren Ergebnisse von SPATZ haben gezeigt, daß in der Tat eine Blut-Hirnschranke existiert, die von der Blut-Liquorschranke unabhängig ist.

Die neueren Erfahrungen der Liquordiagnostik lassen sich ebenfalls mit den Theorien der zuerst genannten Forscher nicht mehr vereinbaren. Bereits die sehr auffällige Substanzarmut des Liquors weist in ganz andere Richtung. Beständen die obenerwähnten Theorien zu Recht, insbesondere die von HAUPTMANN vertretene Auffassung, dann müßte die Liquorzusammensetzung ein humorales Spiegelbild zu den im Hirnparenchym ablaufenden pathologischen Vorgängen darstellen. Unter anderem müßten in erster Linie bei groben destruktiven Veränderungen, wie Hirntraumen, Hirngeschwülsten mit cystischen Erweichungen, Apoplexien und Embolien, Fällen von multipler Sklerose usw., entsprechende Abbausubstanzen und ihre Spaltprodukte in den Liquor übergehen. Von F. ROEDER wurde festgestellt, daß bei schweren organischen Hirnprozessen, wenn keine besonderen Begleitumstände hinzukommen, wie z. B. direktes Angrenzen des Hirnherdes an die Liquorräume, keinerlei Lipoidvermehrung im Liquor nachweisbar wird. SEUBERLING kam bei der Untersuchung von zahlreichen Liquores bei multipler Sklerose zu dem Ergebnis, ,,daß es somit sehr unwahrscheinlich ist, daß bei dieser Erkrankung die Abbauprodukte des Myelins bei Entstehen sklerotischer Plaques über den Liquorweg abwandern''. Bei ventrikelnah gelegenen Tumoren gelang es ihm allerdings gelegentlich, vermehrte Fettsäurewerte im Ventrikelliquor nachzuweisen. Das sind aber besonders gelagerte Fälle. Im allgemeinen setzt sich die Auffassung mehr und mehr durch, daß der Stoffwechsel des Zentralnervensystems unter normalen und pathologischen Bedingungen wahrscheinlich ausschließlich den Weg über die Blut-Hirnschranke nimmt. Vor allem sprechen auch die anatomischen Befunde gegen die Annahme ,,des Wegs über den Liquor'' (SCHALTENBRAND).

Auch RIEBELING kommt dieser Auffassung sehr nahe, indem er die Cerebrospinalflüssigkeit nur als ,,eine Ausscheidungsmöglichkeit'' des Zentralnervensystems betrachtet.

Zum pathologischen Liquorbefund führt somit nicht der organische Prozeß im Bereiche des Zentralnervensystems allein. Pathologische Stoffwechsel- und Abbauprodukte geraten häufig gar nicht in den Liquor, die krankhaften Veränderungen des Liquors selbst werden in erster Linie durch folgende Komplikationen hervorgerufen:

1. Verlegung des Liquorabflusses mit Abschluß der unterhalb des Passagehindernis liegenden liquorführenden Räume von der Verbindung mit den Plexus chorioidei.

2. Angrenzen des Hirn- oder Rückenmarksherdes an die inneren oder äußeren Liquorräume und Durchbruch in das Ventrikelsystem.

3. Stauungserscheinungen an Hirn- und Meningealgefäßen bei raumbeschränkenden Prozessen oder entzündlichen Abschlüssen, mit Diffusion von Substanzen aus der Blutbahn in die Liquorräume.

4. Pathologisch-anatomische Veränderungen im Bereich des Plexus und des Ependyms.

5. Primäre entzündliche, bakterielle oder toxische Erkrankungen der Meningen. Sekundäre Beteiligung der Meningen bei organischen Hirnerkrankungen. Entzündliche Reaktionen mit Änderung der Permeabilität der Blut-Liquorschranke.

Diese Auffassung führt zu einer besseren Kenntnis der Möglichkeiten, vor allem aber auch der Grenzen der Liquordiagnostik, denn nach dem eben Gesagten leuchtet es ohne weiteres ein, daß nicht jede Erkrankung des Zentralnervensystems zu pathologischen Liquorbefunden führen kann. Andererseits haben wir bei dieser Betrachtungsweise den Vorteil, das Entstehen pathologischer Liquorbefunde pathophysiologisch richtiger deuten zu können als mit der Annahme einer direkten Beziehung zwischen pathologischem Hirnprozeß und Liquorzusammensetzung, die durch das Ergebnis systematischer Analysen mehr und mehr unwahrscheinlich gemacht wird.

b) Liquordruck.

Der Druck der Cerebrospinalflüssigkeit folgt in erster Linie den hydrostatischen Gesetzen; dieses macht sich bei jeder Änderung der Körperlage geltend. Bei horizontaler Lagerung werden die Druckunterschiede zwischen den einzelnen Abschnitten des Liquorsystems erheblich geringer.

Bei vertikaler Körperhaltung nimmt der Liquordruck in kranial-caudaler Richtung ab. Der Druck beträgt in den Ventrikeln selbst etwa —13 mm (kann aber auch peritiv sein), in der Cisterna cerebello-medullaris —40 bis —70 mm; der Nullpunkt liegt ungefähr im Bereich des unteren Halsmarks. Weiter caudalwärts wird der Druck positiv und erreicht seinen Höchstwert im Sacralmark mit $+180$ mm H_2O.

Der Liquor fließt bei Beckenhochlagerung kopfwärts ab, die epiduralen Venenplexus erweitern sich auf Kosten des enger werdenden Duralsacks, der Druck der Lumbalregion wird negativ.

Je geringer die elastische Spannung des „Liquorbehälters“, d. h. der *Wand des Subarachnoidealraumes* ist, desto mehr vermag sich die Schwerkraft bei Änderungen der Körperhaltung auf den Liquordruck auszuwirken. Diese elastische Wandspannung, oder besser gesagt „elastischer Membrandruck“, ist wahrscheinlich von innersekretorischen Einflüssen abhängig; so ist STÖHR der Auffassung, daß die Nn. proprii ihrer Funktion nach im Dienst der Liquorzirkulation stehen, indem sie den Spannungszustand des Duragewebes, entsprechend den Änderungen des Liquordrucks, regulieren.

Bisher haben wir somit festgestellt, daß der Liquordruck vom hydrostatischen sowie vom elastischen Membrandruck abhängig ist. Nach WEIGELT, der bei horizontaler Lagerung noch positive Druckwerte innerhalb der Ventrikel fand, müßte auch als weitere Komponente ein Sekretionsdruck der Plexus chorioidei angenommen werden.

Weiterhin ist der Druck der Cerebrospinalflüssigkeit vom arteriellen und venösen Blutdruck abhängig; dazu kommt die *Atemschwankung*, die durch das Wechseln der Venenfüllung der epiduralen Venenplexus, sowohl der intrakraniellen, als auch derjenigen im Bereich des Rückenmarks, bedingt ist. Die Atemschwankung beträgt 10—20 mm H_2O.

Bei der Druckmessung nach erfolgter Lumbalpunktion sind die Auswirkungen dieser drei Faktoren auf die Höhe der Liquorsäule in Manometerröhrchen gut zu verfolgen.

Die Pulsschwankung kommt durch Fortleitung der Hirnpulsation zustande und beträgt etwa 4—6 mm. Die Fortleitung der Druckwelle über das Liquorsystem erfolgt verhältnismäßig langsam, so daß erst in der Diastole eine Drucksteigerung innerhalb des Lumbalsacks zu beobachten ist.

Zwischen venösem Druck und Liquordruck bestehen recht wichtige Beziehungen. Jede Steigerung des Venendrucks hat eine Steigerung des Liquordrucks zur Folge; jede Steigerung des Liquordrucks über das Niveau des arteriellen Drucks hinaus führt reflektorisch zur Steigerung des arteriellen Drucks, um die Durchblutung des Gehirns auch dann zu gewährleisten (KOCHER, CUSHING). Eine Drucksteigerung speziell in den Venae jugulares hat sofort einsetzende Steigerung des Liquordrucks zur Folge. Bei starker abdomineller Kompression kommt das gleiche zustande, eine Wirkung, die allerdings einige Autoren nicht auf direkte Druckerhöhung in den großen Abdominalvenen zurückführten, sondern als Reizsymptome von seiten des Plexus solaris auffassen.

QUECKENSTEDT hat als erster das Phänomen der Liquordrucksteigerung nach Jugulariskompression diagnostisch ausgewertet.

Der QUECKENSTEDTsche Versuch ist vor allem für die Diagnose eines Kompressions- (Tumor) oder Verwachsungsprozesses (Arachnitis) des Rückenmarks wichtig. Ist der Subarachnoidealraum an einer Stelle verlegt, so erfolgt bei Kompression der Halsvenen kein Anstieg des lumbalen Liquordrucks, oder nur langsam, ruckweise, verzögert und von geringem Ausmaß. Nach Entfernung der Jugulariskompression sinkt der Lumbaldruck nicht wie sonst sofort, sondern nur verlangsamt oder kaum erkennbar ab. In diesen Fällen liegt ein „positiver Queckenstedt" vor. Bei Sinusthrombose fehlt nach ZANGE und KINDLER das Phänomen bei Kompression der Jugularvene der erkrankten Seite, während es bei Kompression der anderen Jugularis zu einem normalen Anstieg des Liquordrucks kommt.

Während des Schlafes tritt nach VUJEĆ eine Erhöhung des Druckes der Cerebrospinalflüssigkeit auf, die nach dem Erwachen wieder absinkt. Inwieweit sie auf Änderung der Hirndurchblutung während des Schlafes beruht, ist nicht geklärt. (Bei verschiedenen Erkrankungen des Zentralnervensystems sollen diese Liquordruckänderungen im Schlaf nicht auftreten, so z. B. bei der Epilepsie und der Encephalitis, ferner bei Paralyse und bei Katatonie.)

Klinisch besonders wichtig sind indessen die Auswirkungen von intravenös injizierten anisotonischen Lösungen auf den Liquordruck. WEED hat als erster feststellen können, daß Injektionen von 20 ccm einer 20- bis 50proz. Glucoselösung ein deutliches Absinken des Liquordruckes bewirken, dagegen bedingen hypotonische oder isotonische Lösungen eine Steigerung. Auch durch rectale oder orale Zufuhr hypertonischer Lösungen gelingt das gleiche, wie besonders die Verabreichung von Magnesiumsulfat-Klysmen gezeigt hat.

Die Wirkungsweise der hypertonischen Lösungen wird in der Neurologie bei den verschiedensten, mit gesteigertem Hirndruck einhergehenden Erkrankungen, wie Hirnödem, Hirntumoren, toxischen Prozessen und Meningitis, mit Erfolg verwandt.

Die Beziehungen zwischen Luftdruck und Liquordruck sind von SCHALTENBRAND geklärt worden. Die sehr interessanten Versuche wurden in Unterdruckkammern in der Weise angestellt, daß fortlaufend der lumbale und der Zisternendruck gleichzeitig mit dem willkürlich variierten Atmosphärendruck registriert wurden. Die bei Erniedrigung des Atmosphärendrucks regelmäßig auftretende Drucksteigerung ist in der Hauptsache auf Sauerstoffmangel zurückzuführen und kann durch Erhöhung des Sauerstoffpartialdrucks in der Alveolarluft weitgehend verhindert werden. Erhöhungen des Luftdrucks bis 1350 mm Hg bewirken nach SCHALTENBRAND weder Blutdruck- noch Liquordruckveränderungen. STANLEY COBB und FREMONT-SMITH beobachteten beim Einatmen eines CO_2-reichen Gasgemisches eine Erweiterung der Hirngefäße, begleitet von einem starken Ansteigen des Liquordrucks trotz der, während des Einatmens der CO_2-reichen Luft, auftretenden Hypopnoe. Die willkürlich durchgeführte Hyperventilation führt dagegen zum Sinken des Drucks der Cerebrospinalflüssigkeit.

Was die hormonale Beeinflussung des Liquordrucks betrifft, ist zu sagen, daß der Extrakt des Hypophysenhinterlappens und der Schilddrüsenextrakt Antagonisten sind. Der erstere wirkt steigernd auf den Liquordruck, während die nach Thyreoidin auftretende Senkung als Folge einer Hemmung der Liquorsekretion zu betrachten ist, wobei die besonders wirksame Substanz das Dijodtyrosin ist.

Bei Entnahme von Liquor aus dem lumbalen Subarachnoidealraum tritt ein Absinken des Liquordrucks auf; nach PAPPENHEIM bei normalem Ausgangsdruck nach Entnahme von 1 ccm Liquor um 10 mm H_2O. Werden größere Liquormengen abgenommen, so geht keineswegs die Druckabnahme der entnommenen Flüssigkeitsmenge weiter proportional, sondern ist relativ geringer.

AYALA hat durch Einführung seines sog. Rhachidialquotienten versucht, die Beziehungen zwischen Anfangsdruck, entnommener Liquormenge und Enddruck festzulegen, um dadurch Anhaltspunkte für die relativ zum Liquordruck vorhandene Gesamtliquormenge des Zentralnervensystems zu bekommen.

Folgende Formel ist von ihm für den Rhachidialquotienten x entwickelt worden: $Q \cdot F : I = x$ (abgelassene Liquormenge Q mal Enddruck F dividiert durch den Anfangsdruck I) $= x$. Bei Erkrankungen mit starker Vermehrung der Gesamtliquormenge, z. B. in Fällen von Meningitis, sinkt trotz Entfernung größerer Liquormengen der Druck nur langsam. Bei Hirntumoren hingegen fällt der Druck schon nach Entnahme kleinerer Liquormengen rasch ab. Der AYALAsche Quotient ist somit bei den ersten Erkrankungen hoch (7—10), im andern Fall niedrig (2,55—4,55); dieses Verhalten des Quotienten ist aber nach ESKUCHEN und nach PAPPENHEIM keineswegs gesetzmäßig und stimmt auch nicht mit den Erfahrungen von WEED, FLEXNER und CLARK überein.

Als Normalwerte des lumbalen Liquordrucks in Horizontallage geben QUINKE und KRÖNIG 120 mm H_2O an, SAHLI sowie GREENFIELD und CARMICHEL 60—150 mm, WEIGELDT 150—170; nach allgemeinen Erfahrungen schwankt der Druckwert beim normalen Erwachsenen zwischen 75 und 150 mm. Werte bis 180 mm sind noch als der obersten Grenze der Norm angehörend aufzufassen. Im Sitzen schwanken die Normalwerte zwischen 250 und 350 mm.

Bei Kindern sind die Normalwerte in Horizontallage etwas niedriger, durchschnittlich 50—100 mm, im Sitzen 150—250 mm. Bei Neugeborenen wurden Werte von 13 bis 10 mm gefunden.

3. Chemischer Aufbau.

Die normale Cerebrospinalflüssigkeit, ihr chemischer Aufbau
und ihre makroskopischen Veränderungen bei Erkrankungen
des Zentralnervensystems.

Der Liquor cerebrospinalis ist eine wasserklare, eiweißarme Flüssigkeit, die die Hirnkammern ausfüllt. Durch die seitlichen Foramina
Luschkae und das in der Mittellinie gelegene Foramen Magendi gelangt
der vom Plexus chorioideus gebildete Liquor in das äußere Liquorsystem,
einem lockeren Bindegewebe, welches zahlreiche untereinander kommu-
nizierende Kammern und Nischen bildet (Abb. 1). Die Dura, ein derber
Bindegewebssack, umgibt als äußere Hülle Hirn und Rückenmark, ohne
sich den einzelnen Furchen anzulegen. Dagegen begleitet die Pia, die
nicht nur die Hirnwindungen überzieht, die von den Meningen in das

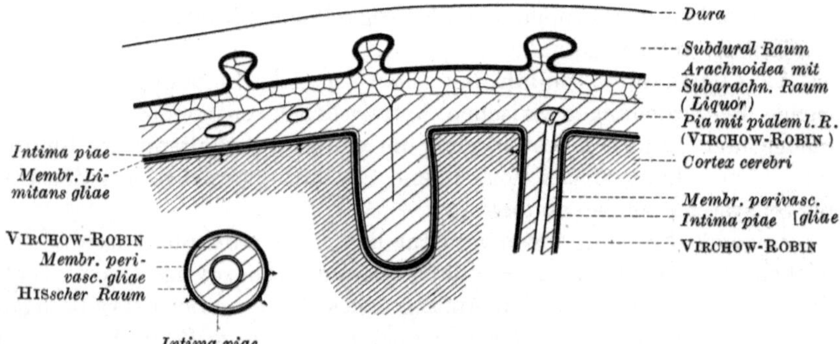

Abb. 1. Schematische Darstellung der Gehirnhäute mit ihren Lymphräumen und der Beziehungen
des intrapialen Lymphraumes zum VIRCHOW-ROBINschen Lymphraum der intracerebralen Gefäße.
(Nach A. JAKOB.)

Zentralnervensystem eindringenden Gefäße bis in ihre feinsten Verzwei-
gungen. Das Zentralnervensystem bildet als Grenze gegen diese piale
Bindegewebsschicht eine dichtere Gliaschicht, die gemeinsam mit der
Pia als Pia-Glia-Membran das Zentralnervensystem gegen das Liquorsystem und gegen die Gefäße abgrenzt. Die Gefäße werden von Lymph-
spalten umgeben, den VIRCHOW-ROBINschen Räumen.

Die Zusammensetzung des Liquors wird weitgehend dadurch beeinflußt, daß eine Aufnahme von Salzen, Eiweißsubstanzen und Lipoiden während des Passierens der Liquorräume stattfindet. Wie groß
allerdings der Anteil dieses Austausches durch die Gefäßwände und
durch die Pia-Glia-Membran ist, muß noch dahingestellt bleiben. Systematische Liquoranalysen haben gezeigt, daß der Kolloidgehalt (Eiweiß, Fette, Lipoide) im Ventrikelliquor sehr gering ist, im Zisternenliquor bereits höhere Werte zeigt, in der Lumbalflüssigkeit am größten
ist. Diese Zunahme des Liquors an Kolloiden führt zwingend zu dem

Schluß, daß auf der langen, unter geringer Geschwindigkeit durchflossenen Strombahn des Liquors eine allmähliche Beimischung kolloidaler Substanzen erfolgt, ehe die Spinalflüssigkeit ihre Abflußstellen, die perineuralen und endoneuralen Lymphbahnen der Hirnnerven und der spinalen Wurzeln erreicht.

Die normale Cerebrospinalflüssigkeit ist wie gesagt wasserklar. Treten gröbere pathologische Veränderungen auf, so sind diese daher bereits mit dem bloßen Auge leicht zu erkennen. Ein normales Aussehen des Liquors garantiert natürlich niemals, daß nicht doch besondere Veränderungen eingetreten sind. So kann z. B. der Liquor einer multiplen Sklerose, ja sogar einer Paralyse völlig homogen, klar und durchsichtig sein. Veränderungen der Durchsichtigkeit des Liquors finden wir in erster Linie, wenn pathologische Prozesse sich in den Liquorräumen abspielen, wie bei allen meningitischen Reizzuständen und Meningitiden. Hier sind im Liquor grobdisperse Eiweißfraktionen vorhanden, die die stärksten Veränderungen der Durchsichtigkeit hervorrufen. Molekular gelöste Stoffe ändern normalerweise die klare Beschaffenheit des Liquors nicht; dies zeigt sich am deutlichsten bei starker Vermehrung des Zuckers und ist aus physikalisch-chemischen Gründen leicht einzusehen.

Auch stärkere Zellvermehrungen können zur Trübung des Liquors führen. Ein stark zellreiches Lumbalpunktat eines Paralytikers zeigt oft eine mäßige, nicht ganz homogene Trübung, die aus einzelnen Punkten zu bestehen scheint.

Eine besondere Fehlerquelle bedarf allerdings der Berücksichtigung. Liquores, die nicht steril entnommen sind, werden bei längerem Stehen leicht trübe, im übrigen geschieht dies nach 3—4 Tagen praktisch mit jedem Liquor. Diese Trübung ist auf Bakterieneinwanderurg zurückzuführen.

Echte pathologische Liquortrübungen sind einmal solche, die sehr feindispers sind und die Cerebrospinalflüssigkeit hauchartig trüben. Weiterhin beobachtet man gröbere Flocken, schließlich deutliche Gerinnselbildung. Mit diesen Veränderungen können auch Verfärbungen des Liquors kombiniert sein, der dann einen gelblichen Farbton zeigt.

Blutbeimengungen führen je nach ihrem Ausmaß über eine leichte Trübung zu rosa aussehenden Verfärbungen. Das Blut setzt sich außerdem am Boden des Glases ab. Ist Blut längere Zeit in den Liquorräumen vorhanden gewesen, dann erscheint der Liquor nicht mehr rötlich, sondern gelb verfärbt. Der Liquor ist zwar noch durchsichtig, hat aber einen gelblichen Farbton angenommen.

Die Verfärbung des Liquors durch frisches Blut wird als Erythrochromie bezeichnet. *Xanthochromie*, die gelbliche Tönung der Cerebrospinalflüssigkeit, kommt meist nur nach älteren Blutungen in den Liquor vor, wird aber genau so häufig bei Tumoren des Zentralnervensystems, vor allem bei Unterbrechung der Kommunikation der Liquorräume beobachtet. Am stärksten kommen derartige Veränderungen bei Rückenmarkstumoren zur Beobachtung. Die lumbal entnommene Cerebrospinalflüssigkeit weist hier die Eigenschaften eines Transsudats auf. Dieses ist so zu erklären, daß bei einer Verlegung des Spinalkanals der unterhalb des Passagehindernisses gelegene Teil der liquorführenden Räume von der eigentlichen Produktionsstelle des Liquors, den Plexi chorioidei, abgeschnitten ist. Der in diesem abgeschlossenen Teil enthaltene Liquor verändert seine Beschaffenheit dadurch sehr stark, daß infolge von Stauungsvorgängen im Venensystem der Meningen, unterhalb der Kompressionsstelle, Substanzen des Serums in großen Mengen in den abgeschlossenen Liquorraum diffundieren. Also auch in diesen Fällen stammt das gefundene Lipoid aus dem Blut. Die abgeschlossene Lumbalflüssigkeit ist stark gelblich verfärbt, oft ist ihr Fibringehalt so hoch, daß sie kurz nach der Punktion gerinnt (Sperrliquor, FROINESches Syndrom).

Normaler Liquor:

Aussehen	wasserklar	Kreatinin	1—1,5 mg%
Druck	60—200 mm H_2O	Cholesterin	Spuren
Zellen	0—8/3	Lecithin	22 mg% (?)
Gesamteiweiß	20—30 mg%	Phosphor	1,5—2,7 mg
Globulin	2,5—9 mg%	Nitrate	Spuren
Albumin	15—25 mg%	Kalium	10,5—16,9 mg%
Euglobulin	ø	Natrium	257—331 mg%
Eiweißquotient	0,2—0,45,	Calcium	4,4—6,8 mg%
Fibrinogen	ø	Ammoniak	0,096—0,097 mg%
Zucker	45—75 mg%	Schwefel	1,1 mg% (?)
Milchsäure	8—15 mg%	Magnesium	1,02—1,3 mg%
Chloride (NaCl)	720—750 mg%	Eisen	Spuren
Gesamt-N	15,74—21,9 mg%	Spez. Gewicht	1006—1009
Rest-N	12—20 mg%	Reaktion (p_H)	7,35—7,8
Aminosäure	bis 1 mg%	$\triangle$	—0,56° bis —0,57°
Harnstoff	6—15 mg%	Refraktometerindex	1,33494—1,33510
Harnsäure	0,3—1,3 mg%	Interferometerindex	1360—1380
Indican	ø	Viscosität	1,01—1,06

Der normale Liquor zeigt eine chemische Zusammensetzung, die von DEMME in vorstehender tabellarischer Form zusammengestellt worden ist. Auch die physikalischen Eigenschaften des Liquors, die er weitgehend mit denen des Kammerwassers des Auges teilt, sind entsprechend berücksichtigt worden. *In Ergänzung dieser Tabelle müssen wir einige auf Grund späterer Forschungsergebnisse zu ändernde Daten hinzufügen.* Diese betreffen vor allem die Lipoide. Das Cholesterin beträgt 0,2—0,3 mg% (PLAUT und RUDY); der Lipoidphosphor, in erster Linie auf lecithinartige Körper zurückzuführen, beträgt nach

SEUBERLING:

> Lumballiquor:　0,020—0,030 mg%.
> Zisternenliquor:　0,012—0,024 mg%.
> Ventrikelliquor:　0,005—0,012 mg%.

Wenn wir die gefundenen Lipoidwerte genauer betrachten, dann sehen wir, daß die Phosphatidkonzentrationen sich in den verschiedenen Höhen der Liquorräume ebenso verhalten, wie es lange Zeit schon für das Eiweiß bekannt gewesen ist. Der Lipoidwert ist im Ventrikelliquor am geringsten, im Zisternenliquor ist er bereits höher, im Lumballiquor ist er am größten. Das berechtigt uns zu der Annahme, daß das Phosphatid nicht oder nur zu einem kleinen Teil von den Plexuszellen abgesondert wird, sondern dem Liquor erst im weiteren Verlauf durch Diffusion aus den Gewebsräumen, die der Liquor durchfließt, beigemischt wird (SEUBERLING).

Der Interferometerindex hängt weitgehend von der Länge der verwandten Glaskammer sowie der zu der Messung eingesetzten Vergleichsflüssigkeit ab. Eine absolute Zahl anzugeben, erübrigt sich somit[1].

Wie aus der Tabelle von DEMME zu ersehen ist, enthält jeder normale Liquor etwa 24 mg% Gesamteiweiß, davon 4,8 mg% Globulin und 19,2 mg% Albumin. Diese Werte ergaben sich bei Anwendung der Zentrifugiermethode, einer Modifikation der alten NISSLmethode. Wird die Eiweißbestimmung nach CUSTER eingesetzt, so findet sich ebenfalls für das Gesamteiweiß ein Mittelwert von 25 mg, obere Grenze 30 mg%. (Die obere Grenze des Globulins wird aus methodisch bedingten Gründen dann aber niedriger, Werte über 5 mg% Globulin sind bei Anwendung der CUSTERschen Methode bereits als erhöht zu betrachten, bei Normalfällen wird *1 bis 5 mg*% Globulin gefunden. Der Eiweißquotient ist entsprechend niedriger und beträgt normalerweise 0,05—0,2.)

Die üblichen Globulinreaktionen, wie die NONNEsche Reaktion, die Carbolsäurereaktion nach PANDY und die Sublimatreaktion nach WEICHBRODT, werden dann erst positiv, wenn der normale Globulingehalt überschritten wird. Bei Durchführung der Globulinreaktionen auftretende Opalescenz oder gar eine Trübung weist immer auf eine pathologische Zusammensetzung des untersuchten Liquors hin. Geringe Albuminvermehrungen werden durch die erwähnten Reaktionen nicht erfaßt, diese lassen sich nur durch Anwendung quantitativer Verfahren ermitteln.

Blutplasma und Liquor haben einen gleich hohen osmotischen Druck, wie die Bestimmung der Gefrierpunktserniedrigung gezeigt hat. MESTREZAT hat daher die Ansicht vertreten, daß beide Flüssigkeiten im osmotischen Gleichgewicht seien; der höhere Chloridgehalt der Cerebrospinalflüssigkeit werde dabei durch den erheblich höheren Proteingehalt des Blutes kompensiert.

---

[1] Vgl. F. ROEDER: Die physikalischen Methoden der Liquordiagnostik. Berlin: Julius Springer.

Die Kenntnis des kolloidchemischen Verhaltens des normalen Liquors ist unerläßlich, um bei Anwendung der Kolloidreaktionen scharfe Abgrenzungen gegen pathologische Abweichungen treffen zu können.

Die Kolloidreaktionen müssen von vornherein so eingestellt sein, daß der normale Liquor in beliebiger Konzentration keine oder nur sehr geringe Veränderungen des angewandten Soles hervorruft. Da bei den üblichen Koordinatensystemen, in denen der Verlauf der Kolloidkurven eingetragen wird, auf der Abszisse der Verdünnungsgrad, der Grad der Ausflockung auf der Ordinate verzeichnet wird, finden sich bei normalen Liquores Kurven, die im obersten Teil des Schemas liegen.

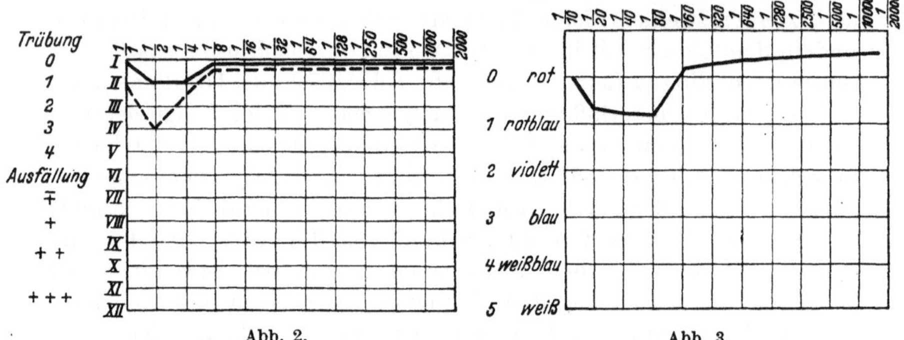

Abb. 2.   Abb. 3.

Abb. 2 und 3. Normo Mastix und Goldsol (Traubenzuckersol). Normale Kurven.

Für die normale Normomastixreaktion sind folgende Grenzen festzulegen: Bei Verwendung eines geeigneten Sols ist zu sagen, daß eine Trübung innerhalb der ersten vier Röhrchen noch nicht pathologisch ist, während eine Flockung das bereits bedeutet. Pathologisch ist allerdings das Auftreten eines Trübungsmaximums jenseits des 4. Röhrchens. Die leichten Trübungen, die man normalerweise in den ersten vier Röhrchen beobachtet, sind auf die meist im normalen Liquor vorhandenen geringen Eiweißmengen zurückzuführen. Eine normale Mastixreaktion sollte aber im Schema nicht unter V herabgehen (Abb. 2 u. 3).

Bei der Goldsolreaktion haben wir stets ein Traubenzuckersol verwandt, das empfindlicher ist als das LANGEsche Formol-Goldsol. Hier ist erst eine ausgesprochene Blauviolettfärbung des Sols, die sich auf mindestens zwei Gläser erstreckt, als pathologisch anzusehen. Bei Verwendung von Formol-Goldsol nach LANGE, einem weniger empfindlichen Sol, bedeutet schon das Entstehen eines blauvioletten Farbtones in mindestens zwei Gläsern einen pathologischen Ausfall der Reaktion. Bei der Durchführung der Salzsäure-Kollargol-Reaktion nach RIEBELING bietet normaler Liquor ein Kurvenbild, wie es in Abb. 4 Kurve I zeigt; bei den Kurven II und III besteht bereits eine verbreiterte „Schutzzone", die nach RIEBELING schon als pathologisch anzusehen ist. Hier hat der pathologische Liquor dem Kollargol eine Schutzwirkung vor der Ausflockung durch Salzsäure geboten, die noch in Konzentrationen erfolgt, in denen es der normale Liquor nicht mehr vermag.

Viel häufiger als die Goldsol- und Mastixreaktion zeigt in Normalfällen die Paraffinreaktion einen völlig horizontalen Kurvenverlauf; leichte Flockungserscheinungen in den ersten Röhrchen kommen allerdings auch zur Beobachtung.

Die Benzoereaktion weist auch für den normalen Liquor eine „Flokkungszone" auf, die meist das 6., 7. und 8. Röhrchen umfaßt.

Abschließend ist noch zu sagen, daß der normale Liquor keinen Amboceptor enthält, daher ist die Hämolysinreaktion stets negativ. Antitoxine, Agglutinine, desgleichen Präcipitine und Bakteriolysine finden sich ebenfalls nicht. Das Problem der Permeabilitätsprüfung der Blut-Liquorschranke wird besonders zu besprechen sein.

Bei jeder entnommenen Liquorprobe ist die Angabe für das Laboratorium besonders wichtig, ob der Liquor durch Ventrikelpunktion, Suboccipitalpunktion oder Lumbalpunktion entnommen wurde, denn bereits unter normalen Bedingungen ist die Cerebrospinalflüssigkeit in den verschiedenen Liquorräumen des Zentralnervensystems keineswegs gleichartig zusammengesetzt.

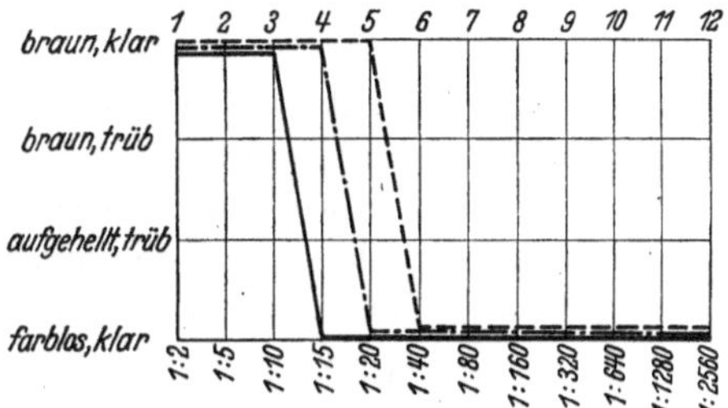

Abb. 4. Salzsäure-Kollargol-Reaktion nach RIEBELING.

I ——— Normalkurve,
II —·—·— } verbreiterte „Schutzzone".
III ————

Der Zuckergehalt ist im Ventrikelliquor am höchsten und nimmt nach unten zu ab. Damit beansprucht diese Substanz eine Sonderstellung gegenüber allen andern Liquorstoffen.

Im Gegensatz dazu nehmen Eiweiß-, Lipoid- und Zellgehalt in Richtung vom Ventrikel- zum Lumballiquor zu, und zwar dadurch, daß nach Bildung der Cerebrospinalflüssigkeit durch den Plexus chorioideus, diese beim Passieren tiefer gelegener Liquorräume noch weiterhin Eiweißsubstanzen, Lipoide und Salze aufnimmt. Es sind im allgemeinen für den normalen Ventrikel-, Zisternen- und Lumballiquor folgende Vergleichswerte angegeben worden, die mit denen von WEIGELDT und von DEMME übereinstimmen.

	Ges.-Eiweiß mg%	Globulin mg%	Albumin mg%	Zellen	Zucker
Ventrikel . . .	10—16	1—4	8—14	0/3—2/3	50—90
Zisterne	16—20	1—6	14—16	0/3—4/3	59—68
Lumbal	16—24	2—6	14—18	0/3—8/3	55—65

Die Kolloidreaktionen zeigen mit Ventrikelliquor völlig negative Kurven, mit Zisternen- und Lumballiquor treten mäßige Trübungen bzw.

leichte Linkszacken im Anfangsteil der Kurve auf, deren Abgrenzung gegen pathologische Kurvenverläufe wir bereits getroffen haben.

Die Anreicherung der Zellen in Richtung Lumballiquor ist durch Sedimentierung zu erklären.

Die zunehmende Verminderung des Zuckergehalts in tiefer gelegenen Liquorräumen steht mit einem fortschreitenden glykolytischen Zerfall in Zusammenhang.

Sehr wesentlich ist die immer wieder zu machende Feststellung, daß krankhafte Veränderungen sich oft in quantitativ stärkerem Maße im Lumballiquor nachweisen lassen als im Zisternenliquor, während sie im Ventrikelliquor noch geringer sind oder gar ganz fehlen können. So kann z. B. die WaR. im Ventrikelliquor negativ, im Zisternenliquor mittelstark und im Lumballiquor stark positiv sein.

Bei zweifelhaften Befunden im Zisternenliquor sollte daher nicht erneut suboccipital punktiert, sondern der Lumballiquor untersucht werden.

Bei basalen Hirnprozessen, insbesondere basalen Meningitiden, sind indessen die pathologischen Liquorveränderungen im Zisternalliquor stärker, auch gelingt dort der Bakteriennachweis leichter.

Toxische Wirkungen der Cerebrospinalflüssigkeit.

Schon seit langer Zeit ist über die Toxizität des Liquors gearbeitet worden; BELLISARI, DONATH und LA PEGNA gaben an, daß der Liquor der Paralytiker toxisch wirke. Diese Ergebnisse sind nicht unwidersprochen geblieben. Das gleiche gilt auch für die toxischen Eigenschaften, die der Epilepsieliquor aufweisen soll. PAGUIER und DONATH berichteten von toxischen Effekten; nach SICARD, SZENI und ROSSI sind diese Ergebnisse nicht zu bestätigen.

GAMPER, KRAL und STEIN wollen durch Einbringen des Liquors in die Vorderkammer des Auges toxische Wirkungen bei organisch-neurologischen Erkrankungen sowie bei der Schizophrenie beobachtet haben, doch liegen bisher keine Angaben über die Reproduzierbarkeit dieser Versuche vor. SPERANSKY machte die Beobachtung, daß Nervengewebe unter bestimmten Bedingungen durch den Liquor zerstört werden kann. Er sprach von der „neurolytischen" Kraft des Liquors. Nach MESO soll die „Neurolyse" bei akuten infektiösen Psychosen sowie im Status epilepticus sehr ausgeprägt, bei Encephalitis, Paralyse weniger stark sein. Bei allen diesen Versuchen muß mit zahlreichen Fehlerquellen und unübersehbaren Störungsfaktoren gerechnet werden, so daß wir im Rahmen dieses Werkes davon absehen, methodische Einzelheiten festzulegen.

4. Quantitative Bestimmungen der Liquorsubstanzen.
a) Eiweißkörper.

Bei Untersuchungen über die chemische Zusammensetzung des Liquors hat sich sehr bald ergeben, daß die Eiweißkörper den wesentlichsten Bestandteil der Lumbalflüssigkeit ausmachen. Prozentual läßt sich der Anteil der Eiweißkörper keineswegs mit dem des Serums vergleichen. Das Gesamteiweiß des normalen Liquors beträgt nur etwa 24 mg%, während das menschliche Serum annähernd 7—8% Eiweiß enthält. Trotz dieses geringen Eiweißgehaltes kommt demselben in diagnostischer Beziehung eine sehr weitgehende Bedeutung zu, die in jeder Weise den Wert einer Serumeiweißbestimmung übertrifft. Der Hauptgrund liegt darin, daß die Eiweißverhältnisse des Liquors, im Gegensatz zu denen des Serums, in den meisten Fällen eine sehr deutliche Veränderung erfahren, sobald sich überhaupt Erkrankungen des Zentralnervensystems auf den Liquor auswirken. Das Eiweiß des normalen Liquors besteht in der Hauptsache aus Albumin; der Globulinanteil beträgt demgegenüber etwa den 5. bis 6. Teil. Euglobulin und Fibringlobulin werden im normalen Liquor nicht gefunden.

Eine der wesentlichsten Grundlagen der Liquoruntersuchung ist selbstverständlich die Festlegung der Höhe des normalen Eiweißes, um dadurch eine Abgrenzung gegenüber leicht erhöhten pathologischen Werten zu ermöglichen. Besonders bei gutachtlichen Äußerungen über neurologische Symptomenkomplexe, die klinisch verhältnismäßig geringe Erscheinungen machen, z. B. leichte Meningopathien, kann die Höhe des Gesamteiweißes von ganz wesentlicher Bedeutung sein. Die meisten deutschen Autoren setzen das Gesamteiweiß des Normalen mit 15 bis 25 mg% ein, die obere Grenze mit 30 mg% nur in seltenen Fällen sollen 33 mg% erreicht werden. Hinsichtlich der Höhe des Gesamteiweißes und dessen normaler Variationsbreite herrschte unter den verschiedenen Autoren Übereinstimmung.

Nun wurden aber im schwedischen Schrifttum Resultate sehr eingehender Liquoruntersuchungen veröffentlicht, die Anlaß dazu gaben, dem an und für sich sehr einfachen, aber fundamental wichtigen Problem des Liquoreiweißspiegels nachzugehen. Es ist neuerdings ein ausführliches Referat in den Zusammenfassungen des II. Internationalen Neurologenkongresses in London erschienen. Izikowitz berichtete von einer neuen, quantitativen Methode zur Bestimmung des Gesamteiweißes, ferner der Globuline und Albumine, den Ergebnissen fraktionierter Liquoruntersuchungen; schließlich machte er als Wesentlichstes Angaben über den Eiweißgehalt im Liquor gesunder Individuen. Der Autor hob besonders hervor, daß er zu erheblich anderen Ergebnissen gekommen sei als die bisherigen Untersucher. Er wies darauf hin, daß es sehr wesentlich sei, eine genügend genaue analytische Methode anzuwenden. Besonderer Wert wurde auf die Bestimmung des Gesamteiweißes beim Gesunden gelegt. Während der letzten vier Jahre habe er eine eigene Methode ausgearbeitet: Ausfällung, Waschen und Veraschung des Eiweißes wurden in Zentrifugierröhrchen ausgeführt, welche zur gleichen

Zeit als Veraschungskolben dienten. Besondere Vorsichtsmaßnahmen, z. B. Nüchternbleiben des Patienten vor der Punktion, deren Ausführung stets in der gleichen Lagerung erfolgen sollte, wurden beachtet. Bei fraktionierter Liquoruntersuchung stellte sich heraus, daß die Eiweißkonzentration in allen Fällen in der ersten Probe am höchsten war. In 150 Fällen wurden im Liquor von gesunden Personen und Fällen von manisch-depressivem Irresein, Dementia praecox und Dementia paralytica folgende Resultate gefunden: Das Gesamtweiweiß war am höchsten in der ersten Probe; die Albumin- und Globulinkonzentration war in den letzten Proben niedriger als in den ersten, außer in 3 Fällen von Dementia praecox. Bei erneuter Punktion 24 Stunden später zeigte der Liquor in allen Fällen eine Reduktion des Gesamteiweißes. Das bemerkenswerteste Ergebnis war aber folgendes:

Bei der Prüfung von 70 Liquores völlig gesunder Männer und Frauen fand sich

1. Die Konzentration an Gesamteiweiß, Globulin und Albumin war im Liquor der Männer durchschnittlich höher und zeigte auch höhere Maximalwerte.

2. Die erhaltenen Maximalwerte überschritten ganz erheblich, besonders in bezug auf das Gesamteiweiß, die von europäischen Autoritäten anerkannte obere physiologische Grenze.

Die empirischen Maximalwerte betrugen bei Männern 56,69 mg% für Gesamteiweiß, 8,43 mg% für Globuline und 49,72 mg% für Albumine. Bei Frauen erhielt er entsprechend 35,22, 6,79 und 34,23 mg%. Es sei sicher, daß Konzentrationen, die bisher in der Literatur der letzten Jahre als pathologisch aufgefaßt wurden, in der Tat noch physiologisch wären.

Weitere Angaben über technische Einzelheiten des Verfahrens liegen nicht vor. Es handelt sich aber der kurzen Beschreibung nach um eine Bestimmung des Gesamteiweißes, ferner der Globulinfraktion wie auch der Albuminfraktion durch Kjeldahlisieren. Das Wesentlichste an der Arbeit ist zweifellos die Angabe über die normale Variationsbreite des Gesamteiweißes, das sonst bereits bei Gesunden geradezu das Doppelte bisher angenommener Werte erreichen soll. *Eine Bestätigung dieses Ergebnisses müßte somit für uns zu einer weitgehenden Revision der einschlägigen Methoden und zu einer recht andersartigen Beurteilung der Befunde führen.*

Bei der Nachprüfung dieser Resultate wandte F. ROEDER zur Bestimmung des Proteinstickstoffes den Mikro-Kjeldahl an. Die Enteiweißung des Liquors von der Reststickstoffbestimmung wurde mit Trichloressigsäure durchgeführt. Aus der Differenz zwischen Gesamtstickstoff und Reststickstoff ergab sich durch Multiplikation mit 6,25 das Eiweiß. Zur Titration wurde die Jodometrie angewandt.

Es wurden Untersuchungen an 100 Liquores durchgeführt. Dazu waren einschließlich Kontrollbestimmungen etwa 600 Einzelbestimmungen notwendig, da für Gesamtstickstoff und Reststickstoff zum mindesten Doppelbestimmungen angesetzt werden müssen. Diese Methode ist natürlich für das klinische Laboratorium praktisch nicht geeignet, da sie zuviel Material- und Zeitaufwand benötigt, um zu einem einzigen Eiweißwert zu kommen und auch sehr geschicktes chemisches Arbeiten erfordert.

Die von uns durchgeführten Untersuchungen ergeben, daß der normale Liquor Werte von 32 mg% Eiweiß nicht überschreitet. In den meisten Fällen konnten wir Werte von 24 bis 25 mg% feststellen.

Zu Beginn unserer Untersuchungen, d. h. kurz nach der Einführung der Liquoreiweißbestimmung mit Hilfe Kjeldahl, erhielten wir tatsächlich mit dieser Methode des öfteren Werte, die gelegentlich bei völlig Gesunden 60 mg% erreichten. Es schien sich somit in der Tat eine Bestätigung der schwedischen Resultate zu ergeben. Indessen stellten sich bei eingehendster Kontrolle unserer Analysenwerte eine Reihe von Fehlerquellen heraus, vor allem ein starkes Schwanken bei der Bestimmung der sog. Leerwerte. (Dieses waren Analysen, welche zur Kontrolle der Reinheit der verwandten Reagenzien durchgeführt wurden.) Erst nachdem wir zur Beseitigung aller Fehlerquellen eine große Zahl von Kontrollbestimmungen mit bekannten Stickstoffmengen durchgeführt hatten, begannen wir wieder, klinische Eiweißwerte zu ermitteln. Wir erhielten jetzt niemals derart hohe Gesamteiweißwerte beim Normalen. Die Gesamteiweißbestimmung in Liquores von Gesunden ergab einen Mittelwert von 25 mg%. Die oberste Grenze überschritt nicht 32 mg%. Solch extrem hohe Werte, wie sie von Izikowitz angegeben worden sind, d. h. Maximalwerte für das Gesamteiweiß des normalen Liquors von 56,59 mg%, wurden nicht beobachtet.

Zur Bestimmung des Gesamteiweißes sowie der einzelnen Fraktionen sind eine große Reihe von Methoden angewandt worden. In unserem Laboratorium haben wir eingehende Erfahrungen an einem großen Material mit der von Custer entwickelten nephelometrischen Methode gemacht. Sie ist mit den einfachsten Mitteln im klinischen Laboratorium durchzuführen. Sie beruht auf dem Prinzip des Vergleichs der Trübung des zu untersuchenden Liquors nach Zusatz eines eiweißfällenden Reagenzes, in diesem Falle Sulfosalicylsäure, mit Testproben bekannter Eiweißkonzentrationen. Es ist hierzu kein kompliziertes Nephelometer erforderlich. Man vergleicht lediglich die Intensität der in einem Uhlenhuth-Röhrchen angesetzten Liquoreiweißtrübung mit Testproben, die bekannte Eiweißmengen abgestuft enthalten. Die Methode ermöglicht es, neben dem Gesamteiweiß auch das Globulin zu bestimmen. Die Albumine werden dadurch bestimmt, daß die Menge der Globuline vom

Gesamteiweiß abgezogen wird. Das Verhältnis Globulin durch Albumin ist der Eiweißquotient (EQ.).

Eiweißbestimmung nach CUSTER.

Herstellung der Standardlösungen. Es werden Serumeiweißlösungen von bekanntem Eiweißgehalt hergestellt; man benützt dazu menschliches oder tierisches inaktives Serum[1]; wichtig ist, daß das Serum klar und hell ist. Das Gesamteiweiß des Serums oder Serumgemisches (8—10 ccm) wird refraktometrisch (Eintauchrefraktometer von Zeiss) bestimmt. Aus dem Serum wird durch Verdünnung mit thymolhaltiger Kochsalzlösung (0,5 g Thymol) (crist. in 1000 ccm 0,85proz. Natriumchloridlösung heiß gelöst) eine 5proz. Eiweißlösung hergestellt (etwa 12 ccm). Im Refraktometer wird die Richtigkeit dieser Eiweißkonzentration nachgeprüft und so lange durch tropfenweisen Zusatz von Serum bzw. Thymolkochsalz korrigiert, bis die abgelesene Refraktometerzahl genau 5% Eiweiß entspricht. Diese 5proz. Lösung wird weiter 10fach verdünnt, und zwar sehr genau mit maßanalytischen Geräten. Man stellt 100 ccm dieser 500 mg-proz. Lösung her. Diese Serumeiweißlösung wird 2—3 Tage im Eisschrank aufbewahrt. Wenn nach dieser Zeit keine äußerlich sichtbare Änderung durch Trübung eingetreten ist, wird aus dieser Stammlösung eine Reihe von Verdünnungen von 0,5 bis 400 mg% hergestellt. Bei Benutzung von thymolhaltiger Kochsalzlösung sind diese Serumeiweißverdünnungen mindestens 3 Monate haltbar. Die Verdünnungen müssen natürlich sorgfältig in mit Gummistopfen versehenen Reagenzgläsern im Eisschrank aufbewahrt werden. Trüb gewordene Lösungen sind unbrauchbar.

Verdünnungstabelle.

0,6 ccm	500 mg% Serumverd.	+ 24,4 ccm Thymol-NaCl	=	12 mg% Eiweißlösung
0,8 ,,	500 ,,	,,	+ 24,2 ,,	,,	= 16 ,,	,,
2,3 ,,	500 ,,	,,	+ 22,7 ,,	,,	= 46 ,,	,,
3,3 ,,	500 ,,	,,	+ 21,7 ,,	,,	= 66 ,,	,,
3,6 ,,	500 ,,	,,	+ 21,4 ,,	,,	= 72 ,,	,,
4,0 ,,	500 ,,	,,	+ 21,0 ,,	,,	= 80 ,,	,,
4,2 ,,	500 ,,	,,	+ 20,8 ,,	,,	= 84 ,,	,,
5,6 ,,	500 ,,	,,	+ 19,4 ,,	,,	= 112 ,,	,,
6,0 ,,	500 ,,	,,	+ 19,0 ,,	,,	= 120 ,,	,,
9,0 ,,	500 ,,	,,	+ 16,0 ,,	,,	= 180 ,,	,,
4,5 ,,	500 ,,	,,	+ 5,5 ,,	,,	= 225 ,,	,,
12,0 ,,	500 ,,	,,	+ 8,0 ,,	,,	= 300 ,,	,,
14,0 ,,	500 ,,	,,	+ 6,0 ,,	,,	= 350 ,,	,,
16,0 ,,	500 ,,	,,	+ 4,0 ,,	,,	= 400 ,,	,,

Die Zwischenwerte erhält man durch weitere Verdünnungen, die aus den obigen Werten hergestellt werden. Z. B. 10 ccm 12proz. Eiweißlösung werden abgemessen und mit 10 ccm Thymol-NaCl versetzt, das ergibt eine 6proz. Eiweißlösung. 10 ccm dieser 6proz. Eiweißlösung mit 10 ccm Thymol-NaCl verdünnt ergibt eine 3proz. Eiweißlösung. Aus der 16proz. Eiweißlösung stellt man auf die gleiche Weise die 8-, 4-, 2-, 1- und 0,5proz. Eiweißlösung her usw., bis die folgende, vollständige Reihe der Testlösungen zusammengesetzt ist: 0,5; 1,0; 2,0; 3,0; 4,0; 5,0; 6,0; 7,0; 8,0; 9,0; 10,0; 12,0; 14,0; 16,0; 18,0; 20,0; 23,0; 25,0; 28,0; 30,0; 33,0; 36,0; 40,0; 42,0; 46,0; 50,0; 56,0; 60,0; 66,0; 72,0; 75,0; 80,0; 84,0; 90,0; 100,0; 112,0; 120,0; 125,0; 150,0; 175,0; 200,0; 225,0; 250,0; 300,0; 350,0; 400,0; 500,0 mg.

---

[1] Sehr gut eignet sich Ziegenserum.

a) Gesamteiweißbestimmung. Man mißt 0,1 ccm Liquor mit einer in $^1/_{100}$ geteilten 1 ccm-Pipette in dünnwandige Uhlenhuth-Röhrchen von genau gleicher Weite (10 cm lang, 0,85 cm äußere Weite) und fällt mit 0,4 ccm 20proz. Sulfosalicylsäure aus. Von den Standardeiweißlösungen wird auf die gleiche Weise eine Reihe von Eiweißfällungen hergestellt (0,1 ccm Serumverdünnung und 0,4 ccm Sulfosalicylsäure). Gegen einen schwarzen Hintergrund — am besten eignet sich dazu ein tiefschwarzes, 5 cm breites und 15 cm langes Samtband — wird die Liquorprobe mit den Testproben verglichen, bis diejenige Eiweißkonzentration gefunden wird, die dem Trübungsgrad des ausgefällten Liquors entspricht. Bei sehr eiweißreichen Liquores, über 400 mg%, empfiehlt es sich, den Liquor mit Kochsalzlösung zur Hälfte oder mehr zu verdünnen und dann mit 0,1 ccm dieses verdünnten Liquors die Eiweißbestimmung auszuführen; das Resultat wird dann entsprechend multipliziert.

b) Globulinbestimmung. 0,5 ccm Liquor werden in einem gewöhnlichen konischen Zentrifugenglas von etwa 10 cm Länge und 12 ccm Inhalt abgemessen und mit 0,5 ccm Ammoniumsulfat (heiß gesättigt und heiß filtriert) versetzt und gut gemischt. Liquor und Ammoniumsulfat sollen beim Zusammengeben die gleiche Temperatur haben, am besten Zimmertemperatur. Nach 30 Minuten wird die Mischung 20 Minuten lang bei einer Tourenzahl von etwa 2500—3000 zentrifugiert. Die überstehende Flüssigkeit wird abgegossen, und sodann werden mit einem Streifen Filtrierpapier (12 cm lang und 1 cm breit) aus dem schräg gehaltenen Zentrifugenglas die an den Wänden haftenden Flüssigkeitsreste entfernt; man drückt mit einem Glasstab das Filtrierpapier fest gegen die Innenwand des Zentrifugenglases und entfernt auch auf diese Weise die sich bildenden Ammoniumsulfatkrystalle, ohne den Bodensatz zu berühren. Das Sediment wird in 0,5 ccm 0,85proz. Kochsalzlösung aufgelöst. Mit 0,1 ccm dieser Globulinlösung wird die Eiweißbestimmung wie bei a ausgeführt. Um Werte unter 2 mg% deutlicher ablesbar zu machen, können andere Verdünnungsverhältnisse angewandt werden. Man mißt 0,2 ccm Globulinlösung ab und fügt 0,3 ccm Sulfosalicylsäure zu, ebenso stellt man die Testlösungen her. Wir konnten auf diese Weise bis 0,5 mg% ablesen.

Man setzt die Eiweißbestimmung und die Globulinbestimmung am besten in folgender Reihenfolge an. In ein Uhlenhuth-Gläschen mißt man 0,1 ccm Liquor für die Gesamteiweißbestimmung und in ein Zentrifugenglas 0,5 ccm Liquor für die Globulinbestimmung ab. Zugleich setzt man die Pandy-Reaktion an. Dann fällt man das Globulin mit 0,5 ccm Ammoniumsulfat aus, mischt gut durch und liest den Grad der Trübung ab (= Nonne-Reaktion).

Durch die Pandy- und die Nonne-Reaktion hat man einen ungefähren Anhaltspunkt, was für ein Eiweißgehalt zu erwarten ist, und setzt die entsprechende Reihe der Eiweißtestlösungen an, z. B. 2 — 100 mg% oder 2 — 300 mg%.

Nach 30 Minuten wird das Globulin abzentrifugiert und wie oben gesagt weiterbehandelt. Erst wenn alle Uhlenhuth-Gläschen eingefüllt sind, wird die Sulfosalicylsäure zugesetzt, auch in den Testlösungen; nach 2 Minuten wird, ohne Unterbrechung, abgelesen. Zuerst die höheren Eiweißmengen (die ausfallen können, wenn sie zu lange stehen) und dann die niedrigeren Werte.

Mikrogesamteiweißbestimmung. Steht nur sehr wenig Liquor zur Verfügung, so kann die Gesamteiweißbestimmung mit 0,05 ccm Liquor und 0,2 ccm Sulfosalicylsäure in kleineren Gläschen von 0,65 cm Weite ausgeführt werden, die Testlösungen werden ebenso hergestellt.

Mikroglobulinbestimmung. 0,1 ccm Liquor wird in 0,1 ccm Ammoniumsulfat ausgefällt, nach 30 Minuten zentrifugiert und die überstehende Flüssigkeit wie oben entfernt. Der Niederschlag wird in 0,1 ccm Kochsalzlösung gelöst und 0,4 ccm Sulfosalicylsäure gleich in das Zentrifugenglas hinzugefügt, aufgeschüttelt und die ganze Flüssigkeitsmenge in Uhlenhuth-Röhrchen umgeschüttelt und dann mit den Testgläsern wie bei a verglichen. Die Mikromethoden sollen aber nur im Notfalle angewendet werden, da bei so kleinen Mengen die Fehlermöglichkeiten größer sind.

Die Berechnung des Eiweißquotienten erfolgt wie üblich. Durch Subtraktion des Globulinwertes vom Gesamteiweiß erhält man den Albuminwert. Die Differenz zwischen Gesamteiweiß und Globulineiweiß — Albumin. Globulinwert durch Albuminwert dividiert, ergibt den Eiweißquotienten.

Auf dem gleichen Prinzip wie die Methode von CUSTER beruht diejenige von DENIS und AYER. Die Standardlösung wird aus Serum hergestellt, indem durch Kjeldahl-Bestimmung der Eiweißgehalt einer Serumverdünnung 1 : 50 mit 15proz. NaCl-Lösung bestimmt wird. Durch weitere Verdünnung mit 15proz. NaCl-Lösung wird der Eiweißgehalt dieser Serumlösung auf 30 mg% eingestellt. Diese Standardlösung kann im Eisschrank einige Monate aufbewahrt werden.

Für die Untersuchung werden 3 ccm dieser Standardlösung mit 3 ccm 5proz. Sulfosalicylsäure versetzt. In einem zweiten Glas wird 1 ccm Liquor mit 1 ccm 5proz. Sulfosalicylsäure versetzt. Die Liquortrübung wird gegen die Standardlösung in einem Nephelometer abgelesen und der Eiweißgehalt des Liquors nach folgender Formel berechnet:

$$\frac{S_s}{S_L} = \frac{X}{30}; \qquad X = \frac{S_s}{S_L} \cdot 30 \text{ mg.}$$

(S_s = Schichtdicke der Standardlösung; S_L = Schichtdicke des Liquors.)

Volumetrische Bestimmung der Eiweißrelation.

In Anlehnung an die Nißl-Methode ist in den Laboratorien der Staatl. Krankenanstalten Friedrichsberg in Hamburg eine Zentrifugiermethode entwickelt worden, die noch weiter ausgebaut wurde und jetzt die Methode der Wahl darstellt.

Technik. In besonders graduierten Röhrchen[1] werden von jedem Liquor zwei gleiche Portionen (0,6 ccm) angesetzt. Im ersten Röhrchen wird durch Zusatz der halben Menge Esbach-Lösung (0,3 ccm) das Gesamteiweiß gefällt. Der Inhalt des Röhrchens wird mit einer Capillare gut durchmischt und nach einer ½stündigen Reifungszeit scharf zentrifugiert. Die Höhe des Niederschlages wird mit einer Lupe in Teilstrichen abgelesen („1. Zahl").

In das zweite Röhrchen, das auch 0,6 ccm Liquor enthält, wird die gleiche Menge, d. h. 0,6 ccm, gesättigter Ammonsulfatlösung zugegeben (d. h. die Phase I nach NONNE-APELT-SCHUMM angesetzt). Auch dieses Röhrchen wird gut durchmischt und nach 2stündigem Stehen zentrifugiert. Man erhält einen Ammonsulfatniederschlag der Globuline („2. Zahl"). Dieser Ammonsulfatniederschlag der Globuline läßt sich jedoch nicht ohne weiteres mit dem Esbach-Niederschlag des Gesamteiweißes vergleichen, da er wasserreicher und lockerer ist als letzterer. Um vergleichbare Werte zu erhalten, muß der Ammonsulfatniederschlag

---

[1] Hersteller: Fa. A. Dargatz, Hamburg.

der Globuline mit Esbach-Lösung umgefällt werden. Zu diesem Zweck wird die im zweiten Röhrchen über dem Globulinniederschlag stehende Flüssigkeit, die noch die Albumine gelöst enthält, mittels einer mit einer Wasserstrahlpumpe verbundenen Capillare vorsichtig abgesogen und der Niederschlag mit physiologischer Kochsalzlösung auf das ursprüngliche Liquorvolumen (0,6 ccm) aufgefüllt. Dazu kommen wie im ersten Röhrchen 0,3 ccm Esbach-Lösung; der Inhalt des Röhrchens wird wieder gut durchmischt und nach $\frac{1}{2}$ Stunde zentrifugiert. Damit erhält man einen Esbach-Niederschlag der Globuline, der in Teilstrichen abgelesen wird (1 Teilstrich entspricht etwa 24 mg% Eiweiß).

Die Albumine werden einfach rechnerisch bestimmt, indem die Menge der Globuline vom Gesamteiweiß abgezogen wird: Gesamteiweiß — Globulin = Albumin. Das Verhältnis Globulin : Albumin ist der Eiweißquotient (EQ.).

Diese Methode ist relativ einfach und gibt bei genügender Beachtung der Vorschriften klinisch gut brauchbare Resultate. Zu beachten ist erstens, daß der Liquor und die Reagenzien frei von gröberen korpuskulären Elementen (Eiter, Wattefasern, Krystalle) sein müssen; die Reagenzien sollen daher jedesmal vor Gebrauch filtriert werden; trüber, blutiger oder verunreinigter Liquor muß vorher zentrifugiert werden. Die Röhrchen müssen einwandfrei sauber und trocken sein. Die Säuberung erreicht man am besten durch Bürsten und Ausspritzen mittels einer an die Wasserleitung angeschlossenen Kanüle (den capillaren Teil mit der Wasserstrahlpumpe leersaugen). Die Dauer des Zentrifugierens muß bei 3000 Umdrehungen etwa $\frac{1}{2}$—$\frac{3}{4}$ Stunde betragen. Es empfiehlt sich für jedes Laboratorium, bevor es die Methode einführt, die Zentrifugierdauer für die zu benutzende Zentrifuge in einem Vorversuch zu bestimmen: Es wird ein Liquor angesetzt und in Zeitabständen von 10 zu 10 Minuten abgelesen, um festzustellen, von welchem Zeitpunkt ab praktisch keine weitere Kompression des Niederschlages mehr erfolgt. Das ist dann die optimale Zentrifugierdauer. Ferner empfiehlt es sich, eine Eiweißlösung in verschiedenen Verdünnungen (1 : 1; 1 : 2; 1 : 4) anzusetzen und zu kontrollieren, ob die Höhe der Niederschläge diesen Verdünnungen entspricht, sonst muß die Zentrifugierdauer verlängert werden, bis der Verdünnungsgrad und Höhe des Niederschlags übereinstimmen.

Nachträglich ist noch ein weiteres Zentrifugierröhrchen herausgebracht worden, das sich besonders für eiweißarme Liquores eignet. Diese Röhrchen sind nicht auf reine Esbach-Lösung, sondern auf ein Gemisch von Esbach-Lösung und Sulfosalicylsäure eingestellt (Esbach-Lösung 15,0 + 10proz. Sulfosalicylsäure 85,0).

Abgelesen wird mit einer Lupe. Es ist darauf zu achten, daß beim Ablesen das Auge in gleicher Höhe mit dem oberen Rande des Niederschlags steht. Dies erreicht man dadurch, daß man darauf achtet, daß bei geringen Niederschlagsmengen der Boden des Röhrchens, bei größeren Mengen der nächstgelegene, um das ganze Röhrchen herumlaufende Fünferstrich nicht als Oval, sondern als Strich erscheint. Abgelesen wird auf $^1/_{10}$ Teilstrich. Während das Ablesen der vollen Teilstriche gar keine Schwierigkeiten macht, ist das Schätzen der $^1/_{10}$ Grade, besonders bei schräg abgesetzten Niederschlägen, anfangs oft recht ungenau. Bei einiger Übung gewinnt man aber doch auch im Ablesen schräg abgesetzter Niederschläge eine weitgehende Sicherheit. Von F. ROEDER wurde inzwischen ein Ablesungsmikroskop[1] entwickelt, das die sichere Abschätzung von $^1/_{10}$ Teilstrichen gewährleistet. Es hat sich bei der fortlaufenden Untersuchung des klinischen Materials bewährt und verleiht zweifellos eine größere Sicherheit bei der Ablesung geringer Niederschlagsmengen als die einfache Lupenablesung (Abb. 5).

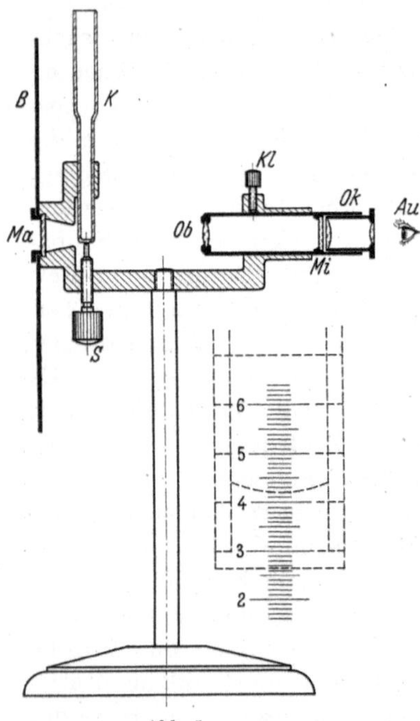

Abb. 5.

Trotzdem die Methode der volumetrischen Bestimmung der Eiweißrelation keinen Anspruch erheben kann, ein im chemischen Sinne quantitativ genau arbeitendes Verfahren zu sein, so gibt sie doch für praktisch-klinische Zwecke durchaus brauchbare Resultate.

Von RAVAUT und BOYER ist noch eine weitere Methode, und zwar eine nephelometrische, angegeben worden. Die Trübung des mit Salicylschwefelsäure versetzten Liquors wird mit der einer Testlösung von Silbernitrat verglichen, die so lange mit Kochsalz verdünnt wird, bis der entstandene Silberchloridniederschlag den gleichen Trübungsgrad aufweist. Aus dem Verdünnungsgrad des Silberchlorids läßt sich dann der Eiweißgehalt des Liquors errechnen.

Für die Bestimmung des Eiweißes im Liquor ist das Kjeldahl-Verfahren das im physiologisch-chemischen Sinne Richtigste, wenn es auch zur Anwendung auf das klinische Untersuchungsmaterial zu umständlich ist.

Eine ausgezeichnéte Kombination des Kjeldahl-Verfahrens mit einer Zentrifugierung des Eiweißniederschlages haben ZDENKO, STARY, WINTERNITZ und KRAL angegeben. Es gelingt mit dieser Methode, unter Verwendung kleiner Mengen Liquor, Gesamteiweiß, Globuline und Albumine getrennt voneinander mit einer bemerkenswerten Genauigkeit zu bestimmen.

---

[1] Hersteller: Fa. Winkel, Göttingen.

Das Prinzip ist folgendes: Fällung des Eiweißes mit Trichloressigsäure und Veraschung des Niederschlages. Die Asche wird neßlerisiert. Das Globulin wird zunächst durch Ammonsulfathalbsättigung ausgesalzen, dann der abzentrifugierte Niederschlag in physiologischer Kochsalzlösung gelöst, aus dieser Lösung mit Trichloressigsäure ausgefällt und der Niederschlag mehrmals gewaschen. Die in der Ammonsulfatlösung gelöst bleibenden Albumine können außerdem noch durch Trichloressigsäure gefällt und auf dieselbe Weise bestimmt werden. Es ergibt sich, wenn man drei Bestimmungen ausführt, auch eine wünschenswerte Kontrolle der Einzelbefunde, weil ja die Summe der Werte für Globuline und Albumine dem Betrag des Gesamteiweißes gleich sein muß.

RIEBELING schreibt, daß Befunde, die mit dieser Methode gefunden wurden, weitgehend mit den, mittels der Zentrifugiermethode erhobenen, übereinstimmen.

Globulinreaktionen.

Am bekanntesten ist die Reaktion von NONNE (Phase I), die von NONNE, APELT und SCHUMM in die Diagnostik eingeführt worden ist. Halbsättigung mit Ammonsulfat führt zu einer Ausfällung der Gesamtglobuline. Man geht derart vor, daß gleiche Mengen Liquor und gesättigtes Ammonsulfat gemischt werden. Tritt dabei eine Trübung oder starke Opalescenz auf, so läßt sich daraus mit Sicherheit auf eine mehr oder weniger erhebliche Vermehrung der Globuline schließen.

Ammonsulfatreaktion nach NONNE-APELT-SCHUMM. Das Reagenz wird hergestellt, indem man 85 g Ammonii sulfuric. puriss. neutr. mit 100 ccm Aq. dest. von 90° übergießt. Die Lösung filtriert man, läßt sie erkalten und mehrere Tage bei Zimmertemperatur stehen. Zur Reaktion bringt man 0,5 ccm Liquor und 0,5 ccm von der gesättigten, frisch filtrierten Ammonsulfatlösung in ein kleines Reagenzglas und liest nach 3 Minuten das Resultat ab. Die Ablesung erfolgt gegen einen dunklen Hintergrund (negativ, Spur, Opalescenz, Trübung [+], Fällung [++ bis +++]). Neben dieser „Phase I", nach der die Reaktion vielfach benannt wird, stellte man anfangs noch die Phase II (Filtrieren und Kochen des Filtrats) an, die aber stets positiv und daher praktisch bedeutungslos ist.

Die Ablesung der Globulinreaktionen darf nicht in einem Raum mit blauen Wänden erfolgen, hier könnte eine leichte Opalescenz völlig übersehen werden.

Modifikation der Phase I nach ROSS-JONES. ROSS und JONES stellen die Phase I an, indem sie den Liquor mit Ammonsulfatlösung unterschichten und die an der Berührungsstelle beider Flüssigkeiten nach 3 Minuten auftretende Ringbildung beobachten. Diese Methode ist jedoch weniger genau als die Phase I-Reaktion, da an der Berührungsfläche die Konzentration des Ammonsulfats mehr als Halbsättigungswert hat und daher eine Mitfällung der Albumine möglich ist.

Fraktionierte Ammonsulfataussalzung. Es ist versucht worden, die verschiedenen Globulinarten zu differenzieren (Gesamtglobulin, Euglobulin, Pseudoglobulin), indem verschieden starke Sättigungen des Liquors mit Ammonsulfat hergestellt wurden (DEMME).

	Liquor	0,9 proz. NaCl-Lösung	Gesättigte Ammon-sulfatlösung	Sättigungs-grad %	Art des ausgefällten Globulins
I	0,5	—	0,50	50	Gesamtglobulin (Phase I)
II	0,5	0,10	0,40	40	Euglobulin und Pseudoglobulin
III	0,5	0,17	0,33	33	Euglobulin
IV	0,5	0,22	0,28	28	Fibrinogen

Ob die von Serumuntersuchungen übernommenen Bezeichnungen der Globulinarten ohne weiteres auch auf den Liquor anwendbar sind, mag dahingestellt bleiben.

Praktische Bedeutung hat die fraktionierte Ammonsulfataussalzung bisher kaum erlangt; für die Liquorforschung ist die durch sie erreichbare Differenzierung der Globuline jedoch von Wert.

Salzsäurereaktion nach BRAUN und HUSLER. Bei dieser Reaktion werden die Globuline nur teilweise gefällt (Labilglobulin, Euglobulin).

Technik. 1 ccm Liquor wird mit 5 ccm $^n/_{300}$-Salzsäure gut durchmischt. Ablesung nach $^1/_2$ Stunde (schwache Opalescenz bei positiver Reaktion).

Die weitere Reaktion zum Nachweis vermehrter Globuline ist die Buttersäurereaktion NOGUCHIs, die sich aber im klinischen Laboratorium wenig eingeführt hat. Anders verhält es sich mit der altbekannten Reaktion von PANDÝ, die besonders in der Modifikation von ZALOZIECKI angewendet wird, sowie mit der WEICHBRODTschen Sublimatmethode. Diese Reaktionen, von denen die erstere allgemein ausgeübt wird, sind insofern sehr wertvoll, als sie auch bei sehr geringer Vermehrung der Gesamtglobuline zu einer positiven Reaktion führen. H. SCHMITT hat allerdings festgestellt, daß die Carbolfällung in erster Linie die Globuline betrifft; sind jedoch Albumine im Extrem vermehrt, dann wird diese Fraktion zum Teil gefällt. Bei der Sublimatreaktion werden hingegen Albuminvermehrungen nicht angezeigt. Die Albumine können sogar, jedenfalls wenn sie erheblich vermehrt sind, einen Kolloidschutz ausüben, so daß trotz Globulinvermehrung das Sublimat nicht imstande ist, eine Ausfällung derselben hervorzurufen. Bei der NONNEschen Reaktion ist diese schützende Albuminwirkung nicht vorhanden.

Die Karbolsäurereaktion nach PANDÝ ist besonders in der Modifikation von ZALOZIECKI gut brauchbar.

Herstellung des Reagens: 80—100 g Acid. carbolic. liquefact. werden mit 1000 cm Aq. dest. kräftig geschüttelt und für einige Stunden bei 37° in den Brutschrank gestellt. Nachdem die Flasche dann einige Tage bei Zimmertemperatur gestanden hat, hat sich über einer konzentrierten öligen Carbolsäureschicht eine Schicht wässeriger Carbolsäure abgesetzt. Diese wird abgegossen und zur Reaktion benutzt. Die Lösung muß klar sein; sie soll in dunkler Flasche aufbewahrt werden.

Zur Reaktion gießt man in ein Uhrschälchen 1 ccm Reagens und läßt 1 Tropfen Liquor hineinfließen. Abgelesen wird sofort gegen einen dunklen Hintergrund. Positive Proben zeigen alle Übergänge von einer Opalescenz bis zur milchigen Trübung.

Sublimatreaktion nach WEICHBRODT. Zu 0,7 ccm Liquor werden in einem kleinen Reagensglas 0,3 ccm einer 1 promill. Sublimatlösung zugesetzt (auf die Reinheit des Sublimats ist besonders zu achten; die Lösung darf nicht zu alt sein!). Die Ablesung kann sofort erfolgen. Gradeinteilung wie bei der Phase I.

Der Ausfall der Weichbrodt-Reaktion wird durch Albumine gehemmt (SCHMITT); sie ist daher im Serum und in albuminreichem Liquor negativ, stark positiv dagegen in besonders albuminarmem und globulinreichem Liquor (Paralyse, Tabes).

b) Lipoide.

Das an Lipoiden sehr reiche Nervensystem erleidet bei zahlreichen Krankheitsprozessen schwere Veränderungen gerade der lipoidführenden Teile des Parenchyms. Die Frage, inweiweit sich destruierende organische Hirnprozesse auf den Lipoidgehalt des Liquors auswirken, ist daher sehr naheliegend. Bereits im Jahre 1919 hat ESKUCHEN die Meinung vertreten, daß bei mit Degeneration einhergehenden Erkrankungen Lipoide in den Liquor geraten und diagnostisch wertvolle Hinweise durch ihre Erfassung erbracht werden könnten. Er hat allerdings darauf hingewiesen, daß die Mengen dieser Abbausubstanzen wahrscheinlich sehr gering und die bisherigen Methoden noch zu unvollkommen seien, um befriedigende, diagnostisch verwertbare Ergebnisse zu erzielen. Der Weg sei aber theoretisch durchaus begründet, und es bliebe abzuwarten, ob nicht im Lauf der Zeit die Untersuchung der Lipoide im Liquor in ebenbürtige Konkurrenz zur Eiweißbestimmung treten würde. KNAUER, HEIDRICH und RUDY, SEUBERLING sowie ROEDER[1] sind seit längerer Zeit diesem Problem nachgegangen, und zweifellos ist gegenüber den methodischen Möglichkeiten, wie sie im Jahre 1919 bestanden, gerade während der letzten Jahre ein ganz erheblicher Fortschritt erzielt worden. Von Methoden, wie sie die Liquordiagnostik braucht, muß vorausgesetzt werden, daß sie einmal mit kleinen Liquormengen durchführbar sind, andererseits über genügende Exaktheit und Empfindlichkeit zur Erfassung geringer Substanzmengen verfügen. Derartige Untersuchungsmethoden innerhalb der Liquordiagnostik müssen ja gestatten, ein möglichst großes klinisches Untersuchungsmaterial bearbeiten zu können.

Eine neuere Methode von RIEBELING zur Bestimmung der ätherlöslichen Substanzen des Liquors, der „Lipoidzahl", liegt bereits in einer klinisch verwertbaren Form vor.

---

[1] Siehe F. ROEDER: Über das Lipoidproblem des Liquor cerebrospinalis. Z. Neur. **168** (1940).

Bestimmung der Lipoidzahl des Liquors. RIEBELING geht folgendermaßen vor: 2 bzw. 4 ccm möglichst frischen Liquors werden mit 3 bzw. 6 ccm Äther 1 Minute im Schütteltrichter mit nichtgefettetem Stopfen geschüttelt. Nach völliger Trennung vom Äther und Liquor, die nach 2—3 Minuten praktisch erfolgt ist, wird der Liquor abgelassen, soweit er völlig klar ist. Die Grenzschicht, die trübe ist, bleibt im Schütteltrichter. Von ihr wird der Äther abgegossen, was leicht gelingt. Dazu wird der abgetropfte Liquor erneut gegeben, mit einer neuen Portion Äther wiederum 1 Minute geschüttelt und das Verfahren noch ein zweites Mal wiederholt. Damit erzielt man eine sorgfältige Ausschüttelung des Liquors, die eine erschöpfende Extraktion garantiert. Die drei Ätherportionen werden in einem Reagensglas vereinigt und der Äther möglichst schnell (über der Heizung oder im Brutschrank) abgedampft. Es empfiehlt sich eine Beschleunigung der Ätherabdampfung, da der Rückstand sich sonst an den Wänden des Reagensglases zu weit verteilt. Wenn die Reagensgläser völlig trocken sind und auch nicht mehr nach Äther riechen, dann gibt man in das Röhrchen 1 ccm einer Lösung von 0,5% Kaliumbichromat in konzentrierter Schwefelsäure. Genau! Eventuell bedient man sich der auch für die Alkoholbestimmung nach WIDMARK angegebenen Spritze! Es wird umgeschüttelt und mit der Schwefelsäure die ganze Innenfläche des Röhrchens benetzt. Tritt jetzt schon eine Grünfärbung der Bichromatschwefelsäure auf, dann gibt man sofort noch 1 ccm Bichromatschwefelsäure hinzu. Die Oxydation der oxydablen Substanzen durch die Bichromatschwefelsäure erfolgt im Brutschrank, nicht über der Flamme. Nach 2 Stunden Brutschrankaufenthalt wird der Inhalt des Reagensglases mit 20 ccm destilliertem Wasser in einem Erlenmeyerkolben von 100 ccm überspült und unter Zusatz von 1 ccm 10proz. Kaliumjodidlösung und einigen Tropfen Stärkelösung gegen $^n/_{100}$-Thiosulfat titriert. Es muß bei diesem Verfahren ermittelt werden, wie groß der Reduktionswert aus dem Rückstand reinen Narkoseäthers ist. Er war bei dem von uns angewandten Merck-Äther nie höher als 0,1 ccm $^n/_{100}$-Thiosulfat pro 1 ccm Äther. Die Differenz zwischen dem Leerwert und dem Titrationsergebnis, im Vollversuch weiter vermindert um den Reduktionswert des reinen Ätherrückstandes, ergibt, dividiert durch die Liquormenge, die angewandt wurde, die Lipoidzahl. Sie ist ein direkter Ausdruck für die oxydablen Substanzen, die im Liquor durch Äther extrahiert sind. Wenn irgend möglich, empfiehlt es sich, Doppelbestimmungen anzustellen, die einen durchschnittlichen Fehler von nicht mehr als 10% ergeben. Dieser Fehler ist, gemessen an dem summarischen Verfahren, gering und insbesondere deswegen unbedeutend, weil uns nur grobe Differenzen interessieren. Außerdem liegt diese Fehlerzahl sicher niedriger als die Fehlerzahlen der meisten sonst für die Lipoidbestimmungen im Liquor angewandten Verfahren. Grobe Fehler entstehen bei ungenügend gereinigten Glaswaren. Wer mit kleinen Substanzmengen arbeiten kann, kommt mit 1,0 ccm Liquor völlig aus.

Aus der chemischen Zusammensetzung des Zentralnervensystems selbst ergeben sich indessen eine ganze Reihe von Hinweisen, welche Lipoide bei Abbauvorgängen in die Liquorräume hineingeraten, vorausgesetzt, daß derartige Abbauprodukte in nachweisbarem Maße den Weg über den Liquor nehmen und nicht allein durch die Blutbahn abgeführt werden. Im Hirnparenchym findet sich eine Gruppe von Substanzen, die am aktiven Stoffwechsel teilnimmt, sowie eine weitere, die zur Hauptsache als Speichersubstanz eingelagert ist. Zu der ersten Gruppe gehören als wichtigste Vertreter das Lecithin, das Cephalin und das freie Cholesterin. Als Speichersubstanzen finden sich das Neutralfett sowie das Sphingomyelin und die Cholesterinester. Da das Lecithin und das Cephalin den wesentlichsten Prozentsatz der im Hirn vorkommenden Lipoidsubstanzen ausmachen, sollte es sich rein mengenmäßig in erster Linie um Phosphatide und ihre Abbauprodukte handeln, die bei Destruktion und degenerativen Hirnprozessen in die Liquorräume geraten. Genau so verhält es sich mit dem freien Cholesterin des Zentralnervensystems.

Die Ermittlung des Phosphatidgehalts des Liquors gründet sich auf der Bestimmung des im Lipoidmolekül enthaltenen Phosphors oder auf der Bestimmung des aus Lecithin abgespaltenen Cholins. Mehrere andere Methoden werden nicht erwähnt, da sie für den Liquor nicht gangbar zu machen sind.

Das Cholin des Lecithins läßt sich aus dem Liquor nur schwer isolieren, außerdem benötigt man dazu größere Mengen frischer Cerebrospinalflüssigkeit. PAGE und SCHMIDT verwandten zum Nachweis eine physiologische Prüfungsmethode und stellten einen Normalgehalt von 0,025 mg% fest. Für Reihenuntersuchungen ist diese Methode nicht zu verwenden. *Die methodischen Möglichkeiten zur Erfassung tieferer Abbauprodukte des Lipoidstoffwechsels sind überhaupt derartig geringe, daß wir schon dazu übergehen müssen, die Lipoide selbst aus dem Liquor zu extrahieren und mit Hilfe geeigneter Methoden zu bestimmen.*

Der erste systematische Vorstoß in dieser Richtung ist von KNAUER und HEIDRICH unternommen worden. Diese haben im Durchschnitt 100 ccm, teils noch größere Liquormengen untersucht, die bei Encephalographien entnommen waren. Diese Autoren geben an, Phosphatidvermehrungen bei Porencephalolien und schrumpfenden Hirnprozessen nachgewiesen zu haben. Nach unseren heutigen Erfahrungen geht es jedoch nicht an, aus der Zusammensetzung des während einer Encephalographie gesammelten und vereinigten Liquors auf die ursprüngliche Liquorbeschaffenheit im Lumbalsack oder in der Zisterne schließen zu wollen. Denn derartig einschneidende Maßnahmen wie ein Liquor-Luft-Austausch, der zur Darstellung der Hirnkammern ausreicht, lassen die Liquorzusammensetzung nicht unbeeinflußt. Wir wissen z. B., daß noch während der Lufteinblasung meningeale Reizzustände auftreten, die sich in einer deutlichen Pleocytose äußern. Diese wirken sich sicher auf den Lipoidgehalt ebenfalls aus.

Gegen das BLOORsche Extraktionsverfahren, das von KNAUER und HEIDRICH angewandt wurde, bestehen zudem auf Grund neuerer Untersuchungen von THEORELL und WIDSTRÖM Bedenken, denn diese konnten zeigen, daß bei der Extraktion nach BLOOR ein nicht unwesentlicher Teil des sog. säurelöslichen Phosphors in den Extrakt übergeht, d. h. er findet sich im Liquorauszug und führt zu fälschlich hohen Werten. (Der Wert der sehr gründlichen Studie von KNAUER und HEIDRICH soll durch unsere methodischen Einwände indessen in keiner Weise beeinträchtigt werden, sie ist vor allem von großem heuristischem Wert gewesen und bildete die Basis für alle weiteren Untersuchungen, die über

Liquorlipoide durchgeführt wurden. Die Ergebnisse müssen aber unter dem Vorbehalt der von uns gemachten methodischen Einwände betrachtet werden.) Das Problem der Liquorphosphatide ist weiterhin von SEUBERLING bearbeitet worden. Er ist methodisch neue Wege gegangen und hat in Zusammenarbeit mit TROPP ein Verfahren ausgearbeitet, das sich bereits für Liquormengen von 5 ccm eignet.

SEUBERLING und TROPP[1] haben die von KUTTNER und Mitarbeitern angegebene Mikromethode zur Phosphorbestimmung sowohl für die Lipoidfraktion (Phosphatidphosphor) als auch für den anorganischen sowie den gesamtsäurelöslichen Phosphor für die Liquoruntersuchung in geeigneter Weise modifiziert. Das Prinzip des Verfahrens der P-Bestimmung besteht darin, daß bei der Reduktion der Phosphormolybdänsäure durch Zinnchlorür eine tiefblaue konstante Farbe entsteht, deren Intensität colorimetrisch gut erfaßt werden kann. Es wird das Stufenphotometer von Zeiss verwandt, eine Maßnahme, die den Vorteil hat, daß nicht bei jeder neuen Untersuchungsserie gleichzeitig Standardvergleichslösungen angesetzt werden müssen. Sobald eine Eichkurve aufgenommen worden ist, fällt das ja bei den Stufenphotometermessungen weg. SEUBERLING stellte fest, daß sich die Filter S 61 und S 75 als gleichwertig erweisen.

Bei der Durchführung des Analysenganges ist die Erzielung optimaler Farbbedingungen besonders wesentlich, diese hängen weitgehend von der Wasserstoffionenkonzentration ab. KUTTNER und Mitarbeiter haben bereits eingehend hierauf hingewiesen. An Hand von Kurven zeigten sie die Zusammenhänge zwischen Farbintensität, Farbbeständigkeit und zugeführter Säuremenge auf. SEUBERLING und TROPP ermittelten die günstigsten Bedingungen für die Volumenverhältnisse bei der Liquoruntersuchung an Hand von Reihenversuchen, deren Ergebnisse sie in ihren Arbeitsvorschriften berücksichtigten. Die Bestimmung des Lipoidphosphors erfolgt mit je 5 ccm Liquor. Das Lipoid wird mit einem Ausschüttelungsgemisch im Verhältnis von Liquor : Alkohol : Äther $= 5 : 4 : 5$ durchgeführt. Diese Veraschung erfolgt über freier Flamme (Handveraschung) in kleinen Kölbchen aus Duranglas, ein erheblicher Zeitgewinn gegenüber der üblichen Veraschung auf dem Veraschungsgestell. Nach der Veraschung wird, um ein gleichbleibendes p_H zu gewährleisten, zuerst genau neutralisiert und dann stets 1 ccm 2n-H_2SO_4 zugesetzt. Die dadurch entstehende Salzvermehrung verursacht bei der Farbmessung keine störenden Salzfehler.

Zur Durchführung der Bestimmung der Phosphorfraktionen im Liquor einschließlich des Lipoidphosphors nach SEUBERLING und TROPP sind folgende Reagenzien notwendig:

1. 14proz. Trichloressigsäure (reinst, E. Merck, Darmstadt), gelöst in redest. Wasser.

---

[1] Biochem. Z. **290**, 5—6 (1937).

2. 7 proz. Trichloressigsäure, gelöst in redest. Wasser.

3. Molybdänschwefelsäurereagens:

a) 93 ccm konz. Schwefelsäure pro anal. werden in redest. Wasser gegossen und nach dem Erkalten in einem Meßkolben auf 1000 ccm aufgefüllt.

b) 7,50 g Natriummolybdat pro anal. (E. Merck) werden in etwas redest. Wasser gelöst und in einem Meßkolben auf 100 ccm aufgefüllt.

Kurz vor Gebrauch werden 3 Teile der Lösung a mit 1 Teil der Lösung b gemischt.

4. Zinnchlorür. Stammlösung: 10 g Zinnchlorür pro anal. werden in einem 25 ccm fassenden Meßkölbchen in etwas rauchender Salzsäure pro anal. gelöst und dann mit dieser bis zur Eichmarke aufgefüllt. Diese Stammlösung ist etwa 4 Wochen haltbar. Vor Gebrauch wird die Lösung 200 fach verdünnt.

5. Normalschwefelsäure.

6. Konz. Schwefelsäure pro anal.

7. Wasserstoffsuperoxyd, 30 proz., pro anal.

8. Phenolphthalein in alkoholischer Lösung, 0,1 proz.

9. Natronlauge, 40 proz.

10. Alkohol redest., 96 proz.

11. Schwefeläther redest.

12. Phosphorsäurestandardlösung (zur Aufstellung der Eichkurve). 0,4394 g primäres Kaliumphosphat pro anal. werden in einem 1000 ccm-Meßkolben mit etwas redest. Wasser gelöst und dann bis zur Eichmarke aufgefüllt. (1 ccm dieser Lösung entspricht 0,1 mg Phosphor.) Von dieser Stammlösung werden drei Standardlösungen hergestellt:

a) 5 ccm Stammlös. + 195 ccm redest. Wasser (1 ccm = 0,0025 mg P)
b) 5 „   „   + 95 „   „   „   (1 „ = 0,0050 „ P)
c) 10 „   „   + 90 „   „   „   (1 „ = 0,0100 „ P)

Arbeitsgang.

1. Anorganischer Phosphor.

1,5 ccm Liquor werden mit einer genau kalibrierten Pipette in ein schmales, spitz zulaufendes Zentrifugenglas von 5 ccm Inhalt pipettiert. Nach Zusatz von 1,5 ccm 14 proz. Trichloressigsäure (1) wird mit einem feinen Glasstab gut durchgemischt und das Zentrifugenglas im siedenden Wasserbad 3 Minuten lang erhitzt. Sodann zentrifugiert man 20 Minuten lang bei 3000 Umdrehungen pro Minute. 2 ccm der überstehenden, klaren Flüssigkeit werden mit einer genau kalibrierten Pipette abgehebert und in ein 10 ccm fassendes, mit Glasstöpsel versehenes Meßkölbchen eingebracht. In ein weiteres Meßkölbchen (Leerversuch) pipettiert man 2 ccm der 7 proz. Trichloressigsäure (2). In beide Meßkölbchen werden sodann 2 ccm des Molybdänschwefelsäurereagens (3) gegeben. Nach gründlichem Umschütteln (sehr wichtig zur Erreichung eines gleichmäßigen p_H-Wertes!) wird unter leichtem Schwenken der Kölbchen 1 ccm der Zinnchlorürlösung (4) zugegeben. In dem die anorganische Phosphorfraktion enthaltenden Meßkölbchen ist das Maximum der Farbintensität nach etwa einer halben Minute erreicht und bleibt etwa 2 Stunden konstant. Die Meßkölbchen werden nunmehr bis zur Eichmarke mit Normalschwefelsäure (5) aufgefüllt. Die Lösungen sind jetzt zur Stufenphotometrierung bereit. Als Filter für das Stufenphotometer wählt man, wie bereits erwähnt, das Filter S 75, das sich bei den Reihenuntersuchungen bestens bewährte. Die Ansetzung eines Leerversuches dient einerseits dazu, die Eigenabsorption der zur Verwendung gelangenden Lösungen bei der Stufenphotometrierung in Rechnung zu setzen (sie beträgt etwa 5—6 Trommelteilstriche gegen dest. Wasser!), andererseits ist sie eine ständige Kontrolle für die Reinheit der zur Verwendung gelangenden Reagenzien. Versuche mit Phosphorsäurestandardlösungen (12) ergaben, daß die Farbintensität der mit diesen Phosphorlösungen angesetzten Versuche innerhalb einer Konzentration von 0,00125 bis 0,01700 mg Phosphor streng dem BEER-LAMBERTschen Gesetz folgt. Die Eichkurve ist mit Hilfe dieser Standardlösungen leicht aufzustellen.

2. Gesamtsäurelöslicher Phosphor.

Nach der Enteiweißung des Liquors, die genau wie beim anorganischen Phosphor durchgeführt wird, werden in Veraschungskölbchen aus Duranglas (Volumen der Kugel etwa 5 ccm, Länge des Kölbchens etwa 190 mm, lichter Durchmesser des Halses 10 mm, bei 8 ccm und 10 ccm Ringmarken) 2 ccm des klaren Filtrats eingefüllt. Nach Zusatz von 3 Tropfen konzentrierter Schwefelsäure (6) und zwei kleinen Glasperlen zur Vermeidung des Siedeverzugs wird über freier Flamme bis zur Verkohlung verascht (Dauer etwa 2 Minuten). Nach Abkühlen und Zugabe von 2 Tropfen Wasserstoffsuperoxyd (7) erhitzt man bis zur Farblosigkeit weiter (Dauer etwa 2 Minuten). Sodann wird mit etwas Wasser die Innenfläche des Kölbchenhalses abgespült, um etwaige noch unzerstörte, im Kölbchenhals verbliebene Wasserstoffsuperoxydreste in die Kugel zurückzubringen. Das dritte Erhitzen wird bis zum Aufsteigen von Schwefelsäuredämpfen fortgesetzt (Dauer gleichfalls etwa 2 Minuten). Nach dem Abkühlen wird eine geringe Menge (etwa 2—3 ccm) redest. Wasser in das Kölbchen gegeben und 1 Tropfen Phenolphthaleinlösung (8) zugesetzt. Mit 40proz. Natronlauge (9) wird bis zum Rotwerden und dann mit Normalschwefelsäure (5) bis zur genauen Neutralität zurücktitriert. Hierauf gibt man 1 ccm der Schwefelsäure (3a) zu und füllt mit redest. Wasser bis zur Marke 8 auf. Nach Zugabe von 1 ccm des Molybdänschwefelsäurereagens (3) gießt man den Kölbcheninhalt in ein etwa 25 ccm fassendes Becherglas aus und läßt jetzt unter leichtem Schwenken 1 ccm der Zinnchlorürlösung (4) langsam zufließen. Sodann gießt man die Lösung bis zur Stufenphotometrierung wieder in das Kölbchen zurück. (Das Ausgießen in ein Becherglas ist unbedingt erforderlich, da bei der Zugabe der Zinnchlorürlösung in den engen Kölbchenhals die Durchmischung nicht rasch genug erfolgt, wobei Schwankungen des p_H-Gehalts auftreten können, die die Reaktion unbrauchbar machen.)

Für den Leerversuch werden 2 ccm der 7proz. Trichloressigsäure in ein Veraschungskölbchen gegeben und auf die gleiche Art weiterverarbeitet.

Die gesamtsäurelösliche Phosphorfraktion enthält den anorganischen und den Esterphosphor. Man erhält den Esterphosphor durch Subtraktion des anorganischen Phosphors vom gesamtsäurelöslichen Phosphor.

3. Lipoidphosphor.

5 ccm Liquor werden in einen 50 ccm fassenden Schütteltrichter von zylindrischer Form pipettiert. Nach Zusatz von 4 ccm Alkohol (10) wird 1 Minute lang kräftig geschüttelt, dies wird mit 5 ccm Äther (11) wiederholt. Nach etwa 3 Minuten läßt man die sich abscheidende Flüssigkeit in ein Reagensglas ab. Die Ausschüttelungsflüssigkeit, die bereits den größten Teil der Lipoide enthält, wird durch ein Filter (Schleicher u. Schüll, Schwarzbandfilter D = 5 cm) in ein 25 ccm fassendes Becherglas filtriert. Nachdem der Inhalt des Reagensglases wieder in den Schütteltrichter zurückgegossen wurde, werden zum zweiten Male 5 ccm Äther zugegeben. Hierauf wird nochmals 1 Minute kräftig geschüttelt. Sollte diesmal eine klare Trennungslinie der beiden Flüssigkeiten nicht auftreten, so kann diese durch vorsichtiges Zugeben von 1—3 Tropfen Alkohol zu der Aufschüttelungsflüssigkeit herbeigeführt werden. Nach abermaligem Ablassen der sich abscheidenden Flüssigkeit wird das Aufschüttelungsgemisch quantitativ über das Filter in das Becherglas gespült und mit der ersten Fraktion vereinigt. Ein drittes

Aufschütteln erübrigt sich, da bei der dritten Fraktion nur noch Lipoidmengen übergehen, die innerhalb der Fehlergrenze der Methode (3—5%) liegen. Nach Zugabe von zwei Glasperlen wird der größte Teil des Äthers über einem elektrischen Wasserbad abgedampft. Nachdem die Lipoidfraktion auf diese Weise auf etwa 8 ccm eingeengt ist, wird sie quantitativ in ein Veraschungskölbchen überführt und dieses nochmals für kurze Zeit in das elektrische Wasserbad gestellt, um den größten Teil des Spülalkohols abzudampfen. Nach Zugabe von 3 Tropfen konz. Schwefelsäure (6) ist der Arbeitsgang der Veraschung der gleiche wie beim gesamtsäurelöslichen Phosphor.

4. Gesamtphosphor.

1 ccm Liquor wird in ein Veraschungskölbchen, in dem sich etwa 2 ccm Wasser befinden, pipettiert und die Pipette durch mehrmaliges Aufziehen ausgewaschen. 0,5 ccm 14proz. Trichloressigsäure (1) verhindern ein allzu starkes Schäumen beim Veraschungsprozeß, der mit 3 Tropfen konz. Schwefelsäure (6) auf die übliche Art und Weise durchgeführt wird. Der weitere Arbeitsprozeß ist der gleiche wie beim gesamtsäurelöslichen Phosphor.

Die beschriebene Methode eignet sich auch sehr gut zur Bestimmung der verschiedenen Phosphorfraktionen in anderem organischen Material, wie Blut, Gewebe usw.

F. ROEDER hat eingehend prüfen können, inwieweit die Ausschüttelung der Lipoidfraktion mit Hilfe eines Alkohol-Äther-Gemisches das im Liquor vorhandene Phosphatid erfaßt, und verfuhr folgendermaßen: Liquores von verschieden hohem Eiweißgehalt, von 20 bis 600 mg%, wurden zur Extraktion des Lipoids im Schütteltrichter mit dem Alkohol-Äther-Gemisch nach den Angaben von SEUBERLING ausgeschüttelt. Der zurückbleibende Liquorrückstand wurde im Exsiccator getrocknet, dann in einer Extraktionsanordnung, die später noch beschrieben wird, mit einem Alkohol-Chloroform-Gemisch im Verhältnis 1 : 1 erneut 2 Stunden extrahiert. Sowohl bei normalem als auch bei stark verändertem Liquor mit hohem Eiweißgehalt erzielte man bei dieser zweiten Extraktion keine meßbaren Phosphatidmengen mehr, so daß man mit Sicherheit sagen kann, daß das Ausschüttelungsverfahren das im Liquor vorhandene Phosphatid quantitativ erfaßt.

Weiterhin konnten wir feststellen, daß die colorimetrische Bestimmung des Lipoidphosphors in der vorher neutralisierten Lösung durch keine nachweisbaren Salzfehler belastet ist.

Der von SEUBERLING angegebene Mittelwert für den lumbalen Normalliquor von 0,025 mg% Lipoidphosphor ist von uns bestätigt worden. Wir konnten ihn an Hand von 45 Normalfällen festlegen. Unsere Werte erstrecken sich von 0,020 bis 0,045 mg%. Unseres Erachtens ist die obere Grenze der Norm mit 0,30 mg%, wie sie von SEUBERLING festgelegt worden ist, zu niedrig, denn wir erhielten recht häufig bei organisch völlig Gesunden Werte über 0,04 mg%. Wir fanden sie bei Fällen von Psychopathie, Neurosen und Debilität. Unser statistischer Mittelwert[1] beträgt ebenfalls 0,025 mg%, man wird lediglich die obere Grenze

---

[1] Durchschnittswert von 45 normalen Lumbalpunktaten.

der Norm mit 0,045 mg% ansetzen müssen, die Variationsbreite ist etwas größer, als sie von SEUBERLING angenommen wird.

Das eben besprochene Verfahren, das eine wertvolle methodische Neuerung darstellt, ist aber leider nicht generell anwendbar, da zu jeder Einzelbestimmung eine Liquormenge von 5 ccm erforderlich ist, die für fortlaufende Reihenuntersuchungen an dem anfallenden klinischen Material meist nicht zur Verfügung stehen.

Um das Phosphatidproblem auf einer breiteren Basis bearbeiten zu können, bemühten wir uns darum, eine Methode auszuarbeiten, die Bestimmungen an Liquormengen von 1,0 bis 0,5 ccm ermöglicht. Eine derartige Methode mußte folgenden Forderungen gerecht werden:

1. Quantitative Erfassung des Gesamtphosphatids.

2. Vermeidung des Übergangs von anorganischen Phosphaten in den Lipoidauszug.

3. Anwendbarkeit auf kleine Liquormengen.

Es gelang ROEDER, ein geeignetes, *relativ einfaches Extraktionsverfahren* ausfindig zu machen, die Veraschung des extrahierten Phosphatids sowie die Colorimetrie des aufgeschlossenen Liquors für kleinste Substanzmengen in geeigneter Weise zu modifizieren, so daß wir eine Methode zur Bestimmung des Phosphatids in Liquormengen von 0,5 ccm bis 1,0 ccm angeben können.

Prinzip der Methode: Der trockene Liquorrückstand wird in einer sehr einfachen Extraktionsanordnung mit einem Alkohol-Chloroform-Gemisch quantitativ extrahiert. Durch die Anwendung des Chloroformzusatzes erfassen wir gleichzeitig auch noch etwa vorhandene alkoholunlösliche Phosphatide. Der Lipoidauszug, der frei von anorganischen Phosphaten ist, wird eingeengt, dann erfolgt die Veraschung und colorimetrische Bestimmung des Lipoidphosphors.

Methodik. Zur Durchführung der Bestimmung sind folgende Glasgeräte und Reagenzien erforderlich:

1. a) Geräte: Spitzgläser mit Normalschliff, Durchmesser 1,7 cm, Länge 10 cm, Graduierung bei 3 ccm. b) Graduierte 10 ccm-Zentrifugengläser.

2. Dimroth-Kühler mit Normalschliff, Länge etwa 25 cm.

3. Veraschungsröhrchen aus Jenaer Glas, dickwandig, Länge 10 cm, Durchmesser 1 cm.

4. Uhlenhut-Röhrchen.

Reagenzien. Die zu den Reaktionen benötigten Reagenzien sind den Arbeiten von KUTTNER und Mitarbeitern, TROPP, SEUBERLING und ECKHARDT sowie NORBERG und THEORELL zur Hauptsache entnommen.

1. Absoluter Alkohol, unvergällt.

2. Chloroform, Merck, DAB. 6.

3. Konz. Schwefelsäure pro anal.

4. Wasserstoffsuperoxyd 30 proz.

5. Normalschwefelsäure.

6. Natronlauge 40 proz.

7. Phenolphthalein in alkoholischer Lösung 0,1 proz.

8. Molybdänschwefelsäurereagens:

a) 93 ccm konz. Schwefelsäure pro anal. werden in redest. Wasser gegossen und nach dem Erkalten in einem Meßkolben auf 1000 ccm aufgefüllt.

b) 7,50 g Natriummolybdat pro anal. (E. Merck) werden in etwas redest. Wasser gelöst und in einem Meßkolben auf 100 ccm aufgefüllt. Kurz vor Gebrauch werden 3 Teile der Lösung a mit einem Teil der Lösung b gemischt.

9. Zinnchlorür[1]. Stammlösung: 10 g Zinnchlorür werden in einem 25 ccm fassenden Meßkölbchen in etwas rauchender Salzsäure pro anal. gelöst und dann mit dieser bis zur Eichmarke aufgefüllt. Diese Stammlösung ist spätestens nach 4 Wochen zu erneuern. Vor Gebrauch wird die Lösung 200fach verdünnt.

10. Phosphorsäurestandardlösung zur Aufstellung der Eichkurve. 0,4394 g primäres Kaliumphosphat pro anal. werden in einem 1000 ccm-Meßkolben mit etwas redest. Wasser gelöst und bis zur Eichmarke aufgefüllt. Von dieser Stammlösung wird folgende Standardlösung zur Aufstellung der Eichkurve hergestellt: 5 ccm Stammlösung + 195 ccm redest. Wasser (1 ccm = 0,0025 mg P).

Arbeitsgang. Die Extraktion. Für diese wird eine einfache Mikroextraktionsanordnung verwandt. Als Extraktionsgefäße dienen mit Normalschliff versehene zentrifugierbare Spitzgläser von 10 ccm Inhalt. 1 ccm des zentrifugierten Liquors wird in diese Gläser einpipettiert und im Exsiccator über Schwefelsäure getrocknet. Hierzu wird der Exsiccator evakuiert, bis zum leichten Aufschäumen des Liquors und anschließend für 48 Stunden in den Brutschrank bei 37° gestellt. Der trockene Liquorrückstand wird dann mit 3 ccm des Extraktionsgemisches (1 Teil Chloroform DAB. 6 + 1 Teil Alkohol abs.) versetzt und mit einem Eisenspatel von der Glaswand entfernt. Die Spitzgläser, die den im Chloroform-Alkohol-Gemisch aufgenommenen Liquorrückstand enthalten, werden in ein bis zur Hälfte mit Wasser gefülltes Becherglas gestellt und am Dimroth-Kühler angeschlossen. Zuerst wird bis zum Aufkochen des Alkohol-Chloroform-Gemisches erhitzt, dann mit kleiner Sparflamme bei leichtem, aber gleichmäßigem Sieden 2 Stunden lang extrahiert.

Wir konnten feststellen, daß derartige Extraktionen sehr gleichmäßig verlaufen.

Die vollständige Extraktion der Phosphatide erfolgt spätestens innerhalb von 2 Stunden.

[1] Als weiteres Reduktionsmittel läßt sich ausgezeichnet das Eikonogen (Aminonaphtholsulfosäure (1—2—4) verwenden.

Eikonogenlösung: a) Reinigen der käuflichen Aminonaphtholsulfosäure (= Eikonogen). Man erhitzt 1 Liter Wasser auf 90°, löst darin 150 g Natriumbisulfit und 10 g krist. Natriumsulfit und trägt unter Umschütteln 15 g Eikonogen hinein. Sollte die Sulfosäure nicht vollkommen in Lösung gehen, so setzt man weiter Natriumsulfitlösung hinzu, bis die Hauptmenge gelöst ist. Die heiße Lösung wird durch ein Faltenfilter filtriert, dann unter der Wasserleitung abgekühlt und unter Umrühren mit 10 cm konz. Salzsäure versetzt. Der ausfallende Niederschlag (wenn kein Niederschlag erscheint, mit einem Glasstab reiben) wird auf der Nutsche abgesaugt, mit 300 ccm kaltem Wasser und dann mit 95proz. Alkohol gewaschen, bis die Flüssigkeit farblos abläuft, und im Dunkeln im Exsiccator getrocknet. (In braunes Gefäß füllen.) b) Herstellung der 0,25 proz. Aminonaphtholsulfosäurelösung: 0,1 g des lufttrockenen, *schneeweißen* Pulvers werden in 39 ccm 15proz. Natriumbisulfitlösung (Lösung vor Gebrauch 2—3 Tage stehenlassen, dann filtrieren) suspendiert und mit etwa 1 ccm 20proz. Natriumsulfitlösung versetzt (20 g krist. Natriumsulfit in 38 ccm Wasser gelöst). Sollte die Sulfosäure nicht vollkommen in Lösung gehen, so setzt man bis zur völligen Lösung tropfenweise weitere Natriumsulfitlösung hinzu. Die fertige Lösung wird filtriert und in einer braunen Glasstopfenflasche gut verschlossen im Eisschrank aufbewahrt. Die Lösung ist vollkommen klar und höchstens schwach gelblich gefärbt. Die Lösung muß alle 2—3 Tage neu bereitet werden.

Diese Extraktionsdauer reicht völlig aus, denn zahlreiche Untersuchungen über den Einfluß der Extraktionszeit, die bis zu 8 Stunden ausgedehnt wurde, zeigten, daß nach 2 Stunden die Phosphatidmenge im Lipoidauszug nicht mehr zunimmt. Die Extrakte sind, wie häufige Kontrollen gezeigt haben, außerdem frei von anorganischen Phosphaten.

Nach 2 Stunden werden die Dimroth-Kühler abgenommen und das Alkohol-Chloroform-Gemisch im gleichen Wasserbad bis auf etwa 1 ccm abgedampft. Die Gläser werden 10 Minuten bei 3000 Touren zentrifugiert, der Lipoidauszug jetzt bereits in die Veraschungsröhrchen (3) abgeschüttet. Der Rückstand wird nochmals mit 0,5 ccm des Alkohol-Chloroform-Gemisches aufgeschüttelt, 5 Minuten zentrifugiert, dann werden beide Extrakte vereinigt.

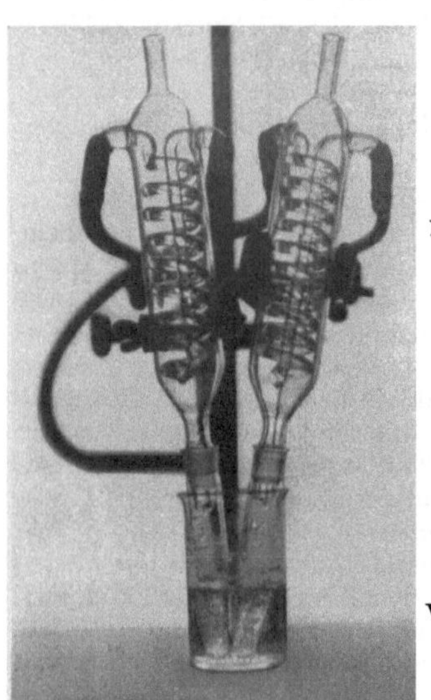

Abb. 6. Extraktionsanordnung für eine Phosphatid-Doppelbestimmung beiVerwendung von 0,5—1 ccm Liquor.

Anschließend erfolgt das Einengen des Lipoidauszuges, das über freier Flamme so lange durchgeführt wird, bis das Lösungsgemisch auf 1—2 Tropfen eingeengt ist. Die Gläser werden hierbei mit einer Siedecapillare versehen, die das Abdampfen erheblich erleichtert. Diese soll lediglich einen Siedeverzug verhindern und wird entfernt, sobald das Alkohol-Chlorform-Gemisch zum Aufkochen gebracht ist. Vor der Veraschung ist es erforderlich, alle Reste von organischem Lösungsmittel entfernt zu haben, daher wird jetzt die Trocknung des Extrakts angeschlossen. Die Veraschungsröhrchen (3) kommen dazu 10 Minuten in ein mäßig stark siedendes Wasserbad (100 ccm Becherglas).

Veraschung. Jedem Glas werden 2 Tropfen konz. H_2SO_4 mit Hilfe einer Mikropipette zugesetzt. Über freier Flamme wird dann etwa 1 Minute bis zum Auftreten von freiem Kohlenstoff verascht; nach Zusatz von 1 Tropfen 30proz. Wasserstoffsuperoxyd erhitzt man bis zur völligen Farblosigkeit weiter (Dauer 3 Minuten). Nach Abkühlen werden die Innenflächen der Röhrchen mit etwas Wasser abgespült, die zugesetzte Wassermenge darf nicht mehr als etwa 0,2 ccm ausmachen, da man sonst beim dritten Erhitzen durch Spritzen Substanzverluste bekommt. Dieses wird nach 2 Minuten durchgeführt, um alle Reste von im Röhrchen etwa noch vorhandenem Wasserstoff zu zerstören. (Gelbfärbungen bei der späteren Colorimetrie beruhen auf unzerstörten Wasserstoffsuperoxydresten.)

Colorimetrische Bestimmung des Lipoidphosphors. Zur Erzielung genauer Resultate müssen die angegebenen Volumenverhältnisse streng eingehalten werden. Der mineralisierte Lipoidauszug wird in Wasser aufgenommen und quantitativ in graduierte Zentrifugengläser von 10 ccm Inhalt überführt. Nach dreimaligem Nachwaschen sollte die zugesetzte Wassermenge 3 ccm nicht überschreiten. Nach Zusatz von 1 Tropfen Phenolphthalein (7) wird mit 40proz. Natronlauge (6) mittels einer Mikrobürette bis zum Umschlag titriert, dann mit Normalschwefelsäure (5) genau neutralisiert.

Farbreaktion. Ansäuern durch Zusatz von 0,5 ccm Schwefelsäure (8a), auffüllen mit Aq. redest. auf 4 ccm. Danach werden 0,5 ccm des Molybdänschwefelsäurereagens (8) zugesetzt. Dann wird der Inhalt der Zentrifugengläser in 20 ccm-Bechergläser umgegossen und unter stetigem Umschütteln tropfenweise 0,5 ccm der Zinnchlorürlösung (9) zugegeben.

Colorimetrie. Die Ablesung erfolgt nach einer halben Stunde am einfachsten mit Hilfe von Testgläsern. Man stellt hierzu eine Vergleichsreihe von 8 Gläsern auf, die aufsteigend folgende Mengen der Standardlösung (10a) enthalten:

0,08 ccm = 0,02 mg% P	0,24 ccm = 0,06 mg% P
0,12 „ = 0,03 „ P	0,32 „ = 0,08 „ P
0,16 „ = 0,04 „ P	0,40 „ = 0,10 „ P
0,20 „ = 0,05 „ P	

Diese aufsteigenden Mengen der Standardlösung 10a werden in die graduierten Zentrifugengläser (1b) pipettiert, dann ebenfalls durch Zusatz von 0,5 ccm Schwefelsäure (8a) angesäuert, mit Aq. redest. auf 4 ccm aufgefüllt. Danach werden 0,5 ccm des Molybdänschwefelsäurereagens (8) zugesetzt, der Inhalt der Zentrifugengläser in 20 ccm-Bechergläser umgegossen und tropfenweise 0,5 ccm der Zinnchlorürlösung (9) zugegeben. Zur Ablesung selbst füllt man je 2 ccm sowohl der Eichlösungen als auch der zu bestimmenden Proben in dünnwandige Uhlenhut-Röhrchen ein und liest auf weißem Untergrund in gerader Durchsicht ab. Mit der angegebenen Eichreihe wird man in den meisten Fällen auskommen. Verarbeitet man Liquores mit sehr hohen Eiweißwerten, so daß auch hohe Lipoidwerte erwartet werden müssen, dann empfiehlt es sich, von höchstens 0,2 ccm Liquor auszugehen und die Eichreihe zu erhöhen, bis zu etwa 0,8 ccm Standardlösung (10a).

Zur Bestimmung der Farbstärken haben wir bei Beibehaltung der eben angegebenen Arbeitsvorschrift die *stufenphotometrische Methode anwenden können*, bei Verwendung des Filters S 75. Der besondere Vorteil besteht darin, daß keine Eichproben mehr angesetzt zu werden brauchen, sobald eine Eichkurve einmal aufgenommen ist. *Gute Übereinstimmungen ergab die objektive Colorimetrie mit Hilfe von Sperrschichtphotozellen.* An Hand zahlreicher wiederholter Bestimmungen hat sich herausgestellt, daß diese neue Mikromethode über eine für Forschungszwecke ausreichende Genauigkeit verfügt. Da zu ihrer Durchführung nur geringe Liquormengen benötigt werden, wird man sie im Rahmen der üblichen Liquoruntersuchungen anwenden können. Dadurch ist der Weg für größere Serienuntersuchungen angebahnt.

Cholesterin.

Außer den Phosphatiden war es neben den Fettsäuren und Cerebrosiden in erster Linie das *freie Cholesterin*, das im Liquor gesucht worden ist, denn man rechnete mit der Möglichkeit, bei destruktiven Prozessen im Zentralnervensystem eine Anreicherung dieses Lipoids im Liquor zu finden. Es gibt in der Tat kaum einen organischen Prozeß des Nervensystems, bei dem nicht dieser oder jener Autor pathologische Cholesterinwerte im Liquor nachweisen konnte. So läßt sich Cholesterinvermehrung nach Hirnblutungen, ferner bei Paralyse, Meningitiden, Tumoren, multipler Sklerose, Hirnabscessen, Hydrocephalus, Lues cerebrospinalis, Tabes, Poliomyelitis und Neuritiden nachweisen.

Als Grundlage fast aller Bestimmungsmethoden im Liquor dient die LIEBERMANN-BURCHARDsche Farbreaktion, die sich durch ihre besondere Empfindlichkeit auszeichnet. Lediglich WESTON benutzte die Farbreaktion von SALKOWKI. Das Cholesterin ist in so geringen Mengen selbst im pathologischen Liquor vorhanden, daß sich die gravimetrische Methode von WINDAUS mit Hilfe der Digitoninfällung nicht durchführen läßt, jedenfalls nicht mit den meist zur Verfügung stehenden Liquormengen. Wenig verwandt wird die Methode von HAUPTMANN, die darauf beruht, daß je nach den Mengen des im Liquor vorhandenen Cholesterins die Auflösung von Erythrocyten durch Saponin verhindert wird.

Frühere Autoren, die die LIEBERMANN-BURCHARDTsche Reaktion anwandten, haben kaum positive Reaktionen im Liquor gefunden, insbesondere dann nicht, wenn sie sich an die Originalvorschrift von AUTENRIETH und FUNK hielten. Bei Einhaltung dieser Vorschrift wird das gesamte zu bestimmende Cholesterin in zuviel Chloroform gelöst, so daß die Konzentration zu gering wird. KNAUER und HEIDRICH haben indessen in zahlreichen pathologischen Liquores eine Cholesterinvermehrung nachweisen können, und zwar dadurch, daß sie bei ihrer Methode die Liquormenge entsprechend dem angewandten Extraktionsmittel (Chloroform) steigerten. Für ausgedehnte klinische Reihenuntersuchungen ist das Verfahren nicht gangbar, da zu große Liquormengen benötigt werden. KNAUER und HEIDRICH mußten z. B. 100 ccm Liquor verwenden, um den Lipoidnachweis sicher durchführen zu können. Derartig große Liquormengen wird man nur in den seltensten Fällen zur Verfügung haben.

Es ist das besondere Verdienst von RUDY[1], ein recht einfaches, klinisch ausgezeichnet brauchbares Verfahren zur Extraktion des Chole-

---

[1] Von HINSBERG (Med. Klin. **1938**, H. 27) wurde gegen diese Methode der Cholesterinextraktion aus dem Liquor folgender Einwand gemacht: „Sie ergibt falsche Ergebnisse, da das Extraktionsverfahren weder spezifisch für Cholesterin noch quantitativ exakt ist." HINSBERG verkennt unseres Erachtens die besonderen Verhältnisse, wie sie für die Anwendung der RUDYschen Methode auf den Liquor gegeben sind. Diejenigen Substanzen, die eine dem Cholesterin ähnliche Farbreaktion geben, kommen im menschlichen Organismus kaum vor, so daß die Methode bezüglich des menschlichen Liquors als weitgehend spezifisch anzusehen ist. Was die Exaktheit des Extraktionsverfahrens betrifft, so ist eine gut bekannte, für die praktische Diagnostik ganz unwesentliche relative Fehlerbreite zugunsten einer methodischen Vereinfachung bewußt in Kauf genommen worden. Auf diesen Punkt ist von RUDY in seiner ersten Mitteilung [Z. Neur. **146**, 229 (1933)] hingewiesen worden. HINSBERG war anscheinend diese methodische Unterlage, auf der die Cholesterinbestimmung im Liquor fundiert ist, nicht bekannt. Man kann von der Methode nicht die Genauigkeit einer gravimetrischen Bestimmung verlangen. Die Fehlerquelle beträgt 10%.

sterins aus sehr geringen Mengen Liquors (1 ccm) ausgearbeitet zu haben. Es wird mit gutem Erfolg nach folgender Vorschrift gearbeitet:

1 ccm des zentrifugierten Liquors wird mit Hilfe einer genauen Pipette in ein graduiertes Zentrifugenglas von 10 ccm Inhalt gebracht und im evakuierten Exsiccator bei 37° über Schwefelsäure getrocknet. Das Evakuieren muß sorgfältig geschehen, damit nichts verspritzt; man bricht es am besten dann ab, wenn der Liquor zu schäumen beginnt. Das Trocknen ist im allgemeinen nach 24 Stunden beendet, wird jedoch immer auf 48 Stunden ausgedehnt, um möglichst gleichmäßiges Arbeiten zu gewährleisten, da der Feuchtigkeitsgehalt des Liquorrückstandes eine große Rolle bei der nachfolgenden Extraktion spielt. Das Trocknen im Vakuum hat gegenüber dem anfangs von uns geübten Arbeiten im Wasserbad den Vorteil, daß keine Zersetzungsprodukte auftreten, die dann bei Anstellung der Farbreaktion (nach Zugabe von Acetanhydrid und Schwefelsäure) in Form gelber Farbtöne die Ablösung erschweren oder gar unmöglich machen. Der trockene Liquorrückstand wird mit 3 ccm eines Gemisches aus gleichen Teilen Chloroform (DAB. 6) und absolutem Alkohol versetzt, mit einem Spatel säuberlich von der Glaswand entfernt und zerrieben und 1 Stunde im Sieden erhalten, wobei das verdampfende Lösungsmittelgemisch von Zeit zu Zeit ergänzt wird. Der ganze Vorgang wird so geleitet, daß nach Ablauf der ersten Stunde gerade noch 1 ccm Lösungsmittel im Zentrifugenglas ist. Dann wird 5 Minuten bei 3000 Touren zentrifugiert, abgegossen, der Rückstand nochmals mit 0,7 ccm Chloroform versetzt, kurz aufgekocht, bis das Chloroform auf 0,5 ccm verdampft ist, und 5 Minuten zentrifugiert. Beide Abgüsse zusammen in ein Uhlenhut-Röhrchen (100 × 8 mm) gebracht und nun die Hauptmenge des Lösungsmittels über freier Flamme, der Rest im siedenden Wasserbad vertrieben. Das Erhitzen im Wasserbad dauert genau $8^1/_2$ Minuten. Allzu langes Erhitzen ist deshalb zu vermeiden, weil Zersetzungen von Phosphatiden und anderen gelösten organischen Stoffen eintreten, die später zu starken Gelbfärbungen führen. Nach Beendigung dieser Trocknung hat sich der Rückstand in Form einer dünnen zusammenhängenden Schicht am Glase angelegt, aus der nun das Cholesterin mit Chloroform herausgelöst wird. Die Extraktion selbst geschieht in der Weise, daß man 1 ccm Chloroform zufügt, 10 Minuten bei 40° stehenläßt und dann in der Flamme einmal zum Sieden erhitzt. Dann wird in ein zweites Uhlenhut-Röhrchen abgegossen und nochmals mit 0,3 ccm Chloroform nachgepült. Im allgemeinen sind die beiden Abgüsse klar. Falls es vorkommt, daß sich einzelne größere Teilchen des am Glase haftenden Films ablösen und nun in Chloroform suspendiert sind, läßt man einige Zeit absetzen oder man zentrifugiert schwach (am besten im ersten Glas) und gießt dann vorsichtig ab. In wenigen Fällen (von anscheinend stark fetthaltigen Liquores) scheidet sich ein Teil des in Chloroform unlöslichen Rückstandes ab in Form feiner Tröpfchen, die beim Abkühlen jedoch wieder fest werden und an der Glaswand haftenbleiben. Am unangenehmsten sind einige seltene Fälle, bei denen kleine an der Oberfläche schwimmende Häutchen auftreten, die sich nicht absetzen und auch nicht zentrifugiert werden können. Wir helfen uns damit, daß wir sie durch Drehen und Neigen des Glases ebenfalls an der Glaswand zum Haften bringen. Es ist selbstverständlich, daß man sich in diesen genannten Fällen, die jedoch — wie wir nochmals besonders betonen wollen — selten auftreten, durch Filtrieren helfen kann. Wir haben dies vermieden, um die Methode nicht weiter zu komplizieren. Die vereinigten Chloroformauszüge werden über der Flamme auf 0,25 ccm eingeengt und nach dem Abkühlen mit 0,1 ccm eines frisch bereiteten Gemisches aus 20 Volumteilen Essigsäureanhydrid (pro Analyse) versetzt. Nach 10 Minuten langem Stehen im Dunkel bei 30° wird so rasch als möglich abgelesen, um die bei

so geringen Konzentrationen sehr rasch verblassenden Farben bei voller Stärke erfassen zu können. Zur quantitativen Abschätzung verwenden wir im allgemeinen eine Reihe von Gläsern, deren Cholesteringehalt 0,15, 0,20, 0,30, 0,40, 0,50, 0,70 und 0,90 mg% entspricht. Will man Mengen von wesentlich mehr als 1,0 mg% genau bestimmen, so empfiehlt es sich, mit 0,5 ccm oder entsprechend weniger Liquor zu arbeiten, weil die Ablesung sonst wiederum zu ungenau wird. Am leichtesten ist sie nämlich zwischen den Werten 0,3 und 1,0 mg%. Durch Zusatz von Cephalinfettsäuren (von 0,05 ccm zu jedem Vergleichsglas einer 0,1proz. Lösung in Chloroform) ist es möglich, einen gelblichgrünen Ton zu erzeugen, der einen guten Vergleich zuläßt. Statt der Lösung der Fettsäuren kann man auch die Substanz als solche zufügen. Dieses Verfahren empfiehlt sich besonders dann, wenn bezüglich der gelben Töne große Differenzen zwischen Versuchs- und Vergleichsglas bestehen. Es hat vor allem den Vorteil, daß es nur wenige Sekunden beansprucht, während der die Grünfärbung schön erhalten bleibt, wohingegen bei Herstellung eines neuen Standardglases (Mindestdauer 12 Minuten) die Farbe des Versuchsglases an Intensität verloren hat. Die Gelbfärbung stört indessen nur bei den Werten von 0,15 bis 0,25 mg%. Bei höherem Cholesteringehalt verschwindet sie unter dem Einfluß des stärkeren grünen Tones. Die Ablesung geschieht bei seitlich einfallendem Licht, wobei die Gläser im Abstand von ungefähr 1 ccm vor einem weißen Hintergrund von schräg oben beobachtet werden. Ablesungen bei durchfallendem Licht sind unmöglich. Auch darf man die Gläser beim Ablesen nicht auf die weiße Unterlage aufsetzen, da sonst die Farbe zu schwach ist. Bei einiger Übung kann man die richtige Art und Weise bald ausfindig machen. Außerdem ist die Lichtstärke zu berücksichtigen; in direktem Sonnenlicht kann man keine Farbe mehr erkennen. Am besten gelingt sie an trüben, nicht allzu düstern Tagen. Bei starker Sonne ist es also angezeigt, in entsprechender Weise abzuschirmen. Es hat sich bei wiederholten Bestimmungen am gleichen Liquor ergeben, daß die Werte zwar in weitaus den meisten Fällen übereinstimmen, daß ab und zu aber auch Differenzen bis zu 0,1 mg% vorkommen. Die Unterschiede in der Ablesung, die sich bei verschiedenen Beobachtern und bei verschiedener Beleuchtung zeigen, liegen indessen bei ungefähr 0,05 mg% Cholesterin (entsprechend 0,5 γ Cholesterin).

Die Methode ist von RUDY selbst mit erprobten colorimetrischen Methoden unter Anwendung einer größeren Liquormenge erprobt worden.

Die Bestimmung wurde so vorgenommen, daß 100 ccm Liquor im Exsiccator auf ungefähr 10 ccm eingeengt und dann mit 100 ccm Alkohol versetzt und 5 Minuten gekocht wurden. Nach dem Absitzenlassen und Abgießen wurde der Niederschlag nochmals mit 100 ccm Alkohol in gleicher Weise behandelt, dann auf ein Filter gebracht und weiterhin mit 50 ccm heißem Alkohol ausgewaschen. In dem Filtrat wurden 0,5 g Natrium gelöst und der Alkohol auf dem Wasserbad verjagt. Die Seife wurde dreimal mit je 20 ccm Petroläther ausgezogen, der Petroläther vollständig verdampft, der Rückstand viermal mit je 1 ccm Chloroform extrahiert und auf genau 2 ccm eingeengt. Zu je 1 ccm der Lösung fügte man dann 0,4 ccm Acetanhydrid und 0,02 ccm H_2SO_4, ließ 10 Minuten bei 30° stehen und verglich im Colorimeter unter Verwendung der Mikrobecher mit einer Standardlösung, die in 1 ccm Chloroform 0,100 mg Cholesterin und 0,7 mg Cephalinfettsäuren enthielt. Die Bestimmung ergab 0,23 mg% Cholesterin. Es ergaben sich bei drei verschiedenen Bestimmungen Werte von 0,2, 0,2 und 0,15 mg%. Die Übereinstimmung ist somit als gut zu bezeichnen. Bei einem zweiten Mischliquor ergab die Bestimmung nach BLOOR 0,39 mg% Cholesterin. Nach RUDYS Methode wurden gefunden 0,35, 0,35 und 0,30 mg%. Auch hier ist die Übereinstimmung recht gut. Außerdem ist aber vor allem zu ersehen, daß, wie sich oben aus theoretischen Gründen schon ergeben hatte, bei Doppelbestimmungen die höheren Werte wohl die richtigeren sind.

Der normale Liquor weist durchschnittlich einen Cholesterinwert von 0,2 bis 0,25 mg% auf; 0,3 mg% Cholesterin ist die obere Grenze der Norm.

Die Cholesterinbestimmung im Liquor ist von PRUCKNER mit Hilfe des Stufenphotometers durchgeführt worden. Da das zur Verfügung stehende Ausgangsmaterial nur sehr gering ist, muß zu den Messungen eine Mikrocuvette von 20 mm Schichtdicke verwandt werden, die etwa 0,5 ccm der Lösung zur Füllung erfordert. PRUCKNER kommt so mit 2 ccm Liquor als Ausgangsmaterial aus.

Von F. ROEDER wurde ein Verfahren entwickelt, das ermöglicht, eine objektive Registrierung der Farbstärken der Liebermann-Burchardt-Reaktion mittels Sperrschichtphotozellen durchzuführen. Zahlreiche Vorversuche führten zur Zusammenstellung einer vereinfachten Apparatur zur Bestimmung des Cholesterins im Liquor[1].

Bestimmung der Lipase des Liquor cerebrospinalis. Störungen des Lipoidstoffwechsels spielen bei zahlreichen organisch neurologischen Erkrankungen eine Rolle. Autoren wie WEIL und BRICKNER sind der Ansicht, daß bei multipler Sklerose z. B. der Gehalt des Blutes an Lipasen vermehrt sei. BRICKNER teilte mit, daß unter anderem die Höhe der Blutesterasewerte zwar nicht für multiple Sklerose pathognomonisch sei, er fand aber trotzdem im Beginn der Erkrankung durchschnittlich niedere Werte; nach abgelaufenen Schüben sollen sie ansteigen, wahrscheinlich die höchsten Werte zu Beginn einer Remission zeigen. Diese Ergebnisse, die allerdings noch ihrer Bestätigung harren, geben zur Frage Anlaß, ob es auch krankhafte Veränderungen des Lipasegehalts des Liquors gibt. SEUBERLING hat neben H. SUSSNER sich dieser Frage angenommen. Zur Durchführung seiner Untersuchungen verwandte er die von RONA und LASNITZKY angegebene gasanalytische Methode mit Hilfe der Warburg-Apparatur.

Methode. Das Prinzip ist kurz folgendes: Die infolge der Lipasewirkung bei der Tributyrinspaltung frei werdende Buttersäure wird gemessen durch die äquivalente Menge CO_2, die aus einer Bicarbonatlösung frei gemacht wird. Die Kohlensäure wird ähnlich der Bestimmung der Glykolyse nach OTTO WARBURG gasvolumetrisch bestimmt. Da diese Originalmethode jedoch nur für Lipasebestimmungen im überlebenden Gewebe bestimmt ist, bedurfte sie zur Anwendung auf den Liquor geringfügiger Abänderungen.

Auf Grund eingehender Vorversuche fanden sich folgende optimale Bedingungen für Lipasebestimmungen im Liquor: Der als Reaktionsgefäß dienende Glastrog in der von NICOLAI angegebenen Form wird mit 1,7 ccm Ringerlösung zur *Glykolyse* nach WARBURG (100 ccm 0,9proz. NaCl-, 2 ccm 1,2proz. KCl-, 2 ccm 1,76proz. $CaCl_2$-, 20 ccm 1,27proz. $NaHCO_3$-Lösung) beschickt. Hierauf wird 1 ccm des zentrifugierten, zu untersuchenden Liquors zugegeben. In die an den Trog angeschmolzene Retorte werden durch die mit einem Glasstöpsel verschließbare Einfüllöffnung 0,3 ccm einer Tributyrinemulsion pipettiert, die 1 ccm Tributyrin aus 100 ccm Ringerlösung zur Glykolyse enthält. Nachdem der Helm des BARKROFTschen Blut-

---

[1] Einzelheiten sind nachzulesen in F. ROEDER: Die physikalischen Methoden der Liquordiagnostik. Berlin: Springer 1937.

gasmanometers mit dem Trog verbunden ist, wird unter leichtem Schütteln ein Gemisch von 5 Vol.-% CO_2, 95 Vol.-% N_2 eingeleitet. Das Gas tritt an dem mit Hahn versehenen rechten Schenkel des Manometers ein und an der mit Glasstöpsel verschließbaren Öffnung der Retorte wieder aus. Nach der vollständigen Verdrängung des Sauerstoffs (etwa nach 3 Minuten) werden die Retorte und der Manometerhahn geschlossen und die Apparate in ein Wasserbad von 37° gebracht (Warburg-Apparat). Die hierdurch plötzlich eintretende Volumvermehrung des eingeschlossenen Gasgemisches wird durch kurzes Öffnen des Manometerhahns ausgeglichen, bei dem wohl Gase entweichen, jedoch keine Luft einströmen darf. Die Apparate werden im Wasserbad bis zum Temperaturausgleich etwa 10 Minuten lang durch die automatische Vorrichtung geschüttelt. Hernach wird das Manometer durch vorsichtiges Öffnen des Hahns und gleichzeitiges Bewegen der Manometereinstellschraube auf den bei der vorausgegangenen Eichung festgelegten Nullpunkt (in unserm Falle die Manometermarke 18) eingestellt. Ein Einströmen von Luft in das Manometer muß hierbei unter allen Umständen vermieden werden. Sobald die Einstellung beendet ist, beginnt der eigentliche Versuch. Man läßt durch geeignetes Schiefhalten des Manometers die Tributyrinemulsion in den Trog fließen. Die Spaltung beginnt. Die Apparate werden nunmehr eine Stunde im Wasserbad geschüttelt. Vor dem Ablesen wird der rechte Manometerschenkel bei geschlossenem Hahn durch Drehen der Einstellschraube auf die Nullmarke (18) gebracht, der keinen Liquor, dafür aber die entsprechende zusätzliche Ringerlösung neben den andern Reaktionsgemischen enthält. Die in Millimetern gemessenen Manometerunterschiede lassen sich mit Hilfe des bei der Eichung ermittelten und für den betreffenden Apparat gültigen Koeffizienten leicht in Kubikmillimeter umrechnen. Die Methodik als solche ist außerordentlich genau. Die Fehlergrenze liegt bei 1%.

Bereits bei den Normalfällen zeigte sich eine sehr erhebliche Streuung, so daß sich die Werte, die bei organisch-neurologischen Erkrankungen gefunden wurden, mit denen von gesunden Menschen decken. Lediglich bei der postoperativen Arachnoiditis wurden teilweise abnorm hohe Werte gefunden. Von den Normalwerten waren an Hand des Lipasegehalts des Liquors z. B. nicht abzugrenzen: Fälle von multipler Sklerose in erster Linie, dann Epilepsie, Neuritis, Hirntumoren, Lues cerebri, Parkinson, Schädeltraumafolgen. Zwischen lumbalem, cisternalem und Ventrikelliquor wurden Unterschiede nicht beobachtet, so daß SEUBERLING der Ansicht ist, daß „die Lipasen dem Liquor an seiner Hauptbildungsstätte, nämlich dem Plexus chorioideus, beigemischt werden". Er sieht hierin „einen Hauptunterschied gegenüber den Lipoiden, die, wie wir zeigen konnten, durch Diffusion aus dem Gehirn und seinen Häuten dem Liquor beigemischt werden und somit im Lumballiquor in höherer Menge als im Ventrikelliquor auftreten". Es besteht keinerlei Zusammenhang der Lipasemenge mit dem Gesamteiweiß des Liquors, auffällig sind bei einer Reihe von Krankheitsgruppen, wie multipler Sklerose, Kleinhirntumoren, Lues und Epilepsie, sehr niedrige oder sogar Nullwerte. Allerdings war das nur in einem kleinen Prozentsatz der Fall.

Wichtig ist die Abhängigkeit des Lipasespiegels von der Nahrungsaufnahme; er ist morgens am niedrigsten, erreicht eine Stunde nach dem Mittagessen den Höhepunkt und sinkt gegen Abend wieder langsam ab.

Man wird also nur solche Liquorwerte miteinander vergleichen dürfen, die entweder nüchtern ermittelt wurden oder unter ganz gleichmäßigen Bedingungen nach einer Probemahlzeit.

(Der Lipasespiegel im Liquor hängt nach SEUBERLINGS Erfahrungen in erster Linie davon ab, wieviel Stunden nach der Mahlzeit punktiert wurde.)

Im normalen Liquor läßt sich meist neben der Lipase auch Amylase (stärkespaltendes Ferment) sowie Oxydase nachweisen. Im pathologischen Liquor setzt gerade eine Vermehrung der Fermente ein, wir finden neben den erwähnten, Trypase, Peptase, Katalase und Peroxydase. Zum Teil sind diese Fermente an die Anwesenheit von Liquorzellen gebunden. Die Glykolyse im Liquor wird zwar von zahlreichen Autoren nicht auf das Vorkommen eines glykolytischen Ferments bezogen, sondern als durch Bakterien hervorgerufen angesehen.

Neben der bakteriellen Wirkung müssen wir aber in vivo unter pathologischen Bedingungen mit einer Änderung der glykolytischen Fähigkeiten der Meningen selbst rechnen, denn bei Tuberkelbacillen z. B., die in vivo die rascheste Zuckersenkung im Liquor verursachen, war die in vitro-Spaltung von Traubenzucker, verglichen mit anderen Bakterien, am geringsten. Die bei bakteriellen Meningitiden auftretende Zuckerspaltung im Liquor erfolgt keineswegs nach Maßgabe der in vitro beobachteten Liquorglykolyse allein.

c) Glucose.

Untersuchungen über den Glucosegehalt des Liquors gehen bis in die Anfänge der Liquordiagnostik zurück. Sehr früh machte man die Beobachtung, daß die Cerebrospinalflüssigkeit *reduzierende* Substanzen enthält. Bereits CLAUDE-BERNARD war der Ansicht, daß diese zum größten Teil aus Zucker beständen. KELLEY stellte fest, daß die reduzierenden Substanzen des Liquors die Ebene des polarisierten Lichts nach rechts drehen, gären, durch Bakterien zersetzt werden können, ferner, daß sie Phenylhydrazinkrystalle bilden. Somit bestehen die reduzierenden Substanzen des Liquors in erster Linie aus Traubenzucker; nach FREMONT, SMITH und DAILEY sind nur 10% andersartige Substanzen vorhanden. Zahlreiche Autoren haben sich mit der Bestimmung des Liquorzuckers befaßt, unter Anwendung der verschiedenartigsten Methoden. In erster Linie wird die Methode von HAGEDORN-JENSEN angewandt, weitere nach MESTREZAT und GARREAU, FOLIN-WU und BANG. Bei Berücksichtigung der uneinheitlichen Methodik sind die Abweichungen der Angaben der verschiedenen Untersucher durchaus erklärlich. Die sicherste Methode ist zweifellos diejenige von HAGEDORN-

JENSEN, wenn wir auch die Erfahrung gemacht haben, daß sie für die täglichen Serienuntersuchungen, d. h. für die Untersuchung des einlaufenden klinischen Materials, zu langwierig und schwerfällig ist. Gute Ergebnisse haben wir mit der Methode FOLIN und WU, modifiziert von NEUBAUER, erzielt. Diese ergibt Resultate, die für praktisch-klinische Zwecke völlig ausreichen, so daß wir an dieser Stelle raten möchten, sie in den Gang der klinischen Liquoruntersuchung aufzunehmen. Es handelt sich um eine einfache colorimetrische Methode, die auch von chemisch nicht speziell geschulten Arbeitskräften leicht und richtig durchgeführt werden kann.

Zuckerbestimmung im Liquor.

Methode FOLIN und WU, modifiziert von NEUBAUER (J. of biol. chem. **4**, 357; **38**, 81).

Erforderliche Lösungen:

a) Zum Entweißen des Liquors:

5% wolframsaures Natrium,

$^n/_3$-Schwefelsäure.

b) *Vergleichslösung:* 20 mg% Glucose hergestellt aus einer 2proz. Stammlösung, die man jeweils zum Gebrauch verdünnt. Stammlösung: 2 g Traubenzucker, gelöst in 100 ccm 2,5%ige Benzoesäure.

c) *Alkalische Kupfersulfatlösung:* 40 g wasserfreies Na_2CO_3 in 400 ccm Aqua dest. in einem 1 l-Meßkolben lösen, dann 7,5 g Weinsäure und 4,5 g kryst. Kupfersulfat zusetzen, lösen, auffüllen auf 1 l.

d) *Phosphormolybdän-Wolframsäure:* 35 g Molybdänsäure in einem Becherglas von 1 l Inhalt mit 5 g wolframsaurem Natrium, 200 ccm 10proz. Natronlauge und 200 ccm Aqua dest. versetzen, etwa 30 Minuten stark kochen, um Ammoniak zu vertreiben. Nach dem Abkühlen der Lösung mit Aqua dest. auf etwa 350 ccm verdünnen, 125 ccm Phosphorsäure (84proz., 1,71 spez. Gew.) dazu und auf 500 ccm auffüllen.

(Außer der 20 mg%igen Zuckerlösung sind sämtliche Lösungen haltbar.)

Enteiweißen:

Je nach Menge des Zuckers, den man im Liquor erwartet, wird die Verdünnung gewählt.

$1:2 = 1$ ccm Liquor $+ 0{,}5$ ccm wolframs. Na 5% $+ 0{,}5$ ccm $^n/_3$-H_2SO_4
$1:3 = 0{,}5$ „   „ $+ 0{,}5$ „   „   „ 5% $+ 0{,}5$ „   „
$1:5 = 0{,}5$ „   „ $+ 1{,}6$ „   „   „ 5% $+ 0{,}4$ „   „

Im allgemeinen wird die Verdünnung $1:3$ genügen. Man benutzt am besten zur Herstellung der Verdünnungen Zentrifugengläser. 10 Minuten zentrifugieren.

Vergleichslösung:	*Versuchslösung:*
2 ccm 20 mg-proz. Glucose	0,4 ccm Liquor (enteiweißt)
2 ccm alkal. Kupfersulfatlösung	0,4 ccm alkal. Kupfersulfatlösung
6 Minuten ins kochende Wasserbad.	
3 Minuten in kaltem Wasser abkühlen.	
2 ccm Phosphormolybdän-Wolframsäure	0,4 ccm Phosphormolybdän-Wolframsäure
Sofort durchschütteln!	2 Minuten stehenlassen.
10 ccm Aqua dest.	2 ccm Aqua dest.

Nach 5 Minuten wird, nach Einfüllen der Vergleichslösung in den Keil, am Authenried-Colorimeter abgelesen.

Tabelle zur Zuckerbestimmung nach FOLIN-WU bei Vergleichslösung von 20 mg% Glucose.

0	22,3	19	18,2	38	14,2	57	10,2	76	6,0
1	22,1	**20**	**18,0**	39	14,0	58	10,0	77	5,8
2	21,9	21	17,8	**40**	**13,8**	59	9,8	78	5,6
3	21,7	22	17,6	41	13,6	**60**	**9,6**	79	5,4
4	21,4	23	17,4	42	13,4	61	9,2	**80**	**5,2**
5	21,2	24	17,2	43	13,2	62	9,2	81	5,0
6	20,8	25	17,0	44	13,0	63	9,0	82	4,8
7	20,6	26	16,8	45	12,8	64	8,7	83	4,5
8	20,4	27	16,6	46	12,6	65	8,4	84	4,3
9	20,2	28	16,4	47	12,3	66	8,2	85	4,0
10	**20,0**	29	16,2	48	12,0	67	8,0	86	3,8
11	19,8	**30**	**15,9**	49	11,8	68	7,8	87	3,5
12	19,6	31	15,7	**50**	**11,6**	69	7,5	88	3,2
13	19,4	32	15,5	51	11,4	**70**	**7,3**	89	2,9
14	19,2	33	15,3	52	11,2	71	7,0	**90**	**2,6**
15	19,0	34	15,1	53	11,0	72	6,8		2,3
16	18,8	35	14,8	54	10,8	73	6,6		2,0
17	18,6	36	14,6	55	10,6	74	6,4		1,7
18	18,4	37	14,4	56	10,4	75	6,2		1,3

Berechnung: Abgelesenen Colorimeterwert in der Tabelle aufsuchen. Der ihm entsprechende Zuckerwert muß mit der Verdünnung multipliziert werden; der Glucosewert in mg% ergibt sich daraus.

Die Methode von HAGEDORN-JENSEN ist folgendermaßen im Liquor durchzuführen:

Zuckerbestimmung (nach HAGEDORN-JENSEN).

Erforderliche Reagenzien:
I. Verdünnung einer 45proz. Zinksulfatlösung 1 : 100.
II. $n/_{10}$-Natronlauge.
III. Ferricyanidlösung (1,65 Kaliumferricyanid und 10,6 ausgeglühtes Natriumcarbonat werden in Wasser gelöst und auf 1000 ccm aufgefüllt; aufbewahren in dunkler Flasche!).
IV. Zinksulfatlösung (10 g Zinksulfat und 50 g NaCl werden unter Erwärmen in 100 ccm Wasser gelöst).
V. 12,5proz. Kaliumjodidlösung.
VI. 3proz. Essigsäurelösung.
VII. 1proz. Stärkelösung in gesättiger Kochsalzlösung.
VIII. $n/_{200}$-Natriumthiosulfatlösung (aus $n/_{10}$-Lösung bereitet).
IX. Kaliumjodatlösung: 0,3566 KJO_3 in 2000 ccm Wasser gelöst.

In ein Reagensglas von 15 mm Durchmesser und 120 mm Höhe kommen 5 ccm der verdünnten Zinksulfatlösung (I) und 1 ccm $n/_{10}$-Natronlauge (II); durchschütteln (flockige Lösung). Hierzu kommt 0,1 ccm Liquor (Pipette außen gut abwischen und nach dem Auslaufen mehrfach durch Auf- und Abziehen mit Zinklaugenlösung nachspülen). In einem Kontrollglas werden Zinksulfat und Natronlauge ohne Liquor angesetzt (Leerbestimmung). Die Gläser kommen für 3 Minuten in ein kochendes Wasserbad (Koagulation des Eiweißes). Dann wird die Lösung durch ein angefeuchtetes Filter in ein Kochgläschen filtriert; die Reagensgläser werden zweimal mit je 3 ccm Aq. dest. gewaschen und dieses Wasser in die Kochgläschen hinzufiltriert. Zu jedem Gläschen werden nunmehr 2 ccm Ferricyanidlösung (III) zugegeben. Hierauf werden die Gläschen für 15 Minuten in ein kochendes Wasserbad gebracht (während des Kochens findet die Reduktion statt). Nach Abkühlung kommen in jedes Gläschen 2 ccm einer frisch bereiteten Zinksulfat-Kaliumjodat-Lösung (4 Teile IV + 1 Teil V) und nach Umschütteln 2 ccm Essigsäure (VI) und einige Tropfen Stärkelösung (VII) (Blaugrünfärbung). Dann wird mit der Thiosulfatlösung (VIII) titriert, bis Entfärbung eintritt. Die Titrationsergebnisse der Liquorlösung und der Kontrolle werden notiert.

Der Titerwert der schlecht haltbaren Thiosulfatlösung muß jedesmal gesondert festgestellt werden. Hierzu tut man in ein Kochglas 2 ccm der Kaliumjodatlösung (IX), 2 ccm der Mischung von Zinksulfat- und Kaliumjodidlösung (4 Teile IV + 1 Teil V) und 2 ccm Essigsäure. Nach Zusatz von 2 Tropfen Stärkelösung wird auch diese Lösung mit der Thiosulfatlösung titriert (Ergebnis $= q$). Da für diesen Versuch genau 2,00 ccm der $^n/_{200}$-Natriumthiosulfatlösung gebraucht werden sollten, muß der im Hauptversuch gewonnene Titrationswert korrigiert werden, indem man ihn mit dem Wert $2,00/q$ multipliziert.

Für die so gefundenen korrigierten Werte der Voll- und Leerbestimmung werden auf der untenstehenden Tabelle (erste Dezimalstelle in der vertikalen, zweite Dezimalstelle in der horizontalen Reihe) die entsprechenden Glucosewerte auf-

Glucosewerte der Natriumthiosulfattitration nach HAGEDORN u. JENSEN.

	ccm $^n/_{200}$ Thiosulfatlösung = mg% Glucose									
	0	1	2	3	4	5	6	7	8	9
0,0	385	382	379	376	373	370	367	364	361	358
0,1	355	352	350	348	345	343	341	338	336	333
0,2	311	329	327	325	323	321	318	316	314	312
0,3	310	308	306	304	302	300	298	296	294	292
0,4	290	288	286	284	282	280	278	276	274	272
0,5	270	268	266	264	262	260	259	257	255	253
0,6	251	249	247	245	243	241	240	238	236	234
0,7	232	230	228	226	224	222	221	219	217	215
0,8	213	221	209	208	206	204	202	200	199	197
0,9	195	193	191	190	188	186	184	182	181	179
1,0	177	175	173	172	170	168	166	164	163	161
1,1	159	157	155	154	152	150	148	146	145	143
1,2	141	139	138	136	134	132	131	129	127	125
1,3	124	122	120	119	117	115	113	111	110	108
1,4	106	104	102	101	99	97	95	93	92	90
1,5	88	86	84	83	81	79	77	75	74	72
1,6	70	68	66	65	63	61	59	57	56	54
1,7	52	50	48	47	45	43	41	39	38	36
1,8	34	32	31	29	27	25	24	22	20	19
1,9	17	15	14	12	10	8	7	5	3	2

gesucht. Die Differenz zwischen Voll- und Leerbestimmung ergibt dann den Liquorzucker in Milligrammprozent.

. *Beispiel.* Titrationsergebnisse der Vollbestimmung: 1,48 ccm, der Leerbestimmung: 1,92. Ergebnisse der Titration der Thiosulfatlösung = 2,16 (Sollwert

$= 2,00$). Die korrigierten Titrationsergebnisse sind dann: Vollbestimmung $= \dfrac{1,48 \cdot 2.00}{2,16} = 1,37$ ccm, Leerbestimmung $= \dfrac{1,92 \cdot 2,00}{2,16} = 1,78$. Der Vollbestimmung von 1,37 entspricht somit nach der Tabelle (vertikale Reihe 1,3, horizontale Reihe 7) ein Glucosewert von 111 mg%, der Leerbestimmung (vertikale Reihe 1,7, horizontale 8) ein solcher von 38 mg%. Die Differenz 111 mg% — 38 mg% $= 73$ mg% ergibt den Wert des Liquorzuckers.

Die mit beiden Methoden ermittelten Normalwerte bewegen sich zwischen 40 und 75 mg%. Pathologische Werte weichen sowohl nach oben wie nach unten ab. Entsprechend den Bezeichnungen für die Blutzuckerwerte nennt man die Vermehrung des Liquorzuckers eine Hyper-, die Verminderung eine Hypoglykorrhachie. Klinisch interessiert uns nun vor allem die primäre pathologische Verminderung und Vermehrung des Liquorzuckers, die im Rahmen der übrigen Liquoruntersuchungen zum Teil recht wesentliche diagnostische Aufschlüsse zu geben vermag. Im speziellen Teil werden wir hierauf eingehen; an dieser Stelle sollen die Zusammenhänge zwischen einigen internen Erkrankungen und dem Liquorzuckerspiegel dargestellt werden, ein Punkt, der gerade für die Auswertung der Zuckerbestimmungen im Liquor recht wesentlich ist und erfahrungsgemäß leicht übersehen wird. Eine sekundäre Hyperglykorrhachie finden wir in erster Linie bei dem Diabetes. Nach RIEBELING zeigen auch Liquores bei Niereninsuffizienz eine Zuckervermehrung. Der Zuckerspiegel ist besonders hoch bei gleichzeitig vorhandener Reststickstofferhöhung. Dieser Befund ist allerdings nicht konstant, gelegentlich zeigen derartige Liquores keine Zuckervermehrung. Bei der Urämie hat EGE festgestellt, daß die nicht vergärbaren reduzierenden Substanzen des Blutes vermehrt sind, was sich vielleicht auf die Liquorzusammensetzung auswirken könnte. RIEBELING bestätigte die Befunde von ESKUCHEN, nach denen sich auch bei Arteriosklerose ein hoher Liquorzucker findet. Er faßt diese Hyperglykorrhachien nicht als sekundär auf, sondern ist der Meinung, daß die Hirnrinde der Urämiker infolge einer pathologischen Schädigung eine verminderte Glykolysefähigkeit aufweist, die mit dem Anstieg des Liquorzuckers in Beziehung steht. Wir finden somit auffällige Veränderungen des Liquorzuckerspiegels, insbesondere eine Zuckervermehrung, meist bei Diabetes und des öfteren bei Urämien, arteriosklerotischen Hirnprozessen, in erster Linie Apoplexien. Hervorzuheben ist hier, daß beide angeführten Methoden, sowohl die von HAGEDORN-JENSEN als auch die von NEUBAUER modifizierte Methode nach FOLIN-WU, bei einiger Sorgfalt verläßliche Resultate ergeben. Bei unklaren Zuckervermehrungen im Liquor ist man anfangs meist geneigt, ein auffälliges Ergebnis auf methodische Mängel zurückzuführen, insbesondere, wenn der Liquor keine wesentlichen weiteren Veränderungen aufweist. Meist stellt sich bei erneuter Durchführung der Analyse der gleiche Zuckerwert ein, und man erfährt dann, daß der betreffende Liquor der Gruppe der angeführten Erkrankungen entstammt.

Wie verhält sich nun der Liquorzucker zum Blutzuckerwert unter normalen Bedingungen? Die überwiegende Zahl der Autoren äußert sich dahin, daß ein sehr konstantes Verhältnis besteht, und zwar beträgt der Liquorzuckerwert etwa 60% des Blutzuckers. Die Wirkung von alimentären Einflüssen auf die Höhe des Liquorzuckers wird oft überschätzt, und wir können STRAUBE keineswegs zustimmen, welcher besonderen Wert auf Nüchternpunktionen gelegt hat. Diese Frage ist experimentell längst einwandfrei geklärt worden. Weder durch orale Traubenzuckerverabreichung, übrigens auch nicht durch Gaben von Harnstoff, gelingt es, einen Anstieg dieser Stoffe im Liquor hervorzurufen, trotzdem eine erhebliche Zunahme im Blut eintreten kann. Die Versuche sind mit Berücksichtigung aller in Frage kommenden Fehlerquellen durchgeführt; vor allem ist die etwaige zeitliche Verschiebung des Anstiegs der Testsubstanzen im Liquor gegenüber derjenigen im Blut gebührend berücksichtigt worden (CARMICHAEL, zitiert nach RIEBELING).

Die Nüchternpunktion ist somit zur Erzielung eines einwandfreien Liquorzuckerwertes keineswegs erforderlich, ein Standpunkt, den RIEBELING seit längerer Zeit vertreten hat. Von CORNELI sind im übrigen eine Anzahl Zuckerwerte des Blutes mit den Liquorzuckerwerten verglichen worden. Dabei ergab sich ein konstantes Verhältnis von 2 : 3, das auch bei Steigerungen wie bei Senkungen des Blutzuckers erhalten bleiben soll. Dies trifft aber keineswegs bei pathologischen Verhältnissen zu, denn bei diesen ergeben sich für den Blutliquorquotienten, der normalerweise zwischen 0,6 und 0,7 variiert, ganz andere Werte. So kann bei einer Meningitis der Quotient durch starkes Absinken des Liquorzuckers ganz erheblich erniedrigt werden. Auch nach MUNCH-PETERSEN und WINTER führt eine alimentäre Hyperglykämie nicht zu einer Erhöhung des Liquorzuckers, während nach Adrenalingaben eine solche auftritt. (Die Hyperglykorrhachie nach Adrenalin soll bei extrapyramidalen Erkrankungen abgeschwächt sein. Eine durch Insulin bedingte Hypoglykämie führt entsprechend zum Sinken des Liquorzuckers.)

d) Kochsalz.

Zur Bestimmung der Chloride bedient man sich am besten der Methode von NITSCHKE (Titration mit Silbernitrat).

Technik. In ein breites Zentrifugenglas pipettiert man 0,3 ccm Aq. dest. und 0,1 ccm Liquor (Pipette außen abtrocknen und nach Ausblasen des Liquors mit dem Wasser abspülen). Dazu gibt man 5,0 Alkohol absolut, schüttelt und zentrifugiert 3—5 Minuten (um den Eiweißniederschlag zu entfernen). Zu der klaren überstehenden Flüssigkeit gibt man 2 Tropfen 3proz. Kaliumchromatlösung und titriert mit einer $^n/_{100}$-Silbernitratlösung bis zum Farbumschlag in Braun (Samson empfiehlt jedesmalige Einstellung der Silbernitratlösung gegen eine $^n/_{10}$-NaCl-Lösung). Den Chlorwert des Liquors erhält man durch Multiplikation der Anzahl der verbrauchten Kubikzentimeter Silbernitrat mit 0,355, den Kochsalzwert durch Multiplikation derselben mit 0,585.

e) Hormone.

Die Bestimmung des Hormongehalts im Liquor hat zwar klinisch bisher keinerlei Verwendung gefunden, doch ist zu sagen, daß bei gewissen organischen Erkrankungen des Zentralnervensystems, in erster Linie Hypophysenerkrankungen, positive Resultate zu erwarten sind. Biedl, Cushing und Goesch konnten durch Injektion von konzentriertem Menschenliquor eine Blutdruckerhöhung (Vasopression) und Verminderung der Zuckertoleranz erzeugen. I. H. Schultze hat 1915 festgestellt, daß die Cerebrospinalflüssigkeit gefäßverengernde Substanzen enthält, ferner, daß diese Wirkung des Liquors vom Eiweiß- und Zellgehalt unabhängig ist. Schultze nahm damals bereits an, daß es sich um die Wirkung von Hypophysenextrakt handle. Das Gros späterer Arbeiten über Hormongehalt des Liquors bezieht sich in erster Linie auf die Hypophysenhormone, vor allem hat sich der Befund Trendelenburgs, daß der Hinterlappen eine biologisch wirksame Substanz in den 3. Ventrikel abgibt, durch zahlreiche Autoren bestätigen lassen. Trendelenburg berichtete 1925, daß die pharmakologisch wirksame Substanz des Hinterlappens der Hypophyse in den Liquor abgegeben wird. Er stellte auch fest, daß der Liquor des 4. Ventrikels am stärksten hormonhaltig war, der Zisternenliquor enthielt bereits geringere Mengen; während mit dem Lumballiquor vorgenommene Tests nur selten positive Resultate ergeben. Nach Trendelenburg verhält sich der Liquor so, wie ein Auszug aus 1 mg ganz frischen Hinterlappengewebes in 35000 ccm Lösung wirkt. (Zum Vergleich: Die wirksamen Produkte einer Katzenhypophyse sind in rund 7000 ccm enthalten.) Zum Nachweis der Hypophysensubstanz wird der ausgeschnittene, in Tyrodelösung aufgehängte Uterus der Ratte oder des Meerschweinchens verwendet. Wird der Uterus, der zu Beginn des Versuchs in Tyrodelösung versenkt ist, in unverdünnten oder mit Tyrodelösung 1 : 5 verdünnten Liquor hineingetaucht, dann kommt es zu Kontraktionen, die sich graphisch registrieren lassen. Trendelenburg hat geprüft, ob die angenommene Hypophysenhinterlappenwirkung des Zisternenliquors nicht durch Blutbeimengung hervorgerufen wird. Bei Anwendung der Melanophorenmethode an der Froschhaut konnte er zeigen, daß Blutbeimengung in diesem Versuch keine spezielle Wirkung auslöst und somit Hinterlappensekret im Liquor vorhanden sein mußte.

Siegert hat sich der Methode des Rattenuterus bei der Untersuchung von Liquores Schwangerer bedient. Er fand den Hormongehalt

4*

im 7., 9. und 10. Monat der Schwangerschaft eher geringer als bei nichtschwangeren Frauen. Auch unter der Geburt tritt keine Steigerung auf. Erst einige Tage nach der Geburt zeigte sich eine Steigerung der Liquorwirkung.

Auffällig ist, daß normaler Liquor, einen Tag nach beendeter Menstruation entnommen, sehr starke Ausschläge ergibt.

ALTENBURGER hat die Methodik weitgehend modifiziert. Er verwandte ebenfalls die Uterusmethode, die er nach vielen Richtungen abänderte. Seine Methodik ist die exakteste, die bisher eingesetzt worden ist.

Methodik[1]. Die Methodik der Eichung von Hypophysenpräparaten am isolierten Meerschweinchenuterus ist von SAWASAKI eingehend beschrieben und einer sehr exakten Prüfung ihrer Leistungsfähigkeit und Fehlergrenzen unterzogen worden. Wir beschränken uns deshalb auf die wichtigsten Angaben über die verwendete Technik. Die besten Ergebnisse wurden mit virginellen Tieren von 180 bis 250 g erzielt, deren Uterushörner bei sorgfältiger Präparation keine oder nur geringe Spontankontraktionen zeigen. Sind solche doch einmal vorhanden oder stellen sie sich im Verlaufe des Versuches ein, so sind sie durch Verminderung des Ca-Gehaltes der Nährlösung und eventuellem MgCl-Zusatz (0,02 bis 0,05 ccm einer 10proz. Lösung auf 10 ccm Locke-Ringer) leicht zu beseitigen. Als Nährlösung verwandte ALTENBURGER die folgende von DALE und LAIDLAW angegebene:

NaCl	9,0	Glucose	0,5
KCl	0,42	MgCl$_2$	0,005
CaCl$_2$	0,24	Aqua dest.	1000
NaHCO$_3$	0,5		

Alle Chemikalien waren purissimum pro analysi Merck, das Wasser in Jenenser Glas bidestilliert. Es wurden stets beide Uterushörner nebeneinander verwendet, wodurch die Prüfung mehrerer Liquores in einem Versuch möglich war. Die Anordnung der verwendeten Apparatur ist folgende: Eine elektrische Heizplatte trägt ein viereckiges wassergefülltes Aquariumglas, dessen Inhalt mittels Thermoregulator auf 35% gehalten wird. Ein in das Wasserbad versenktes Aluminiumgestell enthält die zwei zur Aufnahme der Uterushörner bestimmten Versuchsgefäße, Reagensgläser mit den zu prüfenden Liquores und der Standardhypophsenlösung und zwei Erlenmeyerkolben mit normaler und Ca-haltiger Nährlösung, die mit Gummistopfen und Pipetten armiert sind und einen seitlichen Ansatz tragen, der die Verbindung mit zwei erhöht stehenden, mit Nährlösung gefüllten Zweiliterflaschen herstellt, aus denen der Ersatz der verbrauchten Lösung mittels einer Hahnverbindung erfolgt. Die zur Aufnahme der Uterushörner bestimmten Gefäße sind von NEUKIRCH angegeben worden. Ein Glashäkchen am Boden des Gefäßes dient zur Befestigung des Uterus, das eine seitliche Glasrohr zur Luftzuführung, das andere zum Absaugen der Nährlösung. Das Fassungsvermögen beträgt 20 ccm, von 5 zu 5 ccm ist eine Marke angebracht. Gefüllt werden sie mit 10 ccm Nährlösung. Die Befestigung der Uteri in so kleinen Gefäßen ist nicht ganz einfach und rasch zu bewerkstelligen. Erleichtert wird sie dadurch sehr, daß der Uterus mit feiner Seide an ein Stäbchen von Neusilberdraht befestigt und in das Gefäß versenkt wird, wo er unten durch das Glashäkchen, oben durch die Elastizität des hakenförmigen Stäbchenendes gehalten wird.

Die Durchlüftung der Nährlösung erfolgte zunächst durch eine an die Wasserleitung angeschlossene Druckflasche, der Flüssigkeitswechsel in den Versuchs-

---

[1] Z. Neur. **112**.

gefäßen mittels Dreiwegehahn und Füllkugel. Einmaliges Ansaugen zu Versuchsbeginn genügt, um dann durch Öffnen der die abführenden Schläuche verschließenden Klemmen durch Heberwirkung die Flüssigkeit ablaufen zu lassen, während aus einer Pipette, vorsichtig entlang der Gefäßwand, neue Flüssigkeit zugesetzt wird. Es kann, um eine möglichst gleichmäßige Sauerstoffversorgung beider Präparate zu erreichen, folgende Anordnung gewählt werden: Aus einer O_2-Bombe führt eine Schlauchleitung zu einem Luftverteiler in Form eines Glashahnes, der dem O_2 abwechselnd den Weg zu dem einen und dann zu dem anderen Versuchsgefäß freigibt. Es wird das mittels eines Glashahnes erreicht, der auf einer Schnurlaufscheibe sitzt und mittels einer Wasserzentrifuge getrieben wird. Durch geeignete Einstellung der Tourenzahl und des O_2-Druckes kann die O_2-Zufuhr sehr fein reguliert und auf beide Gefäße gleichmäßig verteilt werden. Die Uteruskontraktionen werden mittels feiner Seidenfäden auf leichte Aluminiumhebel übertragen, die mit 2,5facher Vergrößerung auf einem langsam rotierenden Kymographion registrieren. Die Hebelbelastung betrug 1 g, 1 cm vom Drehpunkt entfernt.

Als Standardpräparat für die Auswertung der Liquores benutzte ALTENBURGER das Pituglandol Grenzach, das von der Firma stets frisch zur Verfügung gestellt wurde. Pituglandol ist nach Voegtlin-Einheiten eingestellt und von sehr gleichmäßiger Wirkungsstärke. Die durch den Vergleich mit Pituglandol gefundene Wirkungsstärke der jeweiligen Liquores wird auf frische Hinterlappensubstanz umgerechnet, was an Hand folgender Zahlen geschieht:

1,0 ccm Pituglandol = 3 Voegtlin-Einheiten;

1 Voegtlin-Einheit = 0,5 mg Hinterlappentrockensubstanz;

1 mg Hinterlappentrockensubstanz = 7 mg frische Hinterlappensubstanz.

Bei der eigentlichen Prüfung der Liquores bediente sich ALTENBURGER der Schwellenwertmethode von KOCHMANN, wobei die geringste Menge festgestellt wird, die eine Schwellenkontraktion hervorruft. Sie hat für unsere Zwecke vor einem Vergleich der Kontraktionshöhen den Vorzug, rascher zu arbeiten und weniger Liquor zu fordern. Zunächst wird von einer Pituglandolstandardlösung (0,1 ccm = 0,0005 mg Hinterlappensubstanz) in Abständen von einer Minute zu beiden Uterushörnern so oft zugesetzt, bis die Schwellenkontraktion erfolgt. Es wird 3 mal im Abstande von 2 Minuten ausgewaschen, 10 Minuten gewartet und mit dem zu prüfenden Liquor analog verfahren. Aus einer Reihe Kurven wurde dann der mittlere Gehalt des jeweiligen Liquors an Hinterlappensekret berechnet. Genaues Innehalten der zeitlichen Verhältnisse ist für gleichmäßige Ergebnisse sehr wichtig.

Das Ergebnis seiner Untersuchungen faßte ALTENBURGER dabei zusammen:

„Unter 80 Nichtepileptikern, teils mit und teils ohne organischen pathologischen Befund, konnte bei 71 im Liquor Hypophysenhinterlappensekret nachgewiesen werden, bei 9 fehlte es. Der mittlere Gehalt betrug lumbal 0,00058 mg pro Kubikzentimeter Liquor, suboccipital und im Ventrikelliquor 0,00087 mg. Das Ergebnis wiederholter Untersuchung ein und desselben Falles stimmte im allgemeinen überein, doch wurden auch verschiedene Ergebnisse beobachtet.

Unter 79 Epilepsien verschiedenster Genese waren 40, bei denen Hinterlappensekret nicht nachgewiesen werden konnte, darunter auch solche, bei denen es im Ventrikelliquor fehlte."

Dieser Befund weist darauf hin, daß die Hormonabgabe in den Liquor von Epileptikern durchschnittlich unterhalb der Norm liegt und auf eine verminderte Drüsenfunktion bei dieser Erkrankung schließen läßt. Nach FOERSTER ist die Hypophyse jenen Drüsen zuzurechnen, welche die Krampfbereitschaft herabsetzen. Somit steht anscheinend der verminderte Hormonspiegel im Liquor in bestimmten Zusammenhängen mit der iktaffinen Konstitution.

Im normalen Liquor findet sich das gonadotrope Vorderlappenhormon nicht; dieses wird aber bei Schwangerschaften, Blasenmole, Chorioepitheliom nachweisbar. Zum Nachweis dient die ASCHHEIM-ZONDECKsche Methode. Bei Erkrankungen des Zentralnervensystems ist dieses Verfahren bei der Liquoruntersuchung noch nicht eingesetzt worden.

Im bisherigen Schrifttum findet man keine Angaben über Versuche zum Nachweis von Hormonen im Liquor, die durch Neurosekretion entstanden sein könnten und die mit großer Wahrscheinlichkeit vom Tuber cinereum abgegeben werden (SPATZ[1]).

f) Vitamine.

Eingehende Kenntnisse über die Vitaminverhältnisse sowohl in der Spinalflüssigkeit als auch im Zentralnervensystem selbst verdanken wir in erster Linie den Arbeiten von M. BÜLOW[2], und zwar betreffen diese den C-Vitamin-Gehalt. Die Ascorbinsäure liegt im Liquor des Menschen und des Kaninchens ausschließlich in reduzierter Form vor. Die Angabe von H. K. MÜLLER und W. BUSCHKE[3], daß der Kaninchenliquor auch neben der reduzierten Ascorbinsäure reversibel oxydierte Säure in kleinen Mengen enthalte, ließ sich nicht von M. BÜLOW bestätigen.

Die gesamte Ascorbinsäure wird im Liquor durch Titration gegen das TILLMANNsche Reagens (2,6-Di-chlorphenol-Indophenol) nach der Modifikation von L. J. HARRIS[4] und J. N. RAY in stark saurer Lösung (p_H 2,5) bestimmt. Durch spektrographische Untersuchungen wurde von M. BÜLOW ebenso wie von EEKELEN und Mitarbeitern nachgewiesen, daß der reduzierende Effekt allein auf Ascorbinsäure zurückzuführen ist. Der Fehler der Methodik wird mit 0,1—0,2 mg% angegeben.

---

[1] BRIGGS, MARSHALL, u. H. SPATZ: Virchows Arch. **305**, H. 2, 568. — SCHARRER, B.: Zool. Anz. **113**, 299 (1936) — Z. vergl. Physiol. **17**, 491 (1932) — Z. Neur. **145**, 462 (1933); **155**, 743 (1936) — Z. Anat. **106**, 169 (1936). — SCHARRER, E., u. R. GAUPP: Z. Neur. **148**, 766 (1933).

[2] BÜLOW, M.: Hoppe-Seylers Z. **236**, H. 4, 5 u. 6; **242**, H. 1/2. — PLAUT, F., u. M. BÜLOW: Z. Neur. **153**, H. 2 (1935); **154**, H. 3 (1936) — Klin. Wschr. **14**, Nr 48, 1716—1717; Nr 37, 1318—1320. — PLAUT, F., M. BÜLOW u. K. F. SCHEID: Z. Neur. **154**, H. 3 (1936).

[3] MÜLLER, H. K., u. W. BUSCHKE: Klin. Wschr. **1934**, Nr 1.

[4] HARRIS, L. J., u. J. N. RAY: Biochem. Z. **27**, 303 (1933) — Lancet **1935**, 75.

Versuche am Menschen. Bei Vergleich von Liquorwerten mit den Serumwerten zeigte sich zunächst, daß bei hohen und niedrigen Liquorwerten die Serumwerte sich kaum unterscheiden, z. B.:

Liquor	1,87 mg%	Serum	1,1 mg%
Liquor	0,20 mg%	Serum	1,0 mg%

Bei unzureichender C-Aufnahme mit der Nahrung, sowie bei erhöhtem C-Verbrauch, z. B. bei Malariafieber oder während einer Thyreotoxikose, sinkt der Spiegel des Vitamins C im Liquor stark ab. Dagegen zeigen sich im Blut die Schwankungen des C-Stoffwechsels nur unvollkommen. Narkotica beeinflussen den C-Gehalt des Liquors nicht.

M. BÜLOW machte weiterhin die Feststellung, daß Menschen mit hohem wie mit niedrigem C-Vitamin-Gehalt der Spinalflüssigkeit, bei gewöhnlicher Krankenhauskost ungefähr die gleiche Menge von Ascorbinsäure im Harn ausscheiden. Wurde aber der „Harntest" nach L. J HARRIS und J. N. RAY ausgeführt, der darin besteht, daß neben der Kost täglich 600 mg Ascorbinsäure verabreicht werden, dann zeigte sich folgendes: Versuchspersonen mit hohen Liquorwerten schieden in gesteigertem Maß Ascorbinsäure im Harn aus, während dieses bei jenen mit niedrigen Liquorwerten verzögert erfolgte und die ausgeschiedenen Mengen geringer waren.

M. BÜLOW schließt hieraus, daß bei Menschen mit hohen Liquorwerten eine Sättigung des Organismus mit Ascorbinsäure vorliegt, während bei niedrigen Liquorwerten ein hypovitaminotischer Zustand besteht. Somit vermag die Liquoruntersuchung wichtige Anhaltspunkte für die Beurteilung des C-Vitamin-Niveaus des Organismus zu geben.

g) Eisen.

VONKENNEL und TILLING verwandten mit einigen Abänderungen die ursprünglich für das Serum geschaffene Methode von HEILMEYER[1]. Sie fanden einen Mittelwert von 32 Gamma bei Prüfung von 70 normalen Liquores; der Liquoreisengehalt bleibt weitgehend konstant und beträgt etwa den 4. Teil des Serumeisens. Erhöhte Werte finden sich bei akuten Infektionen. Der Eisengehalt der Cerebrospinalflüssigkeit ist von den Schwankungen des Eisengehaltes des Serums unabhängig.

Nach Untersuchungen von BECK (Diss. Jena 1939) ist der Liquor E-Spiegel für die Klinik ohne Bedeutung.

5. Kolloidreaktionen.

Der Liquor cerebrospinalis weist in kolloidchemischer Beziehung eine Reihe von Eigenschaften auf, die weitgehende diagnostische Schlüsse

---

[1] HEILMEYER u. PLÖTNER: Das Serumeisen und die Eisenmangel-Krankheit. Jena: Gustav Fischer 1937.

ermöglichen, so daß eine Liquoruntersuchung, die nicht wenigstens eine der bekannten Kolloidreaktionen anwendet, als unvollständig zu bezeichnen ist. Die kolloidchemischen Phänomene, die eine ganze Reihe sonst unveränderter Liquores zeigen, sind mitunter der einzige objektive pathologische Befund, der aber dann auf eine Erkrankung des Zentralnervensystems hinweist. Zum Beispiel bleiben gerade bei behandelter Lues cerebri oder Paralyse pathologische Kolloidkurven als letzte Liquorveränderung oft jahrelang zurück.

Wir haben im Liquor eine kolloidale[1] Lösung vor uns; die sog. disperse Phase dieser Lösung wird in erster Linie von Eiweißkörpern gebildet. Wird der Liquor mit einer zweiten kolloidalen Lösung zusammengebracht, so kann unter bestimmten Bedingungen entweder eine gegenseitige Fällung auftreten, oder es erfolgt eine Labilisierung, d. h. es setzt eine erhöhte Empfindlichkeit gegenüber fällenden Reagenzien, in erster Linie gegen Salze, ein. Es gibt noch eine dritte Möglichkeit: das Interferieren zweier kolloidaler Systeme führt zu einem Kolloidschutz; gegenüber fällenden Wirkungen besteht eine herabgesetzte Empfindlichkeit. Auf diesen drei kolloidchemischen Vorgängen basieren die zu besprechenden Kolloidreaktionen. Lassen wir nun die disperse Phase des Liquors, also an erster Stelle seine Eiweißkörper, auf ein seiner Beschaffenheit nach konstantes Kolloidsystem einwirken, dann ergeben sich aus dem Reaktionsausfall Rückschlüsse auf kolloidchemische Besonderheiten der Liquorkolloide. LANGE ist der erste gewesen, der eine derartige Methode diagnostisch verwandt hat. Bereits im Jahre 1912 konnte er zeigen, daß normaler Liquor bei Einhaltung einer bestimmten Arbeitsvorschrift eine kolloidale Goldlösung (Goldsol) nicht verändert, während pathologische Liquores Dispersitätsveränderungen erzeugen, die sich in charakteristischen Farbveränderungen der Goldsollösung äußern. Wird eine Verdünnungsreihe der zu untersuchenden Cerebrospinalflüssigkeit mit 0,4 proz. Kochsalzlösung hergestellt und zu jedem Röhrchen eine in bestimmter Weise bereitete und einwandfreie Goldsollösung hinzugefügt, dann ergeben sich bei pathologischen Liquores ganz charakteristische Veränderungen. An bestimmten Zonen der Verdünnungsreihe treten Änderungen des kolloidalen Zustandes des Goldsols auf, das bei Dispersitätsänderungen mit deutlichen Farbumschlägen reagiert. Die ursprünglich rote Farbe des Goldsols geht dabei, je nach dem Grad der fällenden Einwirkung, über Violett und Blau ins Farblose über. Bei Übertragung der graduellen Farbänderungen der Goldsollösung auf ein Koordinatensystem ergeben sich charakteristische Kurven, die sich ihrer Häufigkeit nach bestimmten Erkrankungen zuordnen. LANGE hat durch

---

[1] In einer kolloidalen Lösung gehören die gelösten Teilchen (disperse Phase) einer Größenordnung an, die zwischen 0,1 μ und 0,001 μ liegt.

die von ihm entwickelte Methode der Goldsolreaktion das Ausgangsmodell für alle weiteren Kolloidreaktionen geschaffen.

Das von LANGE zuerst angewandte methodische Prinzip ist in der Folgezeit von zahlreichen Serologen angewandt worden, die die verschiedenartigsten kolloidalen Lösungen zur Ermittlung kolloidchemischer Veränderungen des Liquors einsetzten. Am wesentlichsten war die von EMANUEL 1915 angegebene Mastixreaktion, weniger die Benzoereaktion (GUILLAIN, LAROCHE und LECHELLE 1920). Aus einer Zusammenstellung von GEORGI und FISCHER ist zu entnehmen, daß weiterhin folgende Sole zur Durchführung von Kolloidreaktionen im Liquor angewandt worden sind: Kollargol, kolloidale Harzlösungen (außer Mastix und Benzoe noch Gambojaguneniharz, Myrrhenharz, Tinctura opii benzoica, Schellacksol), Farbsole und schließlich noch eine Reihe anderweitiger Sole, wie z. B. das Kieselsäuresol der Siliquidreaktion. Ebenso wie die erwähnten Reaktionen hängt die bekannte Takata-Ara-Reaktion von der kolloidalen Beschaffenheit des Liquors ab. Erwähnen müssen wir schließlich die Beobachtungen von DONAGGIO, nach denen der Liquor bei einer Reihe von Erkrankungen die Ausfällung von Anilinfarben durch Ammonmolybdat verhindert, also auf dem letzten der drei obenerwähnten Prinzipien beruht.

Die wesentlichste Neuerung in der Entwicklung der Kolloidreaktionen des Liquors, nachdem die Goldsol- und Mastixreaktion gefunden wurden, bildet die von RIEBELING ausgearbeitete Salzsäure-Kollargol-Reaktion, welche eine Umkehrung des gewöhnlichen Prinzips der Kolloidreaktionen (Mastix-, Goldsol-, Paraffin-, Benzoereaktion) darstellt. Während die erwähnten Reaktionen die *fällende* Wirkung des in einem indifferenten Medium verdünnten Liquors auf ein Testkolloid prüfen, zeigt die Salzsäure-Collargol-Reaktion (SCR.) an, in welcher Weise und wieweit der Liquor das Testkolloid, in diesem Falle eine dünne Collargollösung, gegen die fällende Wirkung von Salzsäure zu schützen vermag. Nach RIEBELING hat sich ergeben, daß „die Prüfung der schützenden Kräfte des Liquors viel feiner differenziert als die Prüfung der fällenden Kräfte". Als besondere Eigenschaft dieser neuen Reaktion hebt er hervor, daß sie, trotzdem bei der Paralyse eine charakteristische Reaktion auftritt, gegen luische Veränderungen weit weniger empfindlich ist als die andern Kolloidreaktionen. Sie ist nach RIEBELINGS Erfahrungen bei inaktiven luischen Prozessen des Zentralnervensystems häufig negativ, bei Lues latens sicher negativ, wenn eine Beteiligung des Zentralnervensystems nicht aufgetreten ist, insbesondere eine Paralyse nicht vorliegt.

Allen erwähnten Reaktionen kommt keineswegs eine gleich große praktische Bedeutung zu; wir müssen uns darauf beschränken, nur bei *den* Reaktionen exakte methodische Angaben zu machen, die diagnostisch von besonderer Bedeutung sind, sich praktisch durchgesetzt haben, oder die in besonderem Maße die Möglichkeit geben, den theoretischen Problemen der Liquorforschung nahezukommen.

a) Goldsolreaktion.

Diese Reaktion ist zweifellos die empfindlichste Kolloidreaktion, die am schärfsten geringe pathologische Veränderungen der kolloidalen Substanzen des Liquors erfaßt. Nicht ganz einfach ist die Herstellung eines geeigneten Sols. Wird nämlich das hergestellte Goldsol zu grob, zu dispers, was sich durch einen Stich ins Violette zeigt, dann ist es überempfindlich und für diagnostische Zwecke wegen der häufig schon bei normalen Liquores auftretenden Ausschläge unbrauchbar. Das Testkolloid kann auch zu fein dispers sein, dann besteht ebenfalls die gleiche diagnostische Unbrauchbarkeit, da derartige Goldsollösungen zu unempfindlich sind und des öfteren mit pathologischen Liquores keine charakteristischen Kurven ergeben. Im letzteren Fall hat das Goldsol eine zu hellrote Farbe. Bei der Herstellung des Goldsols muß auf jeden Fall erreicht werden, daß eine optimale Größe der Kolloidteilchen erzielt wird.

Die Durchführung der Goldsolreaktion macht erfahrungsgemäß zahlreiche Schwierigkeiten, so daß wir auf eine besondere Modifikation der Methode hinweisen möchten, die sich im Laufe der Jahre herausgebildet und ausgezeichnet bewährt hat.

Folgendes ist vorauszuschicken: Gerade bei der Goldsolreaktion muß das Glasmaterial besonders sorgfältig behandelt werden. Man sollte nur Jenaer Glas verwenden. Vor Gebrauch sind neue Gläser in destilliertem Wasser auszukochen; ein Goldsolniederschlag an den Gläsern muß am besten mit Königswasser entfernt werden. Nach erfolgter Reinigung sind die Gläser mit Leitungswasser, dann mit destilliertem Wasser zu spülen und trocken zu sterilisieren.

Alle Gefäße, die zur Goldsolbereitung dienen, müssen weder Säure noch Alkali abgeben und dürfen nicht zu anderen Zwecken benützt werden.

Aus gleichen Erwägungen heraus wird zur Durchführung der Reaktion nur redestilliertes Aq. dest. verwandt. (Destillationsapparat aus Glas mit eingeschliffenen Verbindungsstücken.)

Wir verwenden ein Traubenzuckergoldsol, das, abgesehen von einigen recht wesentlichen technischen Einzelheiten, nach der Vorschrift von EICKE hergestellt wird.

Die erforderlichen Reagenzien. Traubenzucker purissimum pulv. und Kalium carbonicum pur. pulv. von Merck sind beide wasserfrei und werden im Trockenexsiccator aufbewahrt; sie bleiben auf diese Weise gewichtskonstant. WEIGELT hat dieses besonders empfohlen. Goldchlorid (Aurum chloratum crystallisatum flavum Merck) verwenden wir in lange haltbarer 1proz. wässeriger Lösung. Einen sich evtl. bildenden

Niederschlag kann man wegfiltrieren. (Nur muß vor Verwendung der filtrierten Lösung der Vorversuch wiederholt werden.)

Im Gegensatz zu EICKE bestimmen wir in einem **Vorversuch** die zur Neutralisation **des Goldchlorides** nötige Kaliumcarbonatmenge.

In ein Becherglas oder einen Erlenmeyerkolben gibt man 100 ccm Aq. redest., 1 ccm 1 proz. Goldchloridlösung und 3 Tropfen Phenolphthalein und setzt aus einer graduierten 1 ccm-Pipette tropfenweise 3 proz. Kaliumcarbonat bis zum bleibenden Farbumschlag hinzu. Soviel Kaliumcarbonat, als dazu gebraucht wurde, wird zur Bereitung der Goldsollösung verwendet. Auf diese Weise hat man es in der Hand, jede neue Goldchloridlösung und jede neue Kaliumcarbonatlösung aufeinander einzustellen. Kaliumcarbonatlösung ist gut haltbar, eine Veränderung macht sich durch einen feinen Niederschlag bemerkbar. Selbstverständlich müssen die Lösungen gut verschlossen aufbewahrt werden, um jede Konzentrationsveränderung zu vermeiden.

Herstellung der Goldsollösung. In einem 500 ccm fassenden Becherglas oder Erlenmeyerkolben gibt man in 100 ccm Aqua redest. 1 ccm 1 proz. Goldchloridlösung und so viel 3 proz. Kaliumcarbonatlösung hinzu, als im Vorversuch zur Neutralisation gebraucht wurde. Man bringt die Mischung auf einem Drahtnetz über der Gasflamme unter beständigem Schwenken des Glases auf 90—100° (bis große Blasen vom Boden aufsteigen).

In diesem Augenblick läßt man 0,3 ccm frisch bereitete 5 proz. Traubenzuckerlösung hinzufließen, ohne das Schwenken zu unterbrechen, und entfernt zugleich die Gasflamme. Man fährt fort, die Flüssigkeit in gleichmäßiger Bewegung zu erhalten.

Ist die Lösung nach 3 Minuten noch immer farblos, dann erwärmt man sie nochmals und läßt einige Sekunden kochen; in der Regel tritt nach einiger Zeit die schöne Goldsolfarbe auf. Ist das nicht der Fall, dann setzt man noch einen Tropfen Kaliumcarbonat hinzu und erwärmt wieder, bis die Lösung sich färbt. Bei dieser Art der Bereitung der Goldsollösung kamen Fehlschläge niemals vor.

Wichtig ist, daß immer die gleichen Pipetten wie im Vorversuch verwendet werden, um sicher zu sein, die gleichen Flüssigkeitsmengen zugemessen zu haben.

Die Goldsollösung ist etwa 6—8 Tage haltbar; zum Versuch wird sie unverdünnt verwendet. Einwandfreie Lösungen können zusammengegossen werden; es empfiehlt sich jedoch, vorher jede Lösung einzeln auszuprobieren.

Hauptversuch. Regelmäßig setzen wir die Verdünnungsreihe des Liquors mit 0,4% Kochsalzlösung an. Ein Vorversuch zur Ermittlung der Salzkonzentration für den Hauptversuch wird nicht angesetzt. Wir können aus dem Grunde darauf verzichten, da jede neuhergestellte Gebrauchslösung unter gleichbleibenden Salzkonzentrationen im Versuch mit normalen Grenzfällen und sicher pathologischen Liquores auf ihre Verwendbarkeit geprüft wird.

Zu empfindliche oder zu stabile Sole werden ausgeschaltet!

Gerade durch diese Maßnahme steht dem Laboratorium immer eine wirklich zuverlässige Goldsol-Gebrauchslösung zur Verfügung. Der Salzversuch allein vermag nämlich nicht zu entscheiden, ob eine hergestellte Gebrauchslösung nicht bereits mit einem normalen Liquor einen leichten, aber doch zu starken Farbumschlag des Testkolloids ergeben könnte, wenn auch das Ergebnis des Salzversuchs verwendet würde. Immer steht uns ein Goldsol zur Verfügung, das der fällenden Wirkung mehrerer normaler Liquores gegenüber indifferent ist. Beim

Ansatz zum Hauptversuch brauchen wir nur 0,05 ccm Liquor. Von jedem Liquor wird eine Verdünnungsreihe von 10 Röhrchen angesetzt. In das erste Glas kommt 0,05 ccm Liquor und 0,45 ccm 0,4 % Kochsalzlösung. In alle weiteren Gläser wird 0,25 ccm 0,4% NaCl gegeben. Dann werden aus Glas I nach kurzem Mischen mit der Pipette 0,25 ccm entnommen und in Glas II pipettiert; aus dem zweiten Glas wiederum 0,25 ccm entnommen und in Glas III gegeben. Nach gutem Durchmischen werden je 0,25 ccm weiter überpipettiert bis Glas X. Die aus Glas X entnommenen 0,25 ccm werden wegpipettiert.

Zu jedem einzelnen Röhrchen werden 1,25 ccm Goldsollösung zugesetzt und gut geschüttelt. Die Röhrchen bleiben 24 Stunden im Dunklen bei Zimmertemperatur stehen. Dann erfolgt die Ablesung.

Diese Reaktion stellt in der Tat eine Mikroreaktion dar, wie sie nicht nur für praktische klinische Zwecke, sondern auch für experimentelle Arbeiten mit kleinen Liquormengen gut geeignet ist, z. B. für Untersuchungen am Kaninchenliquor und Kammerwasser.

Die gut abzulesenden Farbumschläge werden in das bekannte LANGEsche Schema eingetragen; die einzelnen Punkte zu einer Kurve verbunden; jede senkrechte Linie entspricht einem Glas.

Es ist noch nicht entschieden, ob die Formol- oder Traubenzuckerreduktion des Goldsols zweckmäßiger ist. Wir haben mit der Traubenzuckerreduktion nur gute Erfahrungen gemacht. Die Schwierigkeiten, denen man bei der Anfertigung der geeigneten Goldsollösungen des öfteren begegnen kann, haben dazu geführt, relativ stabiles Goldsol (Aurolumbal) gebrauchsfertig herzustellen. Dieses wird aber in seiner diagnostischen Brauchbarkeit stets von sorgfältig selbsthergestellten, empfindlicheren Solen übertroffen, die durch Fertigpräparate nicht zu ersetzen sind. Die Ablesung der Goldsolreaktion wird 24 Stunden nach erfolgtem Ansatz durchgeführt. Ist die ursprüngliche rubinrote Farbe des Goldsols in allen Gläsern erhalten geblieben, so ist die Reaktion als negativ zu bewerten.

Pathologische Liquores führen infolge Dispersitätsvergröberung des Testsols zu Farbumschlägen innerhalb bestimmter Zonen der Verdünnungsreihe; das Goldsol zeigt entsprechend der Stärke der Einwirkung Farbumschläge von Rot bis Rotviolett, Violett, Blauviolett, Blau, Hellblau und Farblos. Um den Reaktionsverlauf innerhalb der angesetzten Verdünnungsreihe des Liquors graphisch festlegen zu können, wird zweckmäßigerweise jeder Farbton mit einer bestimmten Zahl (1—5) bezeichnet. Wie aus vorstehendem Schema (Abb. 7) ersichtlich, werden auf der Ordinate die Farbumschläge eingetragen, auf der Abszisse die zunehmende Liquor-

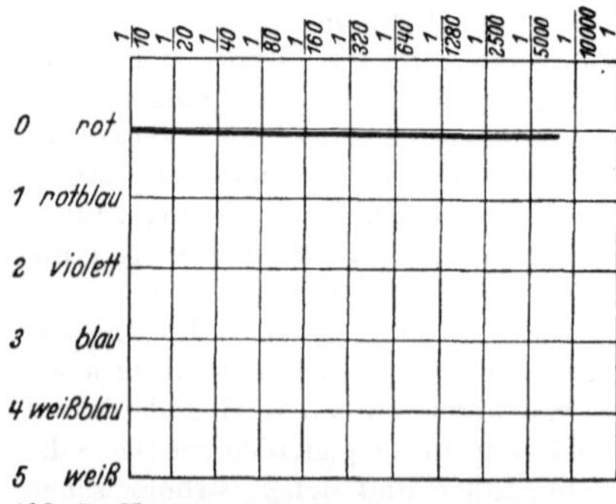

Abb. 7. Negative Goldsolreaktion. Infolge Ausschaltung zu empfindlicher Sole, verlaufen unsere Normalkurven auch im linken Kurvenschenkel meist horizontal.

verdünnung. In Abb. 7 sehen wir die bei Ausschaltung zu empfindlicher Sole meist horizontal und gradlinig verlaufenden Kurven, während in Abb. 8 maximale Ausfällungen im linken Kurvenschenkel, wie wir sie in erster Linie bei der Paralyse finden und in Abb. 9 die tiefe „Mittelkurve", die meist bei Meningitiden, aber auch bei der Lues cerebri zur Beobachtung kommt, dargestellt sind.

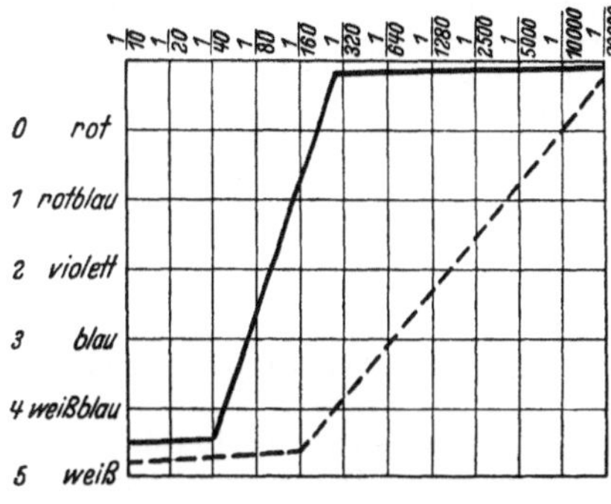

Abb. 8. Maximale Ausfällungen im linken
Kurvenschenkel.

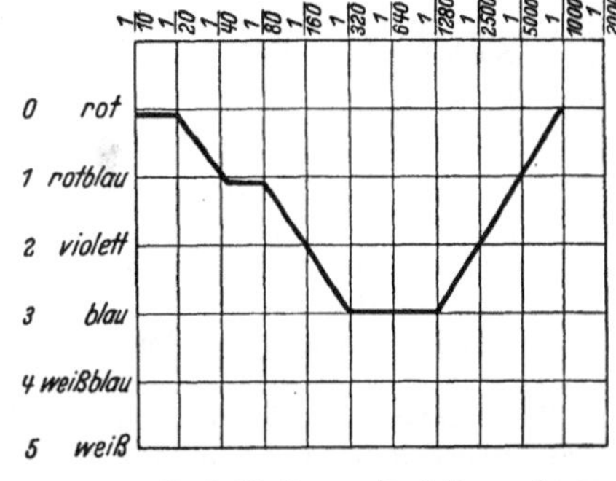

Abb. 9. Goldsolmittelkurve. Reaktionsoptimum
im mittleren Kurventeil.

Im allgemeinen ist zu sagen, daß bei Traubenzuckergoldsolen, die etwas empfindlicher als Formolgoldsole sind, erst ein deutliches Violett, das sich wenigstens auf zwei Gläser im linken Schenkel der Kurve erstreckt, als sicher pathologisch anzusehen ist. Jeder Untersucher, der Goldsol verwendet, bildet am besten allerdings die Fähigkeit zur Abgrenzung von Grenzbefunden durch häufigen Vergleich mit Normalliquores aus, denn die Empfindlichkeit der Gebrauchslösungen des Testkolloids wechselt natürlich immer etwas. In Zweifelsfällen ist anzuraten, mehrere normale Vergleichsliquores hinzuzuziehen.

a) Formolgoldsol nach Lange. Zu 1000 ccm Aq. bidest. fügt man 10 ccm 1 proz. Goldchloridlösung und 10 ccm einer 2 proz. Pottaschelösung (Kalium carbonatum). Diese Lösung wird in einem großen Kolben aus Jenaer Glas aufgekocht. Der Kolben wird von der Flamme genommen und unter dauerndem Schwenken mit 10 ccm einer 1 proz. Formollösung rasch, aber portionsweise versetzt (2,5 ccm der 40 proz. Formollösung von Schering-Kahlbaum auf 100 ccm Aq. bidest.). Im Laufe weniger Minuten tritt ein Farbumschlag ein: die Flüssigkeit wird zunächst blaßrosa, dann immer dunkler, bis sie schließlich einen satt purpurroten Ton erreicht (Reduktion des Goldchlorids zu kolloidalem Gold). Lösungen mit einem bläulichen Ton sind nicht brauchbar, desgleichen trübe Flüssigkeiten, während ein leichter rauchiger Oberflächenschimmer die Gebrauchsfähigkeit nicht beeinträchtigt.

b) Traubenzuckergoldsol nach Eicke. 1000 ccm frisch destillierten Wassers werden mit 10 ccm einer 1 proz. Goldchloridlösung und 5 ccm einer 5 proz. Traubenzuckerlösung versetzt und kurz aufgekocht. Dann wird 5 proz. Kaliumcarbonat-(Pottasche-) Lösung tropfenweise so lange hinzugesetzt, bis die kochende Flüssigkeit tiefrot gefärbt ist (3,6—4 ccm Pottaschelösung).

Die so zubereiteten Goldsole sind im Kolben aus Jenaer Glas mehrere Wochen haltbar (Schutz vor Tageslicht). Die Traubenzuckergoldsole sind empfindlicher, aber weniger gut haltbar als die Formolgoldsole.

Vorversuch. Im Vorversuch wird jede Goldsollösung (einmalig) geprüft, um die Salzkonzentration für den Hauptversuch zu ermitteln. Man stellt sich in 10 Reagensgläschen eine fortlaufende Verdünnungsreihe einer Kochsalzlösung (0,1 bis 1,0%) her und gibt zu jeder Kochsalzlösung 5 ccm der Goldsollösung:

Gläschen	I	II	III	IV	V	VI	VII	VIII	IX	X
1 proz. NaCl-Lösung .	0,1	0,2	0,3	0,4	0,5	0,6	0,7	0,8	0,9	1,0 ccm
Aqua bidestillata . .	0,9	0,8	0,7	0,6	0,5	0,4	0,3	0,2	0,1	— ccm
Goldsollösung . . .	5,0	5,0	5,0	5,0	5,0	5,0	5,0	5,0	5,0	5,0 ccm

(Die 1 proz. NaCl-Lösung wird jedesmal aus einer 10 proz. frisch bereitet: 1 ccm 10 proz. NaCl-Lösung + 9 ccm Aq. dest.)

Die Röhrchen werden geschüttelt, bei Zimmertemperatur stehengelassen und nach 3—4 Stunden abgelesen. Zum Hauptversuch nimmt man die höchstkonzentrierte Salzlösung, die im Vorversuch noch keinen Farbumschlag hervorgerufen hat.

Hauptversuch. Von jedem Liquor wird eine Verdünnungsreihe von 10 Röhrchen (bei sehr eiweißreichem Liquor 12—15 Röhrchen) angesetzt. In das erste Röhrchen kommt eine Liquorverdünnung 1 : 10 (0,2 ccm Liquor + 1,8 ccm der im Vorversuch ermittelten NaCl-Lösung), in die folgenden Röhrchen je 1 ccm der NaCl-Lösung. Nach Mischung wird aus dem ersten Röhrchen 1 ccm in das zweite Röhrchen übertragen. Man erhält dann im zweiten Röhrchen eine Liquorverdünnung 1 : 20. In gleicher Weise überträgt man aus dem zweiten Röhrchen nach Durchmischung 1 ccm in das dritte Röhrchen, aus diesem in das vierte Röhrchen usf.; aus dem letzten Röhrchen wird 1 ccm wegpipettiert. Man erhält auf diese Weise eine Verdünnungsreihe 1 : 10, 1 : 20, 1 : 40, 1 : 80, 1 : 160 usw. Außerdem kommt in ein Kontrollglas 1,0 ccm der Kochsalzlösung ohne Liquor. Zu jedem Röhrchen werden dann 5,0 ccm der Goldsollösung zugegeben, die Röhrchen umgeschüttelt und bei Zimmertemperatur stehengelassen. Die Ablesung erfolgt nach 24 Stunden.

b) Mastixreaktion.

Zur Herstellung der Mastixsol-Stammlösung werden käufliche Mastixharze verwandt. Wir machten die Erfahrung, daß frische Harze ein viel labileres Sol liefern als diejenigen, die längere Zeit gelagert haben. Bei dem Ansatz der Gebrauchslösungen gingen wir prinzipiell so vor, daß nur ein derartiges Harz Verwendung findet, das möglichst günstige kolloidchemische Verhältnisse für den späteren Hauptversuch ergab. Harze, mit denen entweder zu labile oder zu unempfindliche Testkolloide erzielt wurden, fanden keine Verwendung. Geprüft wurde die Brauchbarkeit der Harze an normalen Liquores und an solchen charakteristischen neurologischen Erkrankungen, wie Tabes, Paralyse und multipler Sklerose. Sind über Jahre hinaus fortlaufend Liquoruntersuchungen durchzuführen, dann ist es ratsam, zahlreiche Mastix-Harzpräparate als Ausgangsmaterial zur Verfügung zu haben.

Herstellung des Mastixsols (Stammlösung). Zu 100 ccm absoluten Alkohols werden 10 g Mastixharz hinzugefügt, für 24—48 Stunden im Eisschrank stehengelassen und dann filtriert. Die Stammlösung ist im Dunklen aufzubewahren und für mehrere Monate haltbar.

Herstellung der Versuchslösung. Die jeweilige Versuchslösung ist jedesmal frisch herzustellen. Dazu werden 1 ccm der Stammlösung mit 1 ccm gesättigter alkoholischer Sudan III-Lösung und 8 ccm absoluten Alkohols in einer 10 ccm-Pipette aufgenommen und in 40 ccm bidestillierten Wassers (Temperatur 45°), das sich in einem Erlenmeyerkolben befindet, unter leichtem Schütteln tropfenweise einfließen lassen. Die Mischungszeit soll etwa 50 Sekunden betragen. Das Gemisch muß dann etwa $^1/_2$ Stunde bei Zimmertemperatur, am besten unter einer kleinen Glasglocke, stehen, dann erst ist das Mastixsol „gereift" und gebrauchsfertig.

Durch die sorgfältige Auswahl des verwandten Mastixharzes sind wir nicht darauf angewiesen, einen Vorversuch (Salzversuch) durchführen zu müssen. Wir verwenden daher im Hauptversuch statt einer im Vorversuch zu ermittelnden geeigneten Kochsalzlösung Normosal (1 g auf 100 ccm Aq. bidest.).

Hauptversuch. Wir machten die Erfahrung, daß die Reaktion ohne weiteres mit der Hälfte der für die Originalreaktion (Normomastixreaktion) angegebenen Liquormenge durchgeführt werden kann. Im Interesse einer auch nach anderen Gesichtspunkten eingehenden Liquoruntersuchung erscheint uns dieses sehr wesentlich. Die erforderliche Verdünnungsreihe wird so hergestellt, daß zunächst in das *zweite* und alle folgenden Gläser (10—12) 0,25 ccm Normosal-lösung kommen. Das erste Glas bleibt vorderhand leer. Dann werden in das erste und das zweite Glas je 0,25 ccm Liquor pipettiert. Im ersten Glas bleibt der Liquor unverdünnt, im zweiten besteht eine Verdünnung 1 : 2. Nun werden nach kurzem Mischen in der Pipette aus dem zweiten Glas 0,25 ccm in das dritte über-pipettiert (Verdünnung 1 : 4). Weiter werden, immer nach kurzem Mischen, je 0,25 ccm weiterpipettiert von Glas III zu Glas IV usw., so daß eine Verdünnungs-reihe $^1/_1$, $^1/_2$, $^1/_4$, $^1/_8$, $^1/_{16}$ bis $^1/_{2000}$ entsteht. Die aus dem letzten Glas entnommenen 0,25 ccm werden wegpipettiert.

Zu jeder Liquorverdünnung werden jetzt in jedes Glas 0,25 ccm Normomastix-lösung gegeben. Nach Mischung schüttelten wir die Röhrchen möglichst gleich-mäßig durch, etwa 4mal bei leichtem Schütteln aus dem Handgelenk.

Das Ergebnis wird abgelesen, nachdem die Röhrchen etwa 24 Stunden bei Zimmertemperatur gestanden haben. Besonders ist darauf zu achten, daß vor dem Ablesen nicht aufgeschüttelt wird. Der Grad der Trübung oder der Fällung wird in einem Schema registriert, das dem LANGES nachgebildet ist. Die unver-änderte kolloidale Lösung wird mit I bezeichnet, die erfolgte Trübung je nach ihrer Stärke mit II—V. Bei VI wird beginnende Flockung eingetragen, bei XII ist eine totale Ausflockung erfolgt, die überstehende Flüssigkeit ist klar. Bei stärkerer Flockung wird auch der Farbstoff mitgefällt, so daß sich die überstehende Flüssigkeit nicht nur klärt, sondern auch entfärbt. Leichte Trübungen in den ersten Röhrchen sind normalerweise meist vorhanden; eine Trübung mit dem Maximum in den ersten vier Röhrchen ist bei genügender Empfindlichkeit des Testsols keineswegs pathologisch, während eine Flockung es unbedingt ist. Die untere Kurve erreicht die Grenze der Norm bei IV (siehe Abb. 2).

Standardgemische von Mastixlösungen mit Verdünnungsflüssigkeit haben sich nicht bewährt (Lumbotest). Auch der von GOEBEL gemachte Vorschlag, zur Abkürzung der Reaktion die ersten Röhrchen weg-zulassen, ist nicht durchführbar, da gerade an diesen der so wichtige Anfangsteil, der linke Kurvenschenkel, abzulesen ist, der klinisch wesent-liche Hinweise ergibt. Zur Erzielung brauchbarer Ergebnisse müssen die angegebenen methodischen Einzelheiten eingehalten werden.

c) Salzsäure-Collargol-Reaktion nach Riebeling.

Die Salzsäure-Collargol-Reaktion prüft, in welcher Form der Liquor das Testkolloid, in diesem Fall eine dünne Collargollösung, gegen die fällende Wirkung von Salzsäure zu schützen vermag. Die Reaktion stellt somit eine Umkehrung des Prinzips der bisher erwähnten Kolloidreaktionen dar, denn bei diesen wird die fällende Wirkung des Liquors, der in einem indifferenten Medium gelöst ist, auf das Testkolloid geprüft.

Die Ausführung der Methode, ebenso wie die Ablesung, sind einfach und machen vor allem auch für den Ungeübten keinerlei Schwierigkeiten.

Das Ausgangsmaterial ist das Collargol, ein von der Firma Heyden hergestelltes Silberpräparat. Dem Silber ist im Collargol ein Schutzkolloid beigegeben. Das trockene Präparat liefert die Firma in Packungen zu 10 g. Durch einfaches Auflösen des Präparats in Wasser läßt sich eine kolloidale Lösung von konstanter Beschaffenheit herstellen, welche in einer Konzentration von 1 : 10000 verwendet wird.

Methode. Aus dem fertigen Präparat wird eine Stammlösung hergestellt, indem man 0,5 Collargol (analytisch wägen) im Meßkolben auf 500 ccm löst. Um zu starke Schaumbildung zu vermeiden, muß das Wasser langsam zugesetzt werden. Einige Stunden nach der Herstellung, sobald eine gleichmäßige Lösung erreicht ist, ist die Stammlösung verwendungsfähig. *Nach etwa $1^1/_2$—2 Monaten Brauchbarkeit wird sie zu empfindlich, so daß die Ergebnisse an Eindeutigkeit verlieren; es treten dann auch bei negativem Liquor kleine Zacken bei der kurvenmäßigen Aufzeichnung auf.* Am besten bewahrt man die Lösung in dunklen Glasflaschen mit eingeschliffenem Glasstöpsel im Dunklen auf. Zur Anstellung der Reaktion wird aus dieser 0,1proz. Stammlösung jeden Tag frisch (!) durch Verdünnung von 1 : 10 die Gebrauchslösung hergestellt, die vor der Verwendung mindestens $^1/_2$ Stunde stehen muß. Im durchfallenden Licht sieht sie tiefbraun und klar aus. Als Salzsäurestammlösung dient eine analytisch reine $^n/_{10}$-Salzsäure, aus der man sich täglich frisch (!) die benötigte Menge $^n/_{500}$-Salzsäure herstellt.

Benutzt wird:

1. Collargollösung 1 : 10000.
2. $^n/_{500}$-Salzsäure.
3. Ein Gestell mit einer Reihe von 10 Wassermann-Röhrchen.
4. Zwei geeichte 10 ccm-Stangenpipetten und eine 1 ccm-Stangenpipette.

Voraussetzung für die Erzielung einer verwertbaren Reaktion ist peinliche Sauberkeit und genaues Arbeiten. Mit der einen Stangenpipette werden zuerst in das erste Röhrchen 0,5 ccm der $^n/_{500}$-Salzsäure gebracht, in das zweite Röhrchen 0,8 ccm, in das dritte Röhrchen 0,9 ccm, in das vierte Röhrchen 1,4 ccm, in das fünfte Röhrchen 1,9 ccm und in jedes weitere Röhrchen 1 ccm. Dann werden mit der 1 ccm-Pipette im ersten Röhrchen 0,5 ccm Liquor, im zweiten 0,2 ccm, im dritten, vierten und fünften Röhrchen je 0,1 ccm Liquor zugesetzt. Aus dem vierten Röhrchen werden nach guter Durchmischung 0,5 ccm verworfen. Aus dem fünften Röhrchen wird 1 ccm in das sechste überpipettiert, von da 1 ccm in das siebente Röhrchen usw., aus dem zehnten Röhrchen wird 1 ccm verworfen, so daß schließlich jedes Röhrchen 1 ccm Liquorverdünnung mit Salzsäure enthält, wir haben eine Verdünnungsreihe von $^1/_2$, $^1/_5$, $^1/_{10}$, $^1/_{15}$, $^1/_{20}$, $^1/_{40}$, $^1/_{80}$, $^1/_{160}$, $^1/_{320}$, $^1/_{640}$ vor uns. Wir benötigen also für die Reaktion 1 ccm Liquor; bei wenig Material beginnen wir mit dem zweiten Röhrchen, so daß wir im Notfall mit 0,5 ccm Liquor auskommen. Zum Schluß wird in jedes Röhrchen 1 ccm der 0,01proz.

Collargollösung zugesetzt und gut durchgeschüttelt. Die endgültige Ablesung erfolgt nach 12 Stunden (frühestens nach 6 Stunden).

Man kann aber in den meisten Fällen schon nach wenigen Minuten sehen, ob ein Liquor positiv oder negativ in dem oben definierten Sinne ist, denn in den Röhrchen, in denen später vollständige Fällung erfolgt, tritt sehr bald eine Trübung auf. Die Versuchsergebnisse werden in einem Schema aufgezeichnet (Abb. 10), in dem die obenstehenden Zahlen die Nummer des Röhrchens bedeuten; die untenstehenden geben die Liquorverdünnung an, die sich in dem betreffenden Röhrchen befindet. Die Angaben links beziehen sich auf das Aussehen der Lösung; sie ist braun und klar, wenn der Liquor dem Collargol vollständigen Schutz vor der Ausflockung durch die Salzsäure bietet; bei dem leichtesten Grad der Veränderung sieht die Lösung trüb aus, die Farbe bleibt erhalten; bei der nächsten Stufe findet sich bereits ein bräunlicher Niederschlag in der Kuppe des Röhrchens, während die überstehende Flüssigkeit trüb aussieht und hellere Färbung zeigt; bei dem stärksten Fällungsgrad ist die Flüssigkeitssäule über dem Niederschlag vollkommen klar und farblos.

Negativer Liquor bietet ein Kurvenbild, wie aus der Abb. 10, Kurve A ersichtlich. In den ersten 3—4 Röhrchen überwiegt die fällende Wirkung der Salzsäure. Wodurch die Breite der Schutzzone bedingt ist, bedarf noch der Klärung. Jedenfalls hängt sie nicht allein von dem Eiweißgehalt des Liquors ab. Von den von RIEBELING untersuchten 355 negativen Liquores zeigten 205 (61%) Fällung ab 4. Röhrchen, 127 (39%) Fällung ab 5. Röhrchen. Bei 59 Liquores erfolgte erst Fällung ab 6. Röhrchen; das kann RIEBELING aber nach späteren Erfahrungen nicht mehr als völlig negativ ansehen. Eine genau entsprechende Kurve erhält man bei Verwendung von verdünntem Serum an Stelle von Liquor, nur beginnt die Fällung je nach dem Eiweißgehalt erst in einem späteren Röhrchen.

Da es sich bei der Salzsäure-Collargol-Reaktion (SCR.) um eine qualitative Reaktion handelt, macht pathologischer Liquor ganz verschiedene Kurvenbilder, je nach der Art der pathologischen Veränderungen. Charakteristisch für einen positiven Ausfall der Reaktion sind die erste Fällungszone und die zweite Schutzzone, die nach Lage und Form sehr verschieden sein können. Nur Meningitisliquor verhält sich in manchen Fällen ähnlich wie Serum.

Eine Übersicht über die verschiedenartigen Kurvenbilder gibt eine Zusammenstellung von RIEBELING, in der die wichtigsten Typen der SCR. aufgeführt sind. A ist die Normalkurve, und zwar dann, wenn die Fällung im 4., spätestens im 5. Röhrchen komplett ist. Die mit A_1, A_2 bezeichneten verbreiterten Schutzzonen sind nach RIEBELING als pathologisch anzusehen. Die Kurven BCD finden sich häufig bei organischen Befunden, ohne daß der einzelne Kurventyp bei einer bestimmten Krank-

braun, klar
braun, trüb
aufgehellt, trüb
farblos, klar
A₂
A₁
A
B
C
D
E
F
G
I
K
M
N
O
P

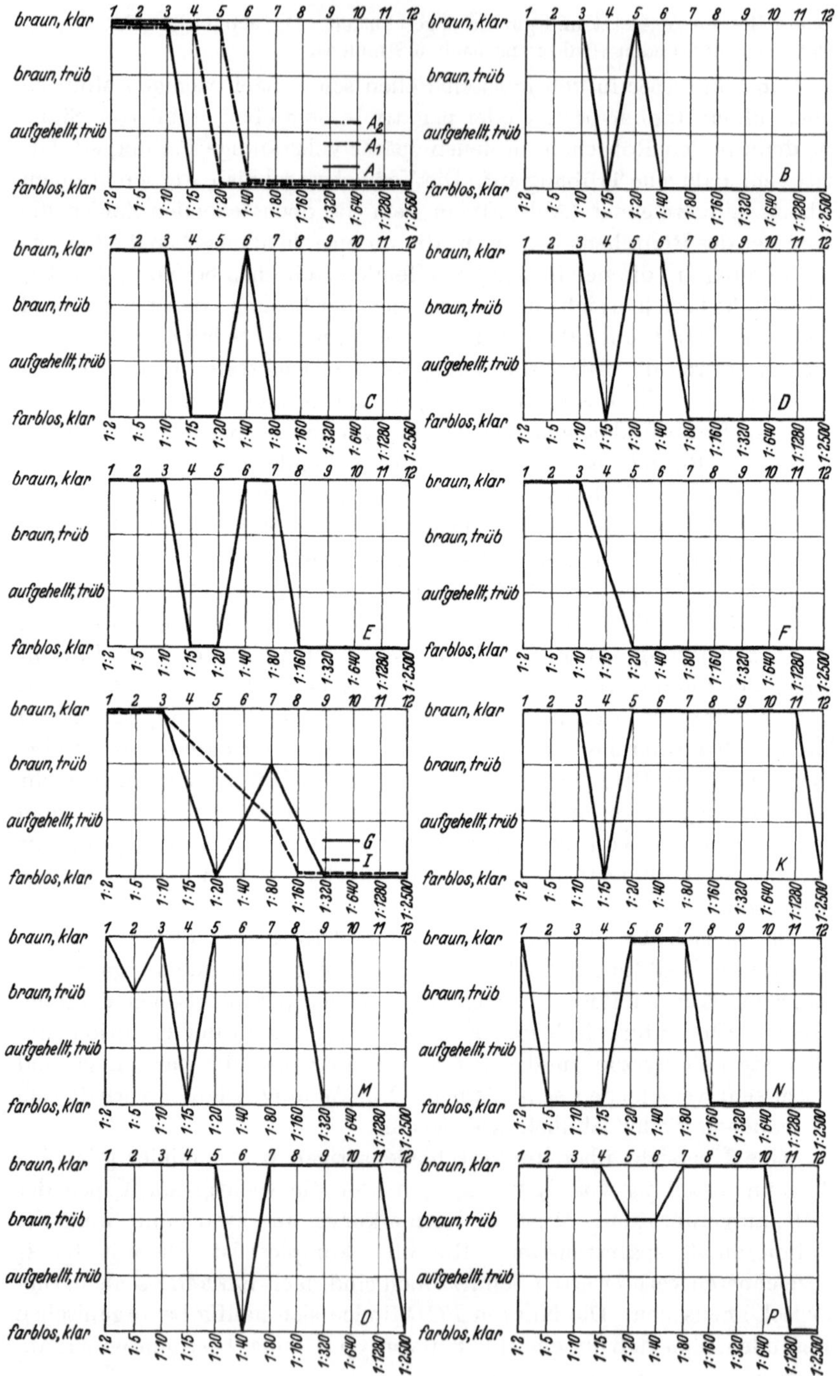

Abb. 10.

heitsgruppe besonders häufig aufträte. Der Kurvenverlauf *E* tritt bei Lues cerebri mit positivem Liquor-Wassermann sowie bei Arachnoiditis auf. Dem Kurventyp *FGI* begegnet man bei Arteriosklerose, Urämie, Apoplexie und Encephalomalacie, er soll durch eine Vermehrung der molekular gelösten Substanzen im Liquor entstehen. Bei den Meningitiden tritt die Kurvenform *K*, seltener *O* auf. *N ist typisch für die unbehandelte Paralyse*, während *M* oft bei der behandelten Paralyse gefunden wird, gelegentlich auch bei Tabes; *P* wird ebenfalls gelegentlich bei Tabes gefunden. *M* und *N*, und das ist recht wichtig, werden, wenn auch selten, bei der multiplen Sklerose gefunden. RIEBELING schreibt: „Die mannigfachen Parallelen im Liquorbild der Paralyse und der multiplen Sklerose, wenigstens, was die Typen mit Liquorveränderungen angehen, prägen sich auch in auffallender Konsequenz in der SCR. aus." So findet sich z. B. eine völlig negative SCR. bei tiefer Mastixzacke wie bei gut behandelter Paralyse, ferner ein „*N*-Typ" der SCR. neben tiefer Mastixzacke, ebenfalls wie bei behandelter Paralyse. Selten tritt bei multipler Sklerose der *N*-Typ der SCR. neben einer kompletten Paralysekurve der Mastixreaktion auf. Multiple Sklerosen, die sich sehr stark im Liquorbefund ausprägen, können sogar gegenüber der progressiven Paralyse als einzigen Unterschied den negativen Wassermann zeigen.

Von RIEBELING und HUFFMANN ist die Beeinflußbarkeit der SCR. durch Blutbeimengung zum Liquor untersucht worden.

Bei künstlichem Blutzusatz zu den zu untersuchenden Liquores fand sich, daß nach erheblicher Blutbeimengung bei vorher negativen Liquores eine unvollständige zweite Schutzzone in einem Röhrchen bei sonst negativem Befund auftrat. Bis zu einem Blutgehalt von 20000/3 Erythrocyten im Kubikzentimeter wird die SCR. nicht beeinflußt. Niemals wurde dadurch, wie es bei anderen Kolloidreaktionen manchmal vorkommt, eine stark positive Reaktion hervorgerufen. Der Kurvenverlauf bei positiven Liquores wurde durch Blutzusatz überhaupt nicht nennenswert beeinflußt.

Einige Liquores, die bei Anwendung der üblichen Methoden keine pathologischen Veränderungen zeigten, d. h. normale Eiweißwerte, Zellzahl und Goldsolreaktion aufwiesen, können trotzdem eine abgeschwächte, aber doch deutlich positive SCR. haben. Es zeigt sich bei ihnen eine unvollständige zweite Schutzzone (in einem Röhrchen). Diese Beobachtung wird besonders an Liquores gemacht, die einen erhöhten Gehalt an molekular gelösten Substanzen aufweisen.

Neben bluthaltigem Liquor ist auch Liquor nach Zusatz von Blutserum untersucht worden. Dabei wurde gefunden, daß vorher negativer Liquor nach reichlichem Serumzusatz positiv reagierte,

während vorher positiver Liquor kaum einen veränderten Kurvenverlauf zeigte. Wurde dagegen die SCR. mit Serum allein angestellt,
so zeigte sich, daß entsprechend verdünntes Serum eine Kurve
liefert, wie sie von normalem Liquor erzeugt wird. Sowohl normaler
Liquor als auch Serum allein verursachen eine negative Kurve, „während
ein Gemisch jedesmal eine pathologische Reaktionsform aufweist".
HUFFMANN hält hierdurch den Beweis erbracht, daß nicht das Albumin-
Globulin-Verhältnis für den pathologischen Kurvenausfall verantwort-
lich zu machen ist, denn der Eiweißquotient des Serums entspricht
ungefähr dem eines Lues cerebri-Liquors, der im Gegensatz zur Serumverdünnung eine pathologische Salzsäure-Collargol-Reaktion ergibt. RIE-
BELING und HUFFMANN haben isoliertes Serumalbumin und Globulin in
derselben Versuchsanordnung geprüft und erhielten negative Kurven;
auch die Anreicherung von negativem Liquor mit isoliertem Serumeiweiß,
selbst in erheblicher Menge, veränderte nicht die Form der Kurve. Es
gelang auch nicht, eine Veränderung der Kurvenform von Liquores
dadurch zu erhalten, daß sie mit ihrem eigenen Gesamteiweiß oder den
daraus isolierten Globulinen angereichert wurden. Es wird aus dem
Ausfall dieser Versuche geschlossen, daß „im positiven Liquor eine
besondere Substanz vorhanden sein muß, die die charakteristische erste
Fällungs- und zweite Schutzzone hervorruft". Im pathologischen Liquor
müsse diese Substanz vermehrt sein, dafür spreche, daß schon der
Zusatz von 5 Vol.-% positiven Liquors zum normalen genügt, um eine,
allerdings abgeschwächte, zweite Schutzzone hervorzurufen.

Auf Grund der von HUFFMANN unter Anleitung von RIEBELING
durchgeführten Dialysierversuche an negativem Liquor wird die *Schutzwirkung* desselben auf eine dialysable Substanz zurückgeführt; am wahrscheinlichsten sei es, daß es sich um ein Eiweißspaltprodukt, ein Poly-
peptid, handele. Anders verhalte es sich mit dem Faktor, der im pathologischen Liquor die charakteristische Fällungszone verursacht, denn
es gelang nicht, ihn durch Dialyse zu isolieren.

d) Die Benzoereaktion.

Originalmethode nach GUILLAIN. Herstellung der *Stammlösung:* 1 g Sumatra-
benzoeharz wird innerhalb 48 Stunden in 10 ccm absoluten Alkohols gelöst und
dann die klare Lösung vom Bodensatz abgegossen.

Die *Gebrauchslösung* wird für jeden Versuch frisch hergestellt. 0,3 ccm der
Stammlösung werden aus einer Pipette langsam in 20 ccm Aq. bidest. von 35% C
geträufelt. Nach Abkühlung und kurzer Reifungszeit ist die Lösung gebrauchsfertig. Sie ist normalerweise stärker trübe als die gebräuchliche Mastixlösung.

Als *Verdünnungsflüssigkeit* des Liquors dient eine Kochsalzlösung von 0,1 g
auf 1000 ccm Aq. bidest. oder reines bidestilliertes Wasser. Die Verdünnungsreihe
besteht aus 15 Gläschen. In das erste kommen 0,25 ccm, in jedes folgende je 1 ccm
der Verdünnungsflüssigkeit. Dann wird in das erste Gläschen 0,75 ccm, in das
zweite 1 ccm Liquor gegeben. Aus dem zweiten Gläschen wird 1 ccm in das dritte,

aus dem dritten in das vierte usw. überpipettiert (Verdünnungsreihe $^3/_4$, $^1/_2$, $^1/_4$, $^1/_8$ usw.). Von der Benzoegebrauchslösung kommt in jedes Gläschen 1 ccm.

Die *Ablesung* erfolgt nach 12—24 Stunden, die Flockungsgrade werden in ein Schema eingetragen. Von den anderen Kolloidreaktionen unterscheidet sich die Benzoereaktion dadurch, daß sie schon normalerweise eine Flockungszone aufweist.

e) Die Paraffinreaktion.

Die *Stammlösung* wird hergestellt, indem man 0,3 g eines Paraffins mit einem Schmelzpunkt von 51—52° in 100 ccm absoluten Alkohols unter Erwärmung löst. Bei Zimmertemperaturen fällt das Paraffin wieder aus. Zur Herstellung der Versuchslösung werden die gleiche Menge Stammlösung und Aq. dest. auf die Schmelzpunkttemperatur des Paraffins erwärmt und dann schnell das destillierte Wasser zur Paraffinlösung zugegeben. Es entsteht dabei eine opalescierende Flüssigkeit, die auch nach Abkühlung auf Zimmertemperatur nicht ausfallen darf.

Bei Herstellung der *Verdünnungsreihe* kommen in das erste der 10 Röhrchen 0,75 ccm, in jedes folgende 0,5 ccm einer 0,3proz. NaCl-Lösung. In das erste Röhrchen werden 0,25 ccm Liquor gegeben (Verdünnung 1:4) und dann aus dem ersten Röhrchen 0,5 ccm weiterpipettiert, so daß man eine Verdünnungsreihe 1:4, 1:8, 1:16, 1:32 usw. erhält.

Abgelesen wird nach 16—24 Stunden und das Ergebnis kurvenmäßig in ein Schema eingetragen, die schwächste Reaktion äußert sich in einer Aufhellung, bei stärkeren Graden findet man eine Fällung, die an Intensität zunimmt, während die überstehende Flüssigkeit immer klarer wird. Kleine, auf der Flüssigkeit schwimmende Flocken werden nicht bewertet.

6. Physikalische Methoden.

Der Liquor cerebrospinalis ist infolge seiner klaren durchsichtigen Beschaffenheit und seiner Zusammensetzung zu optischen Untersuchungen besonders gut geeignet. Sehr wesentlich ist, daß die untersuchte Liquormenge völlig unverändert bleibt und jede andere Bestimmung oder Reaktion im Anschluß an die physikalische Untersuchung durchgeführt werden kann.

a) Refraktometrie.

Das Verfahren, das zuerst angewandt wurde, war die Refraktometrie. Allein dieses Verfahren ist bei weitem nicht empfindlich genug, so wertvoll es auch zur Klärung der Eiweißverhältnisse des Blutserums ist. Dieses erklärt sich daraus, daß die durch den Eiweißgehalt bedingte Refraktion des Liquors gegenüber derjenigen, die durch den hohen Salzgehalt verursacht wird, sehr zurücksteht. Es ist absolut unmöglich, auf Grund der Refraktometerzahl etwa auf die Eiweißkonzentration schließen zu wollen. Von PENFOLD und PRICE wurde normalerweise ein Refraktometerindex von 1,33510 gefunden. Ferner machten die Autoren die Angabe, daß bei Urämie, Diabetes sowie Meningitis im Gegensatz zu Encephalitis und Poliomyelitis eine Steigerung der Refraktometerzahl festzustellen sei. JACOBOWSKI fand, daß die Malariabehandlung den Refraktometerindex herabsetzt. Klinisch verwertbare Resultate wurden aber bislang nicht erzielt.

Man muß schon die Interferometrie heranziehen, wenn man Brauchbares erzielen will, eine Methode, die gerade in letzter Zeit mit großem Erfolge bei Stoffwechseluntersuchungen angewandt wurde. Erst dieses Verfahren vermag infolge seiner großen Empfindlichkeit diejenigen geringen Unterschiede des Brechungsvermögens aufzuzeigen, die bei der Liquoruntersuchung gemessen werden müssen.

b) Interferometrie.

Die Interferometrie mißt die Differenzen von Brechungsexponenten zweier Medien (von Gasen oder von Flüssigkeiten). Sie unterscheidet sich von der Refraktometrie dadurch, daß bei dieser der Grenzwinkel der Totalreflexion bestimmt wird, während bei der Interferometrie Lichtbeugungserscheinungen verglichen werden.

Das gebräuchlichste Laboratoriumsmodell ist das Wasserinterferometer von Zeiss. Die Meßgenauigkeit ist sehr groß (zwei Einheiten der achten Dezimale).

Der Vorteil dieser Methode gegenüber refraktometrischen Messungen besteht auch noch darin, daß die Temperatur überhaupt nicht berücksichtigt zu werden braucht, da zu untersuchende Lösung und Vergleichslösung im Temperiertrog gleichen Bedingungen unterliegen. Allerdings muß immer erst vor jeder Messung der Temperaturausgleich abgewartet werden. Etwa vorhandene Unterschiede in der Temperatur äußern sich in Krümmung und Verbiegung der Interferenzstreifen, so daß man vor der Ablesung abwarten muß, bis diese senkrecht stehen und keine Verkrümmungen mehr aufweisen. Als Ausdruck der Differenz im Brechungsvermögen zwischen Liquor und der Vergleichslösung (wir verwenden 0,85proz. Kochsalzlösung) wird die seitliche Verschiebung von Interferenzstreifen gemessen. Ein eingeschalteter Kompensator gleicht die Verschiebung aus, die Umdrehungszahl der den Kompensator bedienenden Schraube wird als interferometrisches Maß abgelesen.

Bisherige Angaben über die Ergebnisse interferometrischer Liquoruntersuchungen differieren weitgehend. Dieses findet, besonders was die Unterschiede in den Durchschnittszahlen betrifft, seine Erklärung in folgendem: HIRSCH hat in ABDERHALDENs Handbuch besonders darauf hingewiesen, daß jede Interferometerkammer ein „Individuum“ darstellt. An den Schwierigkeiten der Herstellung liegt es, daß z. B. keine der sog. Zehnmillimeterkammern wirklich so lang ist. Es muß sich also jeder Untersucher auf seine „individuelle“ Kammer einstellen. Die ermittelten Interferometerwerte hängen dann auch davon ab, welche Vergleichslösung gewählt wurde (0,85proz. NaCL-Lösung, Normosal u. ä.).

RIEBELING und JAKOBOWSKI haben vor mehreren Jahren schon die Forderung aufgestellt, daß man eine Standardisierung treffen muß. Der erstere verwendet zur Eichung des Interferometers eine Normosal-lösung: eine genau 1proz. Lösung, die durch Auflösen einer Ampulle Normosal in einem 100 ccm-Meßkolben leicht hergestellt werden kann, ergibt in der Zehnmillimeterkammer den Wert 1250. Wir hielten es für ratsamer, mit einer 0,85proz. Kochsalzlösung zu arbeiten, da es möglich ist, daß Normosal leichte Schwankungen in seiner Zusammensetzung aufweist. Wenn zudem noch die exakte Kammerlänge angegeben wird, so ist die Grundlage zur Erreichung vergleichbarer Ergebnisse gegeben.

RIEBELING kam auf Grund sehr eingehender Untersuchungen zu dem Resultat, daß die Interferometrie ein sehr wichtiges diagnostisches Hilfsmittel in denjenigen Fällen sei, in denen die anderen Reaktionen aus Mangel an Empfindlichkeit versagen. So fand er bemerkenswerterweise unternormale Konzentrationen des Liquors bei Epilepsie und auch bei Schizophrenie. Der Interferometerindex wurde von ihm mit 1360—1380 für Normalfälle angegeben.

Was vermag nun die interferometrische Methode im Rahmen der gesamten Liquoruntersuchung zu leisten? Als erstes muß hervorgehoben werden, daß sie im Gegensatz zu den chemischen Methoden, welche die vorhandene Menge einer bestimmten Substanz angeben, nur etwas über die *Gesamtkonzentration* sämtlicher im Liquor vorhandener Substanzen auszusagen vermag. Es lassen sich aber weitere Möglichkeiten erschließen.

Über die Anteile der verschiedenen Liquorbestandteile am Gesamt-Interferometerwert hat zuerst RIEBELING gearbeitet; F. ROEDER ging diesen Gedankengängen nach und konnte ein Differenzverfahren auf interferometrischer Grundlage ausarbeiten, das mit großer Annäherung Aufschluß über die Konzentration der Kolloide (in erster Linie Eiweißteilchen) und der Nichtkolloide im Liquor zu geben vermochte. Nichtkolloide bilden den Hauptanteil der sich interferometrisch auswirkenden Liquorsubstanzen. Das Verfahren basiert auf folgendem Prinzip: Um einen Maßstab dafür zu haben, bis zu welchem Grade Eiweiß allein den Interferometerwert beeinflußt, ist zuerst eine Kontrollkurve mit gestaffelten Eiweißmengen[1] angelegt worden. Das Eiweiß war in 0,85proz. Kochsalzlösung gelöst; als Vergleichslösung war dieselbe Kochsalzlösung gewählt worden, so daß die gefundenen Werte vom Eiweißgehalt allein abhingen. Es ergab sich, daß eine geradlinige Abhängigkeit des Interferometerwertes von der Eiweißkonzentration besteht, wie man es bei dem gleichbleibenden Salzgehalt des Lösungsmittels erwarten mußte.

Die folgenden Kurven (Abb. 11) zeigen, welche Beziehungen zwischen dem nach KJELDAHL bestimmten Eiweißgehalt von etwa 100 Liquores und den Interferometerwerten bestehen. Die ermittelten Interferometer-

---

[1] Bei einem weiteren Ausbau des Verfahrens ist diese Eichkurve statt mit Serumeiweiß mit Liquoreiweiß aufzunehmen.

werte entstammen der Differenzmessung gegen 0,85proz. Kochsalzlösung. Normaler Liquor hatte gegen diese Lösung am Interferometer
eine Differenz von 450 Teilstrichen im Durchschnitt, bei Verwendung
einer Kammer von 20,07 cm Länge. Es schien besonders zweckmäßig, mit einer größeren Kammerlänge zu arbeiten als die vorher-
gehenden Untersucher, um so die Methode empfindlicher zu gestalten.

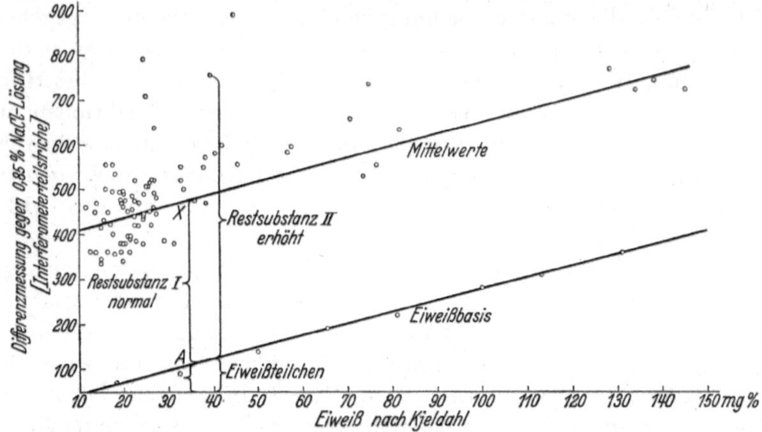

Abb. 11. Diagramm zur interferometrischen Bestimmung der „Restsubstanzen“ des Liquors
nach ROEDER.

Die untere Kurve wurde mit gestaffelten Eiweißverdünnungen aufgenommen. Sie wird zweckmäßigerweise als *„Eiweißbasis“* bezeichnet.
Der senkrechte Abstand jedes Interferometerwertes von dieser Kontroll-
kurve aus (z. B. Strecke AX) gibt mit einer gewissen Annäherung an,
in welchem Maße Nichteiweißteilchen, also zur Hauptsache Salze, im
Liquor vorhanden sind. Die Gesamtzahl der für jeden Liquor gemessenen
interferometrischen Teilstriche ist somit in zwei Abschnitte eingeteilt,
in Eiweißteilchen und Nichteiweißteilchen. Die Eiweißbasis stellt die
Trennungslinie dar. Es ist ersichtlich, wie gering der Einfluß des Eiweißes bei den normalen Konzentrationen ist. Z. B. beträgt er bei
24 mg% Eiweiß nur $^1/_{10}$ dessen, was die Nichteiweißteilchen an Brechungsvermögen aufweisen. Bei etwa 50 mg% ist der Anteil des durch
Eiweiß bedingten Brechungsvermögen schon bedeutend größer. Diese
Proportion verschiebt sich mehr und mehr; bei 150 mg% etwa beträgt
sie 1 : 1, d. h. Eiweiß- und Salzgehalt wirken sich optisch gleichmäßig aus.

Stärkere Abweichungen nach oben von den Mittelwerten der oberen
Kurve weisen auf eine erhebliche Vermehrung der Nichteiweißsubstanzen
hin. Sie sind zweckmäßig als „Restsubstanzen“ zu bezeichnen. So
finden sich sehr starke Abweichungen nach oben bei erhöhtem Liquorzucker; bei Reststickstofferhöhungen im Liquor kam das gleiche vor.
Der senkrechte Abstand von der Eiweißbasis AX wird in Interferometer-

Teilstrichen angegeben und ist ein Maß für das Vorhandensein nichtkolloidaler Substanzen im Liquor.

Die Interferometrie ist nach dem Ausgeführten *niemals ein Verfahren zur Eiweißbestimmung* im Liquor; da hier des öfteren irrige Auffassungen vorliegen, bedarf diese Tatsache der besonderen Hervorhebung. Die gefundenen Interferometerwerte geben jedoch mit Hilfe der „Eiweißbasis", sobald der Eiweißwert des Liquors durch eine der einschlägigen Methoden ermittelt wurde, mit gewisser Annäherung einen Anhalt über die Höhe der Nichteiweißsubstanzen.

Besondere Steigerungen des Gesamt-Interferometerwertes werden insbesondere bei den Meningitiden beobachtet; erhöhte Werte finden sich aber auch bei Paralyse, multipler Sklerose, Hirntumoren sowie der Urämie.

c) Spezifisches Gewicht.

Die Angaben über das spezifische Gewicht weisen gewisse Differenzen auf. Dieses beruht auf der methodischen Schwierigkeit, die dadurch gegeben ist, daß man meist nur kleine Liquormengen zur Verfügung hat. Erst die in letzter Zeit vorgenommenen Entnahmen von größeren Liquormengen bei der Encephalographie haben es möglich gemacht, genaue Untersuchungen durchzuführen. Nach diesen beträgt die Durchschnittszahl für das spezifische Gewicht des Liquors etwa 1006—1009.

Zu der Bestimmung hat KINDLER die PREGLsche Wägepipette benutzt, ein Verfahren, das ein sehr subtiles Arbeiten voraussetzt. Wir verdanken RIEBELING eine recht originelle und dabei einfache Methode zur Untersuchung kleiner Liquormengen. Es handelt sich um folgendes Verfahren:

„Durch sorgfältige Bestimmungen mittels einer Torsionswaage wird das Gewicht einer kleinen Glasspindel in destilliertem Wasser festgestellt, deren Gewicht in Luft durch einmalige Bestimmung mittels einer analytischen Waage bekannt war. Dieses „Wassergewicht" wird jedesmal vor Beginn einer Messung oder einer Reihe von Messungen ermittelt, da auf diese Weise atmosphärische Einflüsse mit genügender Genauigkeit ausgeschaltet werden können. Das Gewicht des Liquors wird nämlich lediglich durch Bezug auf diese Größe festgestellt, indem die Spindel in Liquor gewogen wird, worin sie natürlich leichter erscheinen muß. Von dem ermittelten Luftgewicht der Glasspindel wird nun einerseits das „Liquorgewicht", andererseits das „Wassergewicht" abgezogen, und die beiden Differenzen werden durcheinander dividiert. Das Divisionsprodukt gibt unmittelbar die spezifische Schwere des Liquors an. „Die Anordnung setzt eine gute Torsionswaage voraus; durch Lupenablesung wird der Ausschlag ermittelt, so daß sich Halbe und Viertel von Zehntelmilligrammen noch gut ablesen lassen."

Die ganze Apparatur wird von der Firma Ströhlein & Co. in Hamburg geliefert.

RIEBELING gibt an, daß die Fehlergrenze der Methode sehr niedrig sei; für 1 ccm Liquor liege sie innerhalb 0,00002. Er hat die mit dieser Methode gefundenen Werte und speziell die Durchschnittsresultate, die unter Berücksichtigung des mittleren Fehlers des Mittelwertes ausgerechnet wurden, zusammengestellt.

Ganz normale Liquores hatten spezifische Gewichte von 1007,70, 1007,79, 1007,90 und 1008,09. Die niedrigsten überhaupt gefundenen Werte fanden sich bei der Schizophrenie. Bei Fällen von Epilepsie, Paralyse und Schizophrenie sowie bei verschiedenartigen organischen Krankheiten ergaben sich kaum besondere Diskrepanzen im spezifischen Gewicht.

Man muß allerdings hervorheben, daß doch gewisse diagnostische Hinweise gewonnen werden können. Findet man z. B. bei einem als Schizophrenie angesprochenen Fall eine sehr hohe Dichte des Liquors, so ist das recht auffällig und kann auf eine Fehldiagnose hindeuten. RIEBELING wies ferner nach, daß deutliche Dichteunterschiede in den verschiedenen Abschnitten des Liquorraums bestehen. Dieses wurde an Befunden, die während einiger Encephalographien erhoben wurden, festgestellt. Bei den ausgeprägten Liquorveränderungen im Verlauf einer Meningitis, bei der Urämie oder auch bei Diabetes wird eine mehr oder weniger erhebliche Erhöhung des spezifischen Gewichts beobachtet.

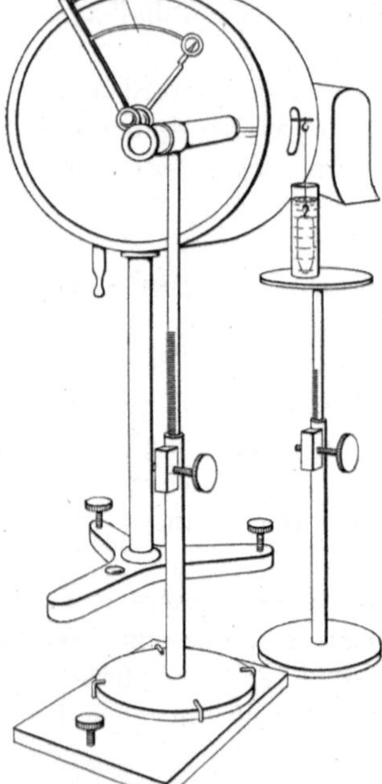

Abb. 12. Anordnung zur Bestimmung des spezifischen Gewichts der Cerebrospinalflüssigkeit.

d) Spektrographie.

Die Spektrographie hat eine Reihe von aufschlußreichen Parallelen zu anderen, insbesondere kolloidchemischen Reaktionen des Liquors ergeben. Frühere Untersucher hatten sich zunächst lediglich die Aufgabe gesetzt, eine Feststellung von Blutbeimengungen oder die Anwesenheit von Gallenfarbstoff im Liquor mittels spektroskopischer Untersuchungen zu erreichen. Während der letzten Jahre wurde jedoch mittels der Spektrophotographie die Lichtabsorption durch den Liquor untersucht. Nach den Erfahrungen einer Reihe von Autoren gelingt es, durch sie organische Stoffe in Mengen nachzuweisen, die mittels chemischer

Methoden nicht erfaßt werden konnten. Damianovich, Williams und Pirosky benutzten z. B. das Verfahren, um im Rahmen von Permeabilitätsuntersuchungen einen Salicylsäurenachweis im Liquor zu führen. Skinner hat angegeben, daß man lediglich auf Grund der Spektra Unterschiede zwischen den Liquores bei Meningismus, Meningitis, der multiplen Sklerose, Tabes und Paralyse finden könnte.

Weitere Untersuchungen über den Anwendungsbereich der Spektrographie innerhalb der Liquordiagnostik sind indessen von Pruckner und Scheid durchgeführt worden. Diese hatten sich anfangs die Aufgabe gestellt, die Spektrographie zum Nachweis chemisch unbekannter, aber biologisch wirksamer Substanzen im Liquor zu verwenden. Sie wiesen darauf hin, daß sich die Methodik schon bei wichtigen biochemischen Problemen hervorragend bewährt habe, z. B. bei der Entdeckung des Ergosterins durch Windaus und Pohl. Im Verlauf dieser Untersuchungen sind zahlreiche Lumbalpunktate der verschiedensten Herkunft spektrographisch untersucht worden. Man hat die Gesamtabsorption des Liquors gemessen und in den einzelnen Spektralbereichen bestimmt und erhielt so schon sehr wesentliche und interessante Unterschiede. Die Autoren waren somit dazu übergegangen, die Methode nicht mehr zur Suche nach einzelnen bestimmten Stoffen einzusetzen, sondern die Gesamtabsorption des nativen Liquors festzulegen. Diese Zielsetzung bringt einen ganz wesentlichen Fortschritt; denn bisher war man lediglich darauf bedacht, im Liquor nach der Enteiweißung einzelne Substanzen spektrographisch erfassen zu wollen. Über das Spektralbild des nicht enteiweißten Liquors wurde meist nur angegeben, daß es dem des Serumeiweiß sehr nahekäme. Man hatte sich aber bislang keineswegs um eine Differenzierung der Absorptionskurven des Nativliquors bei den verschiedenen Erkrankungen bemüht.

Von Pruckner ist nun eine charakteristische Absorptionskurve für den Liquor von Paralytikern festgestellt worden. Diese Kurve hat für die Erkrankung etwa dieselbe Spezifität wie die Goldsol- oder Mastixreaktion. Es konnte ferner festgestellt werden, daß die spektrographisch aufgenommene Kurve des Paralyseliquors mit derjenigen, die mit einer Serumverdünnung aufgenommen wurde, weitgehend identisch ist.

Die erwähnten Autoren arbeiteten nach der Scheibeschen Methode, deren Beschreibung wir aus ihrer Arbeit entnehmen: „Das Prinzip ist kurz angedeutet folgendes: Durch die zu untersuchende Lösung einerseits und eine Cuvette mit reinem Lösungsmittel andererseits (in unserem Falle Ringerlösung) wird gleichzeitig Licht geschickt. Ein rotierender Sektor mit variablem Öffnungswinkel erlaubt es, in willkürlicher Weise den durch das Lösungsmittel auf die Platte treffenden Lichtstrahl zu schwächen. Gleichzeitig erscheint auf der Platte die andere Hälfte des Spektrums, in der die Intensität an jeder Stelle des aufgenommenen

Wellenbereichs durch die zu untersuchende Lösung in verschiedenem
Maße geschwächt wurde. Notwendigerweise ergibt sich für jeden Grad
der Lichtschwächung, dessen Maß in unseren Kurven gekennzeichnet
ist, durch die Größe $\lg \frac{J_0}{J}$ eine bestimmte Stelle der Wellenlängen-
skala, in den Kurven mit λ bezeichnet, wo die willkürlich erzeugte
Lichtschwächung mit der durch die gelösten Stoffe verursachten gleich
ist. Jede solche Stelle ergibt dann jeweils einen Meßpunkt der Kurve.‘‘

SCHEID und PRUCKNER haben einige
charakteristische Extinktionskurven

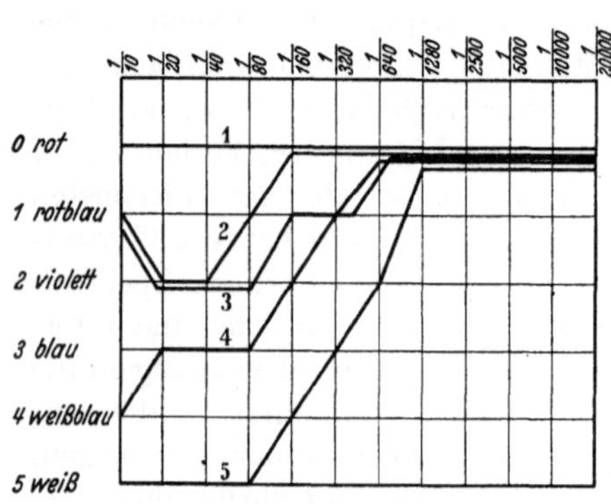
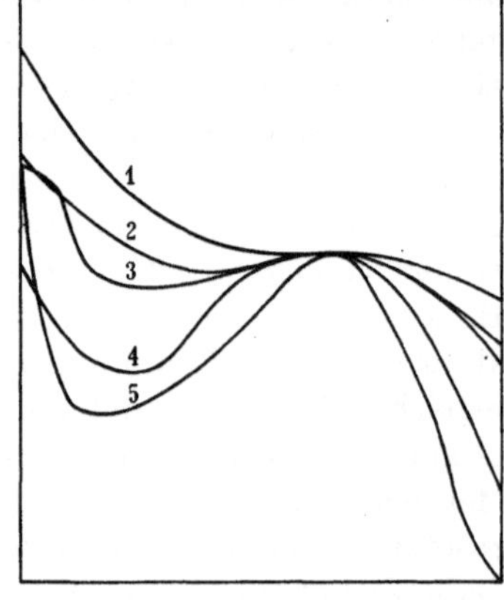

Abb. 13a.   Abb. 13b.

Abb. 13a u. b.   Parallelität zwischen Ausfall der Goldsolreaktion und den Absorptionskurven
von 5 Liquores.

des nativen Liquors gefunden. Die einen werden als sog. Wende-
punktskurven bezeichnet. „Sie haben ein im Gebiete von 280/290 mμ
liegendes Maximum, worauf nach einem flacheren Stück der Absorptionskurve ein neuer, steilerer Anstieg bei etwa 240—250 mμ beginnt.‘‘

Die obenstehenden Abb. 13a und b zeigen, welche Parallelität zwischen den Absorptionskurven und dem Ausfall der Goldsolreaktion
besteht.

Der zweite Kurventyp hat keinen deutlichen Wendepunkt und wird
als sog. Steilkurve bezeichnet. Die Steilkurven lassen sich wiederum in
zwei Gruppen einteilen. Zunächst gibt es Liquor-Steilkurven, bei denen
nach Durchführung einer Dialyse eine Wendepunktskurve zum Vorschein
kommt.

Es sind hier also Stoffe, die besonders stark im Bereich von 240
bis 270 mμ absorbieren, durch die Dialyse entfernt worden. Sie sind
aber im Ultrafiltrat vorhanden, da dieses gerade in dem erwähnten
Wellenlängenbereich stark absorbiert. Über die Natur dieser Stoffe
weiß man bislang nichts Sicheres.

e) Oberflächenspannung.

Während die Oberflächenspannung früher mit dem Stalagmometer gemessen wurde, führten RIEBELING und JANSEN mittels einem, der QUINCKEschen Waage ähnlichen Apparat, Messungen durch. (Sie maßen an der Torsionswaage die Kraft in Milligrammen, die nötig ist, um eine in einem kleinen Platinring gebildete Membran zu zerreißen.) Ein kleiner Platinbügel trägt einen Ring von etwa 2 mm Weite. Der kleine Ring hängt mittels eines Kokonfadens an dem Bügel einer Torsionswaage. Der Liquor befindet sich in einem kleinen Schälchen, das auf einem Schraubstativ so weit hochgeschraubt wird, bis der Platinring gerade die Oberfläche der Flüssigkeit berührt. Er darf indes nicht eintauchen. Belastet man nun den Ring mit Zug durch die Drehung des Bügels der Torsionswaage, so wird die entstandene Flüssigkeitsmembran glockenförmig nach oben gewölbt, bis sie reißt. Im Moment, wo die Membran reißt, zeigt der Skalenzeiger auf p mg.

Die Berechnung geschieht nach folgender Formel:

$$\alpha \cdot \frac{p}{\pi \cdot p^2}$$ (p = Gewicht in Milligramm, α = Größe der Innenfläche des Ringes) = Oberflächenspannung.

Normale Werte = 50 dyn.

Nach RIEBELING ergaben sich Werte von 48,9 bis 51,8 dyn. Die Autoren sind deshalb der Meinung, daß wegen der relativ geringen Variationsbreite die Bestimmung der Oberflächenspannung von geringer praktischer Bedeutung sei.

KELLER und KÜNZEL[1] haben in einer viel später (1937) erschienenen Arbeit über ihre Ergebnisse berichtet.

f) Objektive lichtelektrische Registrierung von Liquorreaktionen nach F. ROEDER.

Lichtelektrische Trübungsmessungen oder colorimetrische Messungen werden mit Hilfe von Photozellen durchgeführt und haben als wesentlichsten Vorteil gegenüber allen anderen Methoden die vollkommene Objektivität des Meßergebnisses. Gerade bei der Durchführung fortlaufender Bestimmungen, z. B. Trübungsmessungen, kann eine Ermüdung des Auges in ziemlich erheblichem Maß auftreten, die notwendigerweise zu zunehmender Unsicherheit in den Resultaten führen muß. Wir haben gerade bei fortlaufenden Trübungsmessungen die Erfahrung gemacht, daß sich die objektive Nephelometrie mit Hilfe von sog. Sperrlichtphotozellen ausgezeichnet eignet. Das Verfahren eignet sich ferner, wie wir sehen werden, zur Durchführung colorimetrischer Messungen bei sehr geringen Unterschieden der Farbintensitäten.

---

[1] KELLER u. KÜNZEL: Dtsch. Z. Nervenheilk. **143**, H. 1 u. 2, 80—108.

In der Physik und auch in der chemischen Industrie sind seit Jahren Alkali-photozellen angewandt worden, mit deren Hilfe ausgezeichnete Bestimmungen durchgeführt werden konnten. Diese „objektiven Photometer" fanden keine größere Verbreitung, da die Messungen sehr kompliziert waren und kostspielige

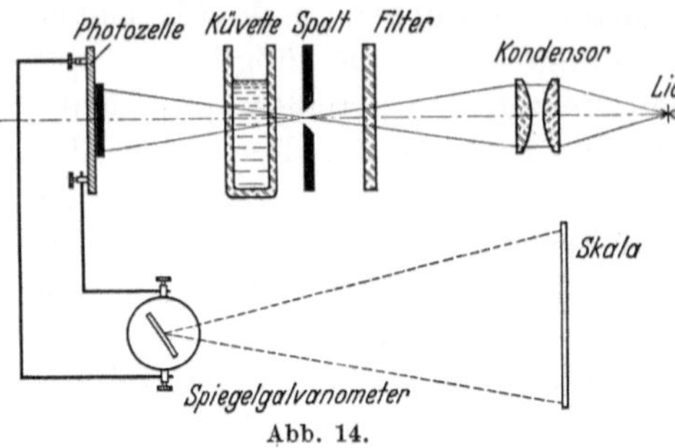

Abb. 14.

Apparate erforderten. Das ist jetzt anders geworden. Es sind von B. Lange durch Anwendung der von ihm entwickelten Halbleiterphotozellen so weitgehende Vereinfachungen getroffen worden, daß mit einer sehr einfachen Meßmethode gearbeitet werden kann. Nach Sewig besteht ein Sperrschichtelement aus zwei metallischen Elektroden, von denen die eine die Zelle trägt, z. B. Kupfer, und die zweite lichtdurchlässig sein

muß, also entweder als engmaschiges Gitter oder als durchscheinend dünner Metallüberzug, z. B. aus Silber oder Platin, gefertigt ist. Zwischen den beiden Elektroden befindet sich ein Halbleiter, meist Kupferoydul. Wenn nun durch Absorption von Licht im Oxydul in Nähe der „Sperrschicht" (zwischen Kupfer

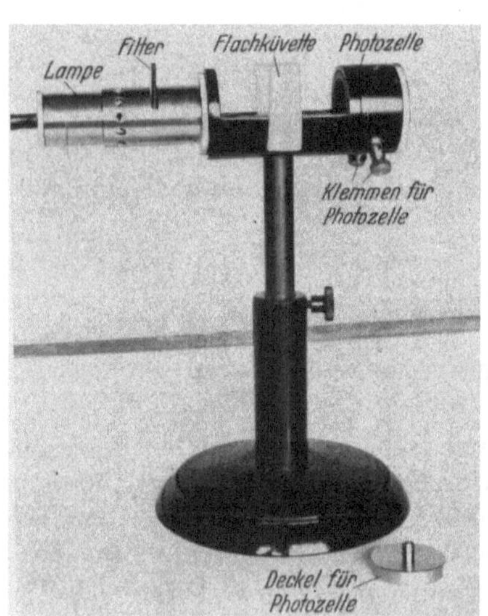

Abb. 15.

und Kupferoxydul) Elektronen ausgelöst werden, bildet sich zwischen den Elektroden des Elements eine Potentialdifferenz heraus. Es handelt sich also um eine direkte Umwandlung von Lichtenergie in elektrische Energie. Das Wesentlichste dieser neuen Photozellen ist, daß sie einen Photostrom liefern, der mehrere Zehnerpotenzen höher ist als bei den früher verwandten Alkalizellen. Bei Belichtung setzt ein Strom trägheitslos ein; die Anwendung einer Hilfsspannung ist nicht, wie früher bei den Alkalizellen, erforderlich.

Die Apparatur (Abb. 14) besteht aus einer konstanten Lichtquelle[1], der Optik, die für parallelen Strahlengang sorgt, und der Cuvette, in die die zu untersuchenden Lösungsgemische eingefüllt werden. Als Meßorgan dient die Photozelle. Zur Registrierung des Photostroms wird ein Spiegelgalvanometer verwandt. Die Colometrie

erfordert den Einsatz zusätzlicher Filter. Die von F. Roeder für die Liquordiagnostik entwickelte lichtelektrische Apparatur ist durch die Firma Winkel, Göttingen, zu beziehen (Abb. 15).

Das eigentliche Prinzip der Messung ist folgendes: Je nach dem Grad der Trübung oder Farbintensität der in der Cuvette enthaltenen Reaktionsflüssigkeit wird die Photozelle mehr oder weniger intensiv belichtet. Der Photostrom,

[1] Verwendung von Akkumulatoren hoher Kapazität.

den die Zelle abgibt, ist somit vom vorhandenen Trübungsgrad oder Farbstärke abhängig; man kann somit z. B. sagen, wenn es sich um eine Eiweißfällung handelt: Zu jedem Eiweißwert gehört ein bestimmter lichtelektrischer Impuls.

Die Konzentrationsbestimmung erfolgt sowohl bei der Nephelometrie als auch bei der Colometrie mittels empirisch gefundener Eichkurven. Mit dieser Methode gelingt es, colorimetrisch die Werte des Liquorcholesterins objektiv zu registrieren (Auswertung des Ausfalls Liebermann-Burchardt-Reaktion), außerdem den Lipoidphosphor des Liquors in kleinsten Liquormengen zu erfassen[1].

Am besten bewährte sich bisher, unseren Erfahrungen nach, das lichtelektrische Verfahren bei fortlaufenden, sehr zahlreichen Trübungsmessungen am Liquor, bei denen besonderer Wert auf Konstantbleiben der Meßgenauigkeit zu legen war. Liegt einmal eine sorgfältig aufgenommene Eichkurve mit gestaffelten Werten der zu bestimmenden Substanz vor, dann fällt bei den eigentlichen Messungen die Herstellung neuer Vergleichslösungen fort. Es ist jedoch ratsam, vor jeder Analysenreihe die zu bestimmenden Werte einer Kontrollbestimmung mit einer bekannten Substanzmenge zu unterziehen, um irgendwelche Fehlerquellen, die sich bei der sehr empfindlichen Meßmethode einschleichen könnten, auszuschalten.

7. Blutliquorschranke.

Dieses Gebiet der Liquorforschung steckt methodisch noch derart in den Anfängen, daß die meisten der hier erzielten Beobachtungen sehr fraglich und mit besonderer Zurückhaltung zu beurteilen sind. Methodisch am sichersten erscheint zur Zeit die serologische Prüfung der Durchlässigkeit der Blutliquorschranke mit Hilfe der Hämolysinreaktion, die folgende Grundlage hat:

Das normale Menschenserum enthält in geringen Mengen einen Amboceptor, der mit Hilfe des im Serum stets vorhandenen Komplements Hammelblutkörperchen löst. Im Liquor des Gesunden ist dieser „Normalamboceptor" nie nachweisbar, doch kann er unter pathologischen Bedingungen in den Liquor übertreten.

Das Prinzip der Hämolysinreaktion beruht darauf, daß man versucht, mit Hilfe eines Zusatzes von Komplement (Meerschweinchenserum) und Hammelblutkörperchen den hämolysierenden Normalamboceptor nachzuweisen. Da das als Komplement benutzte Meerschweinchenserum auch in geringen Mengen diesen Normalamboceptor enthält, wird erst in einem Vorversuch festgestellt, in welcher Verdünnung das Meerschweinchenserum keine Hämolyse mehr bewirkt. Es wird dazu folgende Versuchsreihe angesetzt:

---

[1] Roeder, F.: Die physikalischen Methoden der Liquordiagnostik. Berlin: Springer-Verlag 1937 — Z. Neur. **166**, H. 4.

	I	II	III	IV	V
Meerschweinchenserum	0,2	0,1	0,05	0,03	0,02 ccm
0,9 proz. NaCl-Lösung	0,3	0,4	0,45	0,47	0,48 ccm
5 proz. Auschwemmung von gewasche- nen Hammelblutkörperchen . . .	0,5	0,5	0,5	0,5	0,5 ccm

Nach zweistündigem Stehen im Brutschrank (37°) wird abgelesen und diejenige Komplementmenge für den Hauptverbrauch benutzt, die als erste keine Hämolyse ergibt (die Hämolyse äußert sich in Gelb- bzw. Gelbrotfärbung der überstehenden Flüssigkeit).

Zum Hauptversuch mischt man 5 ccm Liquor mit 0,5 ccm einer 5 proz. Hammelblutkörperchen-Aufschwemmung in einem Zentrifugierglas und läßt dieses 2 Stunden bei 37° im Brutschrank stehen. (Daneben wird eine Kontrolle angesetzt, die statt des Liquors 5 ccm physiologische NaCl-Lösung enthält.) Dann wird zentrifugiert und abgelesen. Ist bereits Gelbfärbung der überstehenden Flüssigkeit eingetreten, so ist im Liquor Normalamboceptor und Komplement vorhanden (Komplexhämolyse). Ist die überstehende Flüssigkeit klar, so wird sie abgegossen (sie kann noch für andere Reaktionen, z. B. für die WaR., benutzt werden); die im Gläschen verbleibenden Hammelblutkörperchen werden in 0,5 ccm physiologischer NaCl-Lösung aufgeschwemmt und die im Vorversuch ermittelte Komplementmenge zugesetzt. Nach dreistündigem Brutschrankaufenthalt wird die endgültige Hämolyse abgelesen.

Weitere Methoden beruhen darauf, daß bestimmte Salze oder Farbstoffe in den Organismus eingeführt und ihr Übergang in die Rückenmarksflüssigkeit quantitativ geprüft wird.

Die bekannteste ist die Brommethode von WALTER, bei der der Patient 5 Tage lang auf je 1 cm Körperlänge 0,3 ctg Bromnatrium per os erhält. 24 Stunden nach der letzten Bromgabe wird nüchtern lumbalpunktiert und auch Blut entnommen. Es wird dann im Blut und Liquor das Brom colorimetrisch nachgewiesen und der sog. Permeabilitätsquotient bestimmt. Nach WALTER ist die Permeabilität der Blutliquorschranke um so höher, je höher der Bromgehalt im Liquor ist und desto niedriger somit der Quotient wird.

Die eigentliche Technik: 5 Tage lang wird 3mal täglich 20 mg Bromnatrium pro Kilogramm Körpergewicht (oder 0,3 ctg auf je 1 cm Körperlänge) per os verabreicht. 12—24 Stunden nach der letzten Bromgabe erfolgt gleichzeitig nüchtern die Blut- und Liquorentnahme. Zu je 1 ccm Liquor (2,5 ccm im ganzen genügen) setzt man 0,1 ccm, zu je 1 ccm Serum (2 ccm im ganzen genügen) 2,3 ccm folgender Enteiweißungsflüssigkeit: Aq. dest. 100,0 + Acid. trichloracetic. 10,0 (in Substanz) + Acid. phosphorwolframic. 5,0 (in Substanz). Nach Umschütteln wird zentrifugiert und zu je 1,0 ccm des Filtrats 0,2 ccm einer 0,25 proz. Goldchloridlösung hinzugefügt. Es entsteht eine goldbraune Lösung von Goldbromid, die colorimetrisch mit einer Standardlösung von Bromnatrium (1 : 5000) mit gleichem Goldchloridzusatz verglichen wird. Der Permeabilitätsquotient ist durch das Verhältnis des Br-Gehaltes im Serum zu jenem im Liquor gegeben.

Gerade diese Methode ist von zahlreichen Autoren, in erster Linie HAUPTMANN, aufgegriffen worden, um die Schrankenverhältnisse bei verschiedenen Erkrankungen des Zentralnervensystems zu prüfen. So fand er z. B. bei der Schizophrenie in einem großen Prozentsatz der Fälle hohe Werte für den Permeabilitätsquotienten, d. h. die Permeabilität für Brom war anscheinend bei diesen Erkrankungen geringer. Von KRAL, STARY und WINTERNITZ wurde indessen festgestellt, daß der Liquor der an dieser Psychose Erkrankten gar nichts zeigt, was für eine Herabsetzung der normalen Durchlässigkeit der Blutliquorschranke sprechen würde.

Die WALTERsche Brommethode ist so häufig von Psychiatern und Neurologen zur Bearbeitung verschiedenster Fragestellungen eingesetzt worden, daß es wesentlich erscheint, zunächst die methodischen Grundlagen einer Prüfung zu unterziehen. *Es hat sich hier herausgestellt, daß die Methode in ihrer jetzigen Form nicht mehr Verwendung finden sollte, da sie ein falsches Bild vom Übergang der Testsubstanz in die Rückenmarksflüssigkeit gibt und auch ein unrichtiges Verhältnis zwischen den Konzentrationen des Stoffes in Blut und Liquor aufzeigt.* Von dem Pharmakologen FREY[1] sind hier wirklich grundlegende Untersuchungen mit Hilfe einer einwandfreien Methode durchgeführt worden, die ein ganz anderes Bild ergeben.

Über seine eigentlichen Ergebnisse sagt er folgendes:

Bei der ähnlichen Ausscheidung von Bromid und Chlorid und der Tatsache, daß im Kammerwasser nach den Untersuchungen von LIPSCHITZ[2] soviel Bromid wie im Blut vorhanden ist, lag die Vermutung nahe, daß auch der Übertritt von Bromid in den Liquor so erfolgte, als sei es Kochsalz.

Die Schwierigkeiten, die sich beim Jodid wegen der so schnell wechselnden Blutkonzentration ergeben und die Beurteilung seines Übertrittes erschweren, fallen beim Bromid fort, das sich viel längere Zeit im Blut in annähernd derselben Konzentration hält.

Untersuchungen über das Verhältnis von Bromid im Blut und Liquor lägen am Menschen von WALTER[3] vor, der mit einer colorimetrischen Methode das Verhältnis 3 : 1 fand. *Nun sei der Umschlag der gelben Goldchloridlösung in die braune Goldbromidfarbe in schwachen Konzentrationen für den quantitativen Vergleich etwas schwierig zu beurteilen, und am Menschen wäre man zudem noch auf geringe Konzentrationen angewiesen.* WALTER verdünne das Blut aufs Dreifache und vergleiche

[1] FREY: Arch. f. exper. Path. **163**, H. 4.

[2] LIPSCHITZ, W.: Der Durchtritt der Halogene durch die Membranen des tierischen Organismus. Arch. f. exper. Path. **147**, 142 (1929).

[3] WALTER, FR. K.: Studien über die Permeabilität der Meningen, III. Mitt. Z. Neur. **99**, 548 (1925) — Dtsch. med. Wschr. **1926**, Nr 34.

dann die enteiweißten Lösungen nach Zusatz derselben Menge Goldchlorid miteinander. Dabei ergäbe sich ungefähr Gleichheit der Farbe, was also einem Verhältnis von 3 : 1 in Blut und Liquor entsprechen würde.

Da uns jetzt in der elektrischen Titration mit Silbernitrat in Gegenwart einer Silberelektrode eine genügend genaue quantitative Methode zur Verfügung stehe (wenigstens für nicht allzu kleine Konzentrationen), habe er die beiden Halogene nebeneinander in Blut und Liquor bestimmt, indem er sich an die Vorschriften von MISLOWITZER[1] hielt.

Die Versuche wurden an Katzen und Hunden ausgeführt, die die Bromidlösung in den Magen erhalten hatten; dann wurde in Narkose nach 24 Stunden Liquor und Blut entnommen und im Plasma und Liquor in derselben Weise Bromid und Chlor bestimmt.

Dabei stellte sich heraus, daß das gegenseitige Verhältnis von Brom und Chlor im Liquor dasselbe war wie im Plasma. Absolut sind die Halogene ja im Liquor in etwas höherer Konzentration enthalten als im Plasma, wie es schon LEHMANN und MEESMANN[2] feststellten und wie es einem Donnan-Gleichgewicht entspreche. Dieses gilt sowohl für Chlor wie für Brom; auch Bromid tritt vom Blut aus nicht nur in der Konzentration des Blutes in den Liquor über, sondern ist im Liquor in etwas höherer Konzentration enthalten als im Blut.

Eingabe in den Magen; nach 24 Stunden Entnahme von Plasma und Liquor, wenn nicht anders angegeben.

Ge-wicht	NaBr	Per os	Liquor		Plasma		Liquor Br : Cl	Plasma Br : Cl	Gesamt-halogene im Liquor in Proz. des Plasmas
			NaBr	NaCl	NaBr	NaCl			
g	ccm	%	%	%	%	%	Molen	Molen	
1900	150	2	0,332	0,562	0,291	0,474	25,3 : 74,7	26,0 : 74,0	122
3150	100	3	0,433	0,521	0,367	0,412	32,3 : 67,7	33,8 : 66,2	128
3600	100	3	0,219	0,479	0,163	0,424	20,9 : 79,1	18,0 : 82,0	116
nach 2 Tagen			0,127	0,556	0,076	0,515	11,6 : 88,4	9,0 : 91,0	113
2100	100	3	0,362	0,661	0,377	0,582	23,9 : 76,1	27,1 : 72,9	109
3500	100	3	0,224	0,670	0,224	0,564	16,1 : 83,9	17,1 : 82,9	104
10000	200	4	0,286	0,518	0,291	0,509	24,0 : 76,0	24,6 : 75,4	101
nach 3 Tagen			0,245	0,521	0,189	0,532	19,3 : 80,7	16,9 : 83,1	103
Terrier	200	3	0,201	0,511	0,255	0,518	19,2 : 80,8	22,0 : 78,0	96
nach 2 Tagen			0,235	0,500	0,204	0,459	21,2 : 78,8	19,3 : 80,7	105
nach 3 Tagen			0,194	0,600	0,158	0,477	15,6 : 84,4	16,7 : 83,3	124

Katzen: Zeilen 1900 bis 3500. Hunde: Zeilen 10000 bis nach 3 Tagen.

[1] MISLOWITZER, E.: Die Bestimmung der Wasserstoffionenkonzentration von Flüssigkeiten. Berlin: Springer-Verlag 1928, S. 277ff. — MISLOWITZER u. VOGT: Die Elektrotitration in physiologischen Flüssigkeiten. I. Mitt.: Die Bestimmung der Chloride im Blut und Serum. Biochem. Z. **159**, 80 (1925).

[2] LEHMANN u. MEESMANN: Über das Bestehen eines Donnan-Gleichgewichts zwischen Blut und Kammerwasser bzw. Liquor cerebrospinalis. Pflügers Arch. **205**, 210 (1928).

Aus dieser wirklich grundlegenden Arbeit geht mit Sicherheit hervor, daß das Bromid normalerweise vom Blut aus zum mindesten in gleicher Konzentration in den Liquor übertritt, gelegentlich sogar höhere Konzentrationen erreicht. Es würde sich somit bei normalem Verhältnis bereits ein Quotient von 1 : 1 ergeben und nicht von 3 : 1, wie er von WALTER angenommen wurde. Mit großer Wahrscheinlichkeit bestehen zwischen Plasma und Liquor cerebrospinalis dieselben Austauschverhältnisse, wie sie bei Kammerwasser beobachtet wurden. *Somit gestaltet sich die Bromverteilung zwischen Blut und Liquor erheblich anders, als sie von WALTER angenommen wurde. Daher ist leicht einzusehen, daß alle Ergebnisse, die bisher mit der WALTERschen Methode erzielt wurden, einer erneuten Nachprüfung bedürfen.* Auch sollte die Methode nur zu Forschungszwecken eingesetzt werden, wenn die Brombestimmung entsprechend abgeändert und verbessert ist.

Erwähnen müssen wir noch die *Uraninmethode,* die von JERSILD, THIEL, SCHÖNFELD, SCHALTENBRAND und PUTNAM angewandt worden ist. Sie hat sich nicht besonders bewährt, da sie mit dem Fehler einer zu großen Diffusibilität des Teststoffes behaftet ist. Die *Säure-Fuchsin-Methode* von FLATAU, die darin besteht, daß nach intramuskulärer Injektion von 5 ccm einer 5proz. Lösung von Säure-Fuchsin nach $1^1/_2$ bis 2 Stunden lumbalpunktiert wird, ist nicht als Permeabilitätsprobe verwendbar, da nur bei starker Erhöhung der Durchlässigkeit der Blutliquorschranke das Säure-Fuchsin in den Liquor übertritt und außerdem eine gleichzeitige Blutuntersuchung nicht möglich ist.

Eine andere Frage ist die, ob wir tatsächlich die sehr komplizierten biologischen Bedingungen der Schrankenfunktion mittels einer krystallinen Substanz allein erfassen können. Allem Anschein nach müssen wir mit einer physiologischen Permeabilität, d. h. vitalen Vorgängen, innerhalb der Blutliquorschranke rechnen, die mit einer sehr komplizierten Gesetzlichkeit ablaufen.

Die bisherigen Methoden galten der Prüfung der Durchlässigkeit der Blutliquorschranke; weitere Methoden sind eingeführt worden, um die Liquorbewegung vom Entstehungsort, dem Plexus, bis zu der Resorptionsstelle zu prüfen, ferner Anomalien der Sekretion und Resorption zu erfassen; insbesondere lassen sich durch die Kombination von Liquorpassage und Resorptionsprüfungen mit der Encephalographie wichtige diagnostische Rückschlüsse sichern. Wertvolle Ergebnisse wurden mit der von O. FÖRSTER angegebenen *Jodresorptionsmethode* erzielt. SCHWAB schreibt: „Zeigt das encephalographische Bild bei lumbaler Luftzufuhr einen Hydrocephalus internus, so ist damit ein Hydrocephalus occlusus ausgeschlossen. Erweist sich in einem solchen Falle mittels der Jod-Urinausscheidungsprüfung, daß eine normale Ausscheidung im Urin vorliegt, so können wir einen Hydrocephalus hypersecretorius als vorliegend annehmen."

Auch in solchen Fällen, in denen sich bei hirnatrophischen Prozessen Liquoransammlungen ex vacuo gebildet hatten, oder bei Meningitis serosa und Hydrocephalus externus, ließ sich durch den Ausfall der Jodresorptionsprüfung entscheiden, ob die Ursache der Liquorvermehrung an der Oberfläche des Gehirns auf Hypersekretion oder Resorptionsstörungen beruhe. Schwab beschrieb ferner im Zusammenhang mit den encephalographischen Befunden eine Reihe sehr eindrucksvoller Krankheitsbilder, z. B. Fälle von Arachnitis posttraumatica, mit Versagen der den Liquor resorbierenden Organe; hier deckte erst die Jodresorptionsprobe den patho-physiologischen Mechanismus auf, während die klinische Untersuchung keine sicheren neurologischen Ausfallserscheinungen hatte nachweisen können.

Die Passage- und Resorptionsproben stellen Methoden dar, die im Zusammenhang mit dem encephalographischen Befund zur Klärung einer Reihe unklarer Krankheitsbilder führen. Unseres Erachtens werden sie gerade zur Erkennung beginnender hydrocephalischer Störungen weitgehend Anhaltspunkte geben, zumal derartige Krankheitsbilder nicht unbedingt an das Auftreten eines röntgenologisch nachweisbaren Hydrocephalus gebunden sind. Denn erst, wenn ausgesprochene Veränderungen der Liquorsekretion, des Abflusses des Liquors und der Resorption bestehen, führen sie zu einem anatomisch nachweisbaren Substrat, eben der Erweiterung des Ventrikelsystems. Von Schaltenbrand und Tönnies ist neuerdings eine scharfe Unterscheidung zwischen dem anatomischen Tatbestand des Hydrocephalus und der sog. hydrocephalen Störung gemacht worden. Hieraus geht hervor, wie wertvoll eine empfindliche Methode ist, mit der Störungen der Liquorpassage und -resorption leicht erfaßt werden können. Von Foerster ist eine 10 proz. Jodnatriumlösung für derartige Proben verwandt worden.

Auch zur Erkennung von Störungen der Liquorresorption bediente er sich desselben Stoffes. Nach Einführung von 0,5—1,0 des Jods in die Liquorräume (Lumbalsack oder Ventrikel) war dieses eine halbe Stunde später im Urin zu finden. Mit der Jodmethode hat Foerster den Mechanismus aufdecken können, der beim Hydrocephalus aresorptivus vorliegt. Es waren Fälle, in denen sich die stark erweiterten Ventrikel bei lumbaler Encephalographie gut füllten. Ein Verschluß lag also nicht vor. Es zeigte sich aber, daß das in die Ventrikel eingeführte Jod nicht in den Urin überging. Foerster nahm ein völliges Versagen der liquorresorbierenden Organe an, als welche zur Hauptsache die Pacchionischen Granulationen in Betracht kommen, und zog daraus sehr wesentliche therapeutische Folgerungen.

Nun fragt sich, warum die beschriebenen Methoden zur Erfassung von Sekretions- und Resorptionsstörungen des Liquors, die fraglos eine ganze Reihe von bisher völlig unklaren funktionellen Störungen aufgedeckt haben, nicht in ausgesprochenerem Maße Eingang in die neurologische Diagnostik fanden. Anscheinend bestand eine Reihe von theoretischen Bedenken.

Die Resorptionsmethode von FOERSTER stellt in gewisser Weise eine Permeabilitätsprüfung dar. Sie ist allerdings eine Umkehrung des üblichen Prinzips, da sie statt des Überganges der Testsubstanz aus dem Blut in den Liquor den umgekehrten Weg Liquor—Blut—Urin prüft. Von WALTER sind verschiedene Faktoren erwähnt worden, die erkennen lassen, wie sehr das Resultat der Resorptionsprüfung mit Jodnatrium von einer Reihe von Dingen abhängt, die mit dem Stoffaustausch in der Richtung Liquor—Blut an und für sich nichts zu tun haben, aber zu erheblichen Fehlerquellen werden können. Er führte aus, daß der Liquor sicher mehrere Abflüsse habe, und erwähnt einmal den durch die PACCHIONISchen Granulationen, ferner die Diffusion durch die Liquor-Blutschranke. WALTER gibt zu, daß eine Verzögerung der Jodausscheidung im Urin durch eine Hemmung des Überganges des Teststoffes aus dem Liquor in das Blut hinein bedingt sein könne. Die Hauptfehlerquelle der Jodmethode bestände aber darin, daß ein weiteres Hemmungsmoment in dem Zwischenstück liege, das sich zwischen Blut und Urin befinde (Nierenschwelle, Jodspeicherung des Organismus). Es wurde ferner auf die außerordentliche Schwankungsbreite hinsichtlich der Speicherungsfähigkeit für per os oder intravenös zugeführte Substanzen hingewiesen. Das gelte auch für endolumbale oder intraventrikuläre Applikation. WALTER wirft ebenfalls ein, daß auch NIPPERT eindeutig gezeigt habe, wie verschieden das per os eingenommene Jod gespeichert bzw. ausgeschieden würde. HOFF und STRANSKY hatten bereits auf eine Verzögerung der Jodausscheidung bei Melancholischen und Luikern hingewiesen. NIPPERT fand Ähnliches bei Epilepsie und Schizophrenie. Er kam zu dem bemerkenswerten Ergebnis, daß die sog. Optimaldosis, d. h. diejenige Jodmenge, die noch gerade im Körper festgehalten wird, sehr wechselte; außerdem, daß die verschiedenartigsten Erkrankungen eine Steigerung der Optimaldosis um das 10—25fache bringen konnten. Je eingreifender und akuter eine Infektion war, desto höher lag die Optimaldosis. Auch ein operativer Eingriff bedingte ein Ansteigen.

Somit ist erwiesen, daß Prozesse, die mit dem Blut-Liquor-Austausch überhaupt nichts zu tun haben, Verhältnisse vortäuschen können, wie sie bei wirklichen Resorptionsstörungen des Liquors vorliegen. Von WALTER ist besonders der Einwand gemacht worden, daß die von FOERSTER angegebene Joddosis (0,02 g Jodnatrium) nur wenig über der durchschnittlichen Optimaldosis von NIPPERT liege. Man wäre also kaum in der Lage, eine Verzögerung der Jodausscheidung mit Sicherheit auf Störungen der Liquorresorption beziehen zu können.

Nun besteht unseres Erachtens ein derartig sinnfälliger Zusammenhang zwischen den von FOERSTER und SCHWAB veröffentlichten klinischen Befunden, den encephalographischen Bildern und den Ausfällen der Resorptions- und Passageprüfungen, daß die nachgewiesenen Störungen der Liquorresorption sicherlich nicht nur durch Faktoren vorgetäuscht wurden, die außerhalb des Stoffaustausches zwischen Blut und Liquor lagen. Andererseits kann man nicht leugnen, daß die Einwände von WALTER mindestens im Prinzip zu Recht bestehen. Man wird jedenfalls bei irgendwelchen interkurrenten Erkrankungen den negativen Ausfall eines Jodnachweises im Urin sehr vorsichtig beurteilen müssen und nicht ohne weiteres auf Störungen der Liquorresorption beziehen dürfen.

Von F. ROEDER wurde eine Methode beschrieben, die in keiner Weise den Hauptfehler der Jodmethode besitzt, d. h. die Abhängigkeit vom Speicherungsvermögen des Organismus und der Nierenschwelle. Es gelang, die Testsubstanz bereits nach ihrem Übergang aus dem Liquorraum im Blut und nicht erst im Urin nachzuweisen. *Dieses Verfahren verwandte als Testsubstanz radioaktives Thorium B.* Es ist sowohl als Passage wie auch als Resorptionsprüfung geeignet, doch mit Rücksicht auf die biologischen Auswirkungen der radioaktiven Testsubstanzen nur bei Tierversuchen zu verwenden. Der große Vorteil dieses Verfahrens gegenüber den Resorptionsprüfungen mit den in den Liquor eingeführten Farblösungen (Indocarmin, Methylenblau) oder Jodnatriumlösungen liegen auf der Hand, denn bei diesen Methoden muß immer erst ausgeschlossen werden, ob nicht eine Nierenschädigung die verzögerte Ausscheidung der Testsubstanz bedingt. Die Unabhängigkeit der Thorium B-Methode von der Nierenschwelle ist für das Ergebnis des Tierversuchs von besonderer Bedeutung.

8. Wassermannsche Reaktion.

Vorbemerkung. Bereits im Jahre 1906 wurde die WaR. in die Liquordiagnostik eingeführt mit dem Resultat, daß die Erkennung metaluischer Erkrankungen durch die Liquoruntersuchung weitgehendst gefördert wurde. Die Auswertung der WaR. im Liquor durch HAUPTMANN und HOESSLI stellte eine wesentliche Verfeinerung der Luesdiagnose dar. Die übliche Liquormenge von 0,2 ccm, die zur WaR. verwandt wird, enthält oft zu wenig Antikörper, um eine positive Reaktion zu ergeben.

Bei der Auswertung werden aufsteigende Liquormengen — 0,2; 0,6; 1,0 ccm — mit gleichbleibenden Antigen- und Komplementmengen angesetzt. Gelegentlich bekommt man mit den größeren Liquormengen noch positive Reaktionen, während die WaR. bei 0,2 negativ ist. Die einschlägige serologische Literatur gibt bezüglich der Technik der WaR. eingehende Hinweise, vor allem wird z. B. im Gesetz- u. Verordnungsbl.

für den Freistaat Bayern Nr. 34 vom 9. XI. 1934 eine eindeutige Vorschrift gegeben. Im Abschnitt 15 dieser Verordnung heißt es:

„Bei dem biologischen Charakter der Methode soll im übrigen der Erfahrung und dem Ermessen des Untersuchers ein gewisser Spielraum gelassen werden. Wenn daher die hier beschriebene Methodik als Mindestforderung für öffentliche und amtliche Untersuchungen betrachtet werden muß, so soll damit nicht ausgeschlossen werden, daß neben ihr bzw. zu ihrer Ergänzung auch andere bewährte Verfahren, z. B. die Verwendung größerer Mengen des Patientenserums, die Kältebindungsmethode, die Komplementbindung mit geringeren Komplementmengen (15- oder 20fach verdünntes Meerschweinchenserum) oder die Benützung konservierten Komplements angewandt werden können. Für alle derartigen auch zusätzlich ausgeführten besonderen Verfahren bleibt aber die grundsätzliche Verantwortung dem ausführenden Untersucher überlassen."

Gerade eine besondere Modifikation der WaR., die ROEDER zuerst von WENZLAU (Göttingen) vor einigen Jahren demonstriert wurde und die in der Deutschen Forschungsanstalt für Psychiatrie entwickelt worden ist, hat sich unseres Erachtens ganz besonders bewährt da sie durch subtile Einstellung des hämolytischen Systems besonders empfindlich gemacht werden konnte und schwach positive Fälle sicher erfaßt. *Diese Modifikation soll in folgendem eingehend besprochen werden, während hinsichtlich der Grundmethode auf die einschlägigen Lehrbücher der Serologie verwiesen werden muß.*

An *Instrumentarium* für die Durchführung der WaR. und der Flockungsreaktionen werden gebraucht:

1. Brutschrank, eingestellt auf 37°.
2. Eisschrank.
3. Heißluftsterilisator für die Glasutensilien.
4. Instrumentenkocher.
5. Zentrifuge mit elektrischem oder Wasserantrieb.
6. Wasserbad. (Ein in dem Wasserbad befindliches Gestell dient zur Aufnahme der Reagensgläser.)
7. Schüttelapparat.
8. Gefrierapparat (F. u. M. Lautenschläger). Entbehrlich.
9. Reagierglasgestelle.
10. Glasutensilien:
    a) Pipetten zu 0,1, 1, 2,5 (eingeteilt in 0,25 ccm), 5, 10, 20 ccm. Graduierung 1 : 100. Es ist darauf zu achten, daß die Graduierung bis zur Ausflußöffnung reicht.
    b) Meßzylinder zu 10, 20, 50, 100 ccm.
    c) Petrischalen.
    d) ERLENMEYERsche Kölbchen.
    e) Mehrere 1 l-Kolben zum Kochen der Kochsalzlösung.
    f) Zentrifugengläser verschiedener Größe.
    g) Reagiergläser verschiedener Größe.
    h) Glasperlen.
11. Mehrere Rekordspritzen.
12. Metallbüchsen zur Aufbewahrung der Pipetten.

a) Die Technik der Wassermannschen Reaktion (modifiziert).

Prinzip. Der Titer des Amboceptors wird von einem Versuch zum anderen nicht geändert, ebenso wird stets 8proz. Komplement verwendet. *Variiert wird nur die Hammelblutkonzentration.* Als Verdünnungsflüssigkeit wird 0,85proz. NaCl-Lösung verwandt.

Die Hammelblutkörperchen. Die roten Blutkörperchen sollen von gesunden Hammeln mit normalem Hämoglobingehalt stammen. Das Blut wird aus der Vena jugularis mittels einer großen Kanüle in eine weithalsige, etwa 100 ccm fassende sterile Flasche, die sterile Glasperlen enthält, aufgefangen, durch gründliches Schütteln defibriniert und im Eisschrank aufbewahrt. Das Blut wird am Versuchstage zentrifugiert. Das Serum wird dann abpipettiert und durch sterile Kochsalzlösung ersetzt. Die Blutkörperchen werden auf diese Weise etwa dreimal gewaschen und zentrifugiert, bis die über dem Bodensatz stehende Kochsalzlösung vollständig klar und farblos erscheint.

Zur Komplementbindung wird zunächst eine 10proz. Hammelblutkörperchen-Aufschwemmung hergestellt. Zu diesem Zweck pipettiert man die im Zentrifugenglas über den Hammelblutkörperchen stehende Kochsalzlösung ab, schüttet 10 ccm Hammelblutkörperchen in einen 100 ccm-Mischzylinder, füllt auf 100 ccm mit Kochsalzlösung auf und mischt durch vorsichtiges Schütteln. Diese Aufschwemmung wird durch einen doppelten Gazefilter filtriert, um evtl. vorhandene gröbere Teilchen zu entfernen.

Das Komplement. Das Komplement darf nur von gesunden Meerschweinchen stammen, die noch nicht zu Versuchen benutzt worden sind. Das Blut wird durch Herzpunktion von 2—3 verschiedenen Tieren gewonnen. Es wird nach Erkalten zentrifugiert. Aus dem Serum wird eine 8proz. Lösung mit Kochsalzlösung hergestellt.

Der hämolytische Amboceptor. Der Amboceptor wird in folgender Weise hergestellt: 3 ccm einer 50proz. Aufschwemmung gewaschener Hammelblutkörperchen werden einem Kaninchen in die Ohrvene eingespritzt. Nach 3 Tagen wird die intravenöse Einspritzung mit 2 ccm 50proz. Hammelblutkörperchen-Aufschwemmung wiederholt. Nach 3 bis 4 Tagen werden aus der Ohrvene etwa 3 ccm Blut abgenommen, das Serum wird inaktiviert ($\frac{1}{2}$ Stunde Wasserbad, 56°) und der Titer festgestellt. Enthält das Serum die nötige Menge Amboceptor, so wird das Tier durch Herzpunktion entblutet und das ganze Serum inaktiviert. Im Eisschrank aufbewahrt, behält das Serum viele Monate hindurch den gleichen Titer. Ist der Amboceptorgehalt zu gering, so wird die Injektion im Abstand von 3 Tagen so lange wiederholt, bis der Titer brauchbar ist. Es genügen meistens 3—4 Einspritzungen.

Amboceptoraustitrierung. Der Titer wird mit 6% Hammelblut und 8% Komplement nach folgendem Schema festgestellt:

Röhrchen	NaCl-Lösung zur Verdünnung ccm	Hämolytischer Amboceptor				NaCl-Lösung zur Auffüllung ccm	Komplement 8 proz. ccm	Hammelblutkörperchen-Aufschwemmung ccm
1	0,5	0,5 ccm 1 : 100		bleibt 0,5 ccm 1 : 200		1,0	0,5	0,5
2	0,5	0,5 ,, 1 : 150		,, 0,5 ,, 1 : 300		1,0	0,5	0,5
3	0,5	0,5 ,, aus Röhrchen	1	,, 0,5 ,, 1 : 400		1,0	0,5	0,5
4	0,5	0,5 ,, ,, ,,	2	,, 0,5 ,, 1 : 600		1,0	0,5	0,5
5	0,5	0,5 ,, ,, ,,	3	,, 0,5 ,, 1 : 800		1,0	0,5	0,5
6	0,5	0,5 ,, ,, ,,	4	,, 0,5 ,, 1 : 1200		1,0	0,5	0,5
7	0,5	0,5 ,, ,, ,,	5	,, 0,5 ,, 1 : 1600		1,0	0,5	0,5
8	0,5	0,5 ,, ,, ,,	6	,, 0,5 ,, 1 : 2400		1,0	0,5	0,5
9	0,5	0,5 ,, ,, ,,	7	,, 0,5 ,, 1 : 3200		1,0	0,5	0,5
10	0,5	0,5 ,, ,, ,,	8	,, 0,5 ,, 1 : 4800		1,0	0,5	0,5
11	0,5	0,5 ,, ,, ,,	9	,, 0,5 ,, 1 : 6400		1,0	0,5	0,5
12	0,5	0,5 ,, ,, ,,	10	,, 0,5 ,, 1 : 9600		1,0	0,5	0,5

Bei diesem Versuch werden zunächst in die Röhrchen 1—12 je 0,5 ccm 0,85 proz. Kochsalzlösung eingefüllt. Dann werden 0,5 ccm Amboceptorverdünnung 1 : 100 zu Röhrchen 1 hinzugefügt (Verdünnung 1 : 200), das Ganze durch etwa dreimaliges Aufziehen und Ausblasen mit der Pipette gut gemischt und davon 0,5 ccm in Röhrchen 3 übergefüllt und das Überpipettieren von 0,5 ccm bis Glas 11 fortgesetzt. Alsdann wird in gleicher Weise die Verdünnung des Amboceptors in der zweiten Röhrchenreihe (2—12), beginnend mit 0,5 ccm einer Verdünnung des Amboceptors 1 : 150, vorgenommen. In jedem der 12 Röhrchen sind nun 0,5 ccm Flüssigkeit enthalten, die jetzt mit 1 ccm Kochsalzlösung aufgefüllt werden, um das gleiche Mengenverhältnis wie im späteren Hauptversuch, bei dem noch Extrakt und Serum hinzukommen, herzustellen. Zum Schluß fügt man zu allen Röhrchen je 0,5 ccm 8 proz. Komplementverdünnung und je 0,5 ccm 6 proz. Hammelblutkörperchen-Aufschwemmung hinzu, so daß das Gesamtvolumen gleichmäßig in allen Röhrchen 2,5 ccm beträgt. Die Röhrchen werden im Brutschrank bei 37° eine Stunde lang gehalten. Nach dieser Zeit wird der sich ergebende Endtiter abgelesen. Als Gebrauchsdosis wird die gerade lösende Amboceptormenge mit 2 multipliziert, verwendet. Ist z. B. in Röhrchen 6 (1 : 1200) vollständige Lösung eingetreten, so ist die Gebrauchsdosis des Amboceptors 1 : 600, d. h. 0,15 ccm Amboceptor auf 90 ccm Kochsalzlösung.

Der Rinderherzextrakt. Es werden zwei verschiedene cholesterinierte Rinderherzextrakte (Fresenius, Hirschapotheke, Frankfurt a. M.) verwendet, 1 ccm Extrakt wird durch Zusatz von 5 ccm Kochsalzlösung in einem Erlenmeyerkölbchen verdünnt. Die Kochsalzlösung wird tropfenweise aus einer Bürette unter Schütteln des Kölbchens zugesetzt. Es ist wichtig, die Verdünnung der Extrakte immer gleichmäßig auszuführen.

Vor dem Hauptversuch werden zwei Vorversuche angesetzt, um die richtige Blutkonzentration festzustellen.

I. Vorversuch.

Röhrchen a.	*Röhrchen b.*
1　　ccm Kochsalzlösung	1,1 ccm Kochsalzlösung
0,5　,,　8 proz. Komplement	0,5　,,　8 proz. Komplement
0,5　,,　Amboceptorverdünnung	0,5　,,　Amboceptorverdünnung
0,5　,,　10 proz. Hammelblut-	0,4　,,　10 proz. Hammelblut-
aufschwemmung	aufschwemmung

$^3/_4$ Stunden Brutschrank 37°.

Bei richtiger Blutkonzentration müssen die Hammelblutkörperchen in Röhrchen a gelöst sein. Wenn die Lösung erst in Röhrchen b eingetreten ist, muß die Hammelblutaufschwemmung für die weiteren Versuche verdünnt werden, und zwar wird dann auf 4 Teile Hammelblutaufschwemmung 1 Teil Kochsalzlösung zugesetzt. Sollte in Röhrchen b auch keine vollständige Lösung eingetreten sein, so muß entsprechend mehr verdünnt werden, aber man muß immer an der oberen Grenze bleiben. Die weitere Versuchsanordnung gibt noch zweimal Gelegenheit, das Hammelblut zu verdünnen.

II. Vorversuch.

Ausprobieren der Extrakte mit bekannten Sera bzw. Liquores.

Es werden ein stark positives, ein schwach positives, ein negatives Serum und ein negativer Liquor angesetzt, und *zwar zweimal in gleicher Anordnung, also in zwei Gruppen.* Für jedes Serum bzw. jeden Liquor braucht man drei Röhrchen. Man füllt zuerst in Röhrchen 3 0,2 ccm Serum bzw. Liquor und setzt 0,8 ccm Kochsalzlösung hinzu (Verdünnung 1 : 5), dann füllt man in Röhrchen 1 und 2 je 0,25 ccm Extraktverdünnung und verteilt die Serum- bzw. Liquorverdünnung auf die drei Röhrchen. Dann wird das Komplement (0,25 ccm Komplementverdünnung in jedes Röhrchen) zugesetzt.

Röhrchen	Extraktverdünnung ccm	Serumverdünnung ccm	Komplementverdünnung ccm
1	I　0,25	0,25	0,25
2	II　0,25	0,25	0,25
3	—	0,5	0,25

Außerdem wird für jeden Extrakt eine Kontrolle ohne Serumverdünnung angesetzt.

0,25 ccm Extraktverd. + 0,25 ccm Kochsalzlösung + 0,25 ccm Komplementverd.

Für die erste Gruppe nimmt man die Hammelblutkonzentration, die man im I. Vorversuch als richtig gefunden hat, für die II. Gruppe verdünnt man das Hammelblut weiter um $^1/_5$, also:

<table>
<tr><td align="center">Gruppe I.</td><td></td><td align="center">Gruppe II.</td></tr>
<tr><td>5 ccm Hammelblut</td><td></td><td>4 ccm Hammelblut</td></tr>
<tr><td>5 „ Amboceptorverdünnung</td><td></td><td>1 „ Kochsalzlösung</td></tr>
<tr><td></td><td></td><td>5 „ Amboceptorverdünnung</td></tr>
</table>

Hämolytisches System für den zweiten Versuch. Der Vorversuch und das hämolytische System werden für $^3/_4$ Stunden in den Brutschrank, 37°, gestellt. Nach dieser Zeit wird in die eine Gruppe in jedes Glas 0,5 ccm des hämolytischen Systems von Gruppe I, in die zweite Gruppe 0,5 ccm des hämolytischen Systems von Gruppe II zugesetzt. Schütteln und eine Stunde Brutschrank. Nach 10, 20 und 30 Minuten wird kontrolliert, wie die Lösung vor sich geht. Nach einer Stunde müssen die negativen Fälle, die Serumkontrollen und die Extraktkontrollen vollständig gelöst sein. Wenn die Lösung in Gruppe I nicht komplett ist, dann ist die Blutkonzentration zu stark. Man stellt dann die Blutkonzentration für den Hauptversuch nach dem Ausfall der Reaktion in der Gruppe II ein, oder man wählt eine Zwischenverdünnung, indem man das Hammelblut statt um $^1/_5$ nur um $^1/_{10}$ verdünnt. Ging die Lösung zu rasch vor sich und fällt der schwach positive Fall negativ oder schwächer, als erwartet aus, so ist die Hammelblutkonzentration zu schwach.

Hauptversuch.

Das Patientenblut bzw. der Liquor wird zentrifugiert, bei 56° Wasserbad $^1/_2$ Stunde inaktiviert. Liquor wird sowohl aktiv als auch inaktiv angesetzt. Nur wo keine positive Reaktion zu erwarten ist, kann der Liquor *nur* aktiv angesetzt werden. Meningitisliquor und besonders stark eiweißhaltiger Liquor muß jedenfalls auch inaktiv angesetzt werden, weil in diesen Fällen unspezifische Reaktionen mit aktiven Liquor auftreten können.

Der Hauptversuch wird wie der Vorversuch II angesetzt: Zunächst wird in die Gläser der dritten Reihe 0,2 ccm Serum bzw. Liquor einpipettiert und mit 0,8 ccm Kochsalzlösung verdünnt (Verdünnung 1 : 5). Dann wird diese Verdünnung der Untersuchungsflüssigkeit verteilt: in die zwei oberen Reihen werden je 0,25 ccm eingefüllt, in der unteren, dritten, Reihe verbleibt 0,5 ccm als Serum- bzw. Liquorkontrolle. In die erste Reihe wird 0,25 ccm Extraktverdünnung I und in die zweite Reihe 0,25 ccm Extraktverdünnung II eingefüllt. Dann wird in sämtliche Gläser 0,25 ccm 8proz. Komplementverdünnung einpipettiert.

Röhrchen	Serumverdünnung ccm	Extraktverdünnung ccm	Komplementverdünnung ccm
1	0,25	0,25	0,25
2	0,25	0,25	0,25
3	0,5	—	0,25

Liquores werden außerdem noch in zwei weiteren Konzentrationen angesetzt:

Glas 4:   0,15 ccm Liquor   0,1 ccm NaCl-Lösung   0,25 ccm Extraktverdünnung I
          + 0,25 ccm Komplement

Glas 5:   0,25 ccm Liquor   —   0,25 ccm Extraktverdünnung I
          + 0,25 ccm Komplement

Nach 1 Stunde Brutschrank Zusatz von 0,5 ccm hämolytisches System.

Zum Hauptversuch kommt noch eine Kontrollreihe hinzu: ein stark positives, ein schwach positives, ein negatives Serum und ein negativer Liquor werden mit angesetzt.

Ferner eine Systemkontrolle in vier Gläsern:

Röhrchen	Kochsalzlösung ccm	Komplementverdünnung ccm	Amboceptorverdünnung ccm	Hammelblut ccm
1	1,0	0,5	0,5	0,5
2	1,25	0,5	0,25	0,5
3	1,0	0,5	Nach 1 Std. Brutschrank 1,0 ccm System	
4	1,5	0,5	—	0,5

Als Extraktkontrolle werden für jeden Extrakt zwei Röhrchen angesetzt:

Röhrchen	Extraktverdünnung ccm	NaCl-Lösung ccm	Komplementverdünnung ccm
1	0,25	0,25	0,25
2	0,5	—	0,25

Nach 1 Stunde Brutschrank Zusatz von 0,5 ccm hämolytisches System.

Vor dem Zusetzen des hämolytischen Systems zum Hauptversuch wird nachgesehen, ob in Röhrchen 1 der Systemkontrolle die Hämolyse komplett ist. Ist dies nicht der Fall, so ist das Hammelblut zu konzentriert. Man kann dann noch ein letztes Mal verdünnen, und zwar setzt man zum System zu gleichen Teilen Kochsalzlösung und Amboceptorverdünnung hinzu; z. B. bei 100 ccm System setzt man 5 ccm Amboceptorverdünnung und 5 ccm Kochsalzlösung hinzu und füllt dann erst den ganzen Versuch auf.

Nachdem das hämolytische System eingefüllt ist, werden die Gestelle energisch geschüttelt und wieder in den Brutschrank gestellt. Nach 45 Minuten und einer Stunde wird nachgesehen. Wenn die bekannten Kontrollsera voll reagiert haben, kann die Hämolyse als beendet angesehen und das Ergebnis abgelesen werden.

Die doppelte Extraktkontrolle (Röhrchen 2 der Extraktkontrolle) braucht nicht gelöst zu sein, ebenso kann Röhrchen 2 der Systemkontrolle noch eine geringe Hemmung der Hämolyse aufweisen. Vollständig ungelöst muß Röhrchen 4 der Systemkontrolle sein, da ja hier kein Amboceptor vorhanden ist.

Nach der ersten Ablesung des Versuchs kann nach 24 Stunden zur Kontrolle eine zweite Ablesung erfolgen.

Eine Verstärkung der Reaktion im Serum wird durch die Kältebindung erreicht.

Dieser Versuch, den man *neben* dem Hauptversuch ausführt, wird wie dieser angesetzt. Die Systemkontrolle wird hier weggelassen.

Die Bindung erfolgt im Eisschrank bei etwa +4°. Nach einer Stunde wird das System zugesetzt und der Versuch in den Brutschrank gestellt. Die Hämolyse geht hier langsamer vor sich, der Versuch kann erst nach etwa $1^1/_2$ Stunden Brutschrankaufenthalt abgelesen werden. Für Liquores eignet sich die Kältemethode weniger. Erst durch Zusatz von Serum kann man brauchbare Resultate erzielen[1].

Grade der Hämolyse. Komplett, Spürchen, Spur = negativ.

Fast komplett, inkomplett = zweifelhaft.

Kleine Kuppe, Kuppe = schwach positiv.

Große Kuppe, sehr große Kuppe = mittelstark positiv.

Fast Null, Null = stark positiv.

Die Spezifität der WaR.[2] für die Syphilis erfährt für den Liquor weniger Einschränkungen wie für das Serum. Beim Liquor sind es eigentlich nur Ausnahmefälle, z. B. sehr eiweißreiche, vor allem meningitische Liquores, bei denen unspezifische positive Resultate auftreten. Im Liquor wird dahingegen die WaR. bei Scharlach nicht festgestellt, während sie im Serum in einem kleinen Teil der Fälle zu Anfang der Erkrankung positiv ist.

Bei Framboesia tropica ist die Reaktion zuweilen im Blut gefunden worden, ebenso bei der Schlafkrankheit. Bei Schlafkranken sind auch im Liquor in einigen Fällen reagierende Substanzen beobachtet worden; die bisherigen Untersuchungen gestatten ihrer geringen Ausdehnung wegen allerdings nicht zu beurteilen, inwieweit ihr Vorkommen im Liquor etwas Gesetzmäßiges ist.

Bei Malaria beobachtet man nicht so selten im Serum positive Reaktionen. Am wesentlichsten ist, daß bei den in unseren Zonen vorkommenden einheimischen Nerven- und Geisteskrankheiten der Liquor frei von Wassermann-Reaginen ist, und das gelegentliche Auftreten derartiger Stoffe bei Schlafkrankheit wie auch bei Lepra kann zu keinerlei diagnostischen Irrtümern führen.

---

[1] Vgl.: Anwendung der Kältebindung bei der WaR., Z. Neur. **138**, H. 2 (1932).

[2] Über Korkverschlüsse an Versandgläsern: Beeinträchtigung der WaR. und anderer Reaktionen durch Austritt von Gerbsäure aus Korkstopfen von Versandgläsern. Münch. med. Wschr. **1931**, Nr 27, 1125 — Kork und Komplementbindung. Bakt. I Orig. **126** (1932).

b) Nebenreaktionen.

Meinickes Klärungsreaktion (MKR.) im Liquor.

Die Angaben über die herzustellende Verdünnung des käuflichen Extraktes für die MKR. II (Adler-Apotheke, Hagen i. Westf.) sind der jedem Extrakt beigegebenen Arbeitsvorschrift zu entnehmen.

Man verwendet die gleiche, ohne Soda bereitete, nachgereifte Extraktverdünnung wie für die Hauptserie der Serumversuche. Im ersten Versuchsröhrchen gibt man zu 0,25 ccm des aktiven Liquor 0,05 ccm Extraktverdünnung, im zweiten zu 0,1 ccm Liquor 0,2 ccm der Extraktverdünnung. Nach dem Einpipettieren werden die Versuchsgestelle gut durchgeschüttelt und bleiben, wie es bei der Klärungsprobe beschrieben ist, über Nacht stehen. Am anderen Tage sieht man die gebildeten Sedimente von unten her an[1].

Müller-Ballungsreaktion II (MBR. II) im Liquor.

Als Ballungsreagens dient ein Cholesterinester, ein eingeengter Alkoholextrakt aus Rinderherz. Die Herstellung eines für die Reaktion geeigneten kolloidalen Antigens geschieht durch Verdünnung mit alkalischer Kochsalzlösung. Danach ist Reifung durch 10 Minuten nötig. Um verläßliche Resultate zu erzielen, ist es erforderlich, sich streng an die jedem Extrakt mitgegebene Vorschrift zur Bereitung des Antigens aus dem Ballungsreagens zu halten. (Ballungsreagens wird von Schering-Kahlbaum, Berlin, geliefert.)

Für die Durchführung der Reaktion im Liquor verwenden wir seit Jahren folgenden Ansatz[2]:

0,3 ccm inaktivierten Liquors werden mit 0,025 ccm Antigen gemischt. Der weitere NaCl-Zusatz entfällt bei Liquor. Die Antigenbereitung ist dieselbe wie bei der Serumuntersuchung; es empfiehlt sich, das Ballungsreagens im Brutschrank bei 37° aufzubewahren.

Beurteilung der Resultate. Die nach längstens 3—4 Stunden deutlich ballenden Reaktionen bezeichnet man als komplette oder $+++$ Reaktionen. Die zu dieser Zeit noch nicht geballten Reaktionen, die jedoch deutliche, lockere, gröbere Flocken zeigen und am nächsten Tag ein Ballungsbild geben, bezeichnet man als $++$. Fälle, die zwar nach 3 Stunden noch negativ, aber am nächsten Tag einwandfrei geballt sind, als $+$. Als $\pm$ können Fälle angesehen werden, die auch am Tage nach

---

[1] Wir beschränken uns auf die Wiedergabe einer Modifikation, die sich praktisch gut bewährt hat. Die Einzelheiten der Reaktion sind der jedem Extrakt beigegebenen Arbeitsvorschrift zu entnehmen.

[2] Die Originalmethode verwendet doppelte Mengen (0,6 ccm Liquor und 0,05 ccm Antigen). Im Interesse der Liquorersparnis verwenden wir halbe Mengen, die verwandten Röhrchen sind entsprechend kleiner. A. J. Peterson: Z. Neur. **139**, 193 (1932), hat aus dem Serologischen Institut der Deutschen Forschungsanstalt für Psychiatrie über diese Modifikation berichtet.

dem Versuchsbeginn nur größere, lockere Flocken, aber kein deutliches Ballungsbild geben. Durch diese *zeitlich* differenzierte Ablesung ist eine quantitative Beurteilung in einem einzigen Röhrchen möglich.

Die MBR. II bildet eine notwendige Ergänzung zum Liquor-Wassermann gerade bei Wassermann-schwach positiven Fällen. Bei nichtsyphilitischen organisch-neurologischen Erkrankungen, die deutliche Kolloidreaktionen zeigen, z. B. der multiplen Sklerose, reagiert die MBR. negativ.

KAHN-Reaktion auf Syphilis im Liquor.

Die Reaktion wird mit dem durch Halbsättigung mit Ammonsulfat isolierten *Liquorglobulin* durchgeführt. Als Antigen findet ein cholesterinisierter Rindersherzextrakt[1] Verwendung.

Das Antigen behält, bei Zimmertemperatur — nicht im Eisschrank — unter Lichtabschluß aufbewahrt, seinen Titer unverändert. Die Flasche soll stets durch einen in Stanniol eingewickelten Stopfen verschlossen sein, damit durch den Alkohol keine die Reaktion störenden Stoffe aus dem unbedeckten Stopfen extrahiert werden. In der Kälte können Cholesterinflocken ausfallen, die sich aber nach kurzer Zeit durch leichtes Umschwenken im Wasserbad von 56° wieder restlos auflösen lassen.

Alle für die Reaktion benutzten Glasgefäße müssen nicht steril, aber chemisch rein sein. Es empfiehlt sich, die Glassachen von Zeit zu Zeit mit Bichromat-Schwefelsäure zu reinigen.

Ausführung. Zunächst werden in einem Zentrifugierröhrchen zu 1,5 ccm zentrifugierten Liquors 1,5 ccm chemisch reine, gesättigte Ammonsulfatlösung hinzugesetzt, das Ganze nach kräftigem Umschütteln 15 Minuten lang in ein Wasserbad von 56° gestellt und dann scharf zentrifugiert. Die überstehende Flüssigkeit wird abgegossen und aus dem umgekehrt gehaltenen Röhrchen mit Fließpapierstreifen möglichst restlos abgesogen. Das Sediment wird nun in 0,15 ccm physiologischer Kochsalzlösung aufgenommen und diese Globulinlösung zu 0,01 ccm des nach dem Titer mit Kochsalz verdünnten und 10 Minuten lang gereiften Antigens hinzugefügt. Nach 3 Minuten langem Schütteln kommen noch 0,5 ccm Kochsalzlösung hinzu, und nach weiterem Umschütteln wird das Resultat abgelesen.

Die Ablesung erfolgt zunächst mit dem bloßen Auge, also so erkennbare Flockungen gelten ohne Rücksicht darauf, ob sie grob oder ganz fein sind, als ++++. Schwächere Flockungsgrade werden mit Hilfe einer 6fachen Lupe erkannt und entsprechend vom +++ bis + bewertet. Negative Reaktionen weisen keinerlei Flockung auf.

Die Flockungsreaktion nach SACHS-GEORGI (SGR.).

Die Flockungsreaktion nach SACHS-GEORGI wird am besten mit steigenden Liquormengen angesetzt. In je ein Reagensglas kommen 0,5, 1,0 und 1,5 ccm inaktivierten unverdünnten Liquors, dazu je 0,75 ccm der Extraktverdünnung (mehrfach mit 0,85proz. NaCl-Lösung verdünnter alkoholischer cholesterinisierter Rinderherzextrakt). Die Röhrchen werden durchgeschüttelt, kommen für 2 Stunden in den Brutschrank und stehen dann über Nacht bei Zimmertemperatur. Die Flockung wird im Agglutinoskop abgelesen.

---

[1] Der Originalextrakt wird von der Chem. Fabrik und Seruminstitut „Bram", Berlin-Zehlendorf, hergestellt.

Citocholreaktion nach H. Sachs und E. Witebsky.

1. Der Liquor muß blutfrei und klar sein; er ist durch halbstündiges Erhitzen auf 55° zu inaktivieren.

2. Der besondere Liquor-Citochol-Extrakt wird mit gleichen Teilen 0,9% Kochsalzlösung rasch verdünnt und ist nach einer Minute langem Reifen gebrauchsfertig.

3. Zur Citicholreaktion werden je 0,5 ccm des inaktivierten Liquor mit 0,1 bzw. 0,05 bzw. 0,025 ccm der Extraktverdünnung gemischt. Bei Materialmangel können die Mengen auf die Hälfte vermindert werden.

Die Gemische werden eine Minute lang gründlich geschüttelt.

Ablesung sofort, evtl. nochmals nach mehrstündigem Aufenthalt bei Zimmertemperatur. — In zweifelhaften Fällen dient das Agglutinoskop als Hilfsmittel.

c) Boventer-Chediak-Reaktion.

Chediak hat Blutstropfen auf einem Objektträger angetrocknet und zur Syphilisdiagnose verwandt. Diese Methode wurde von Boventer[1] modifiziert und zu einer Mikro- und Schnellreaktion für den Liquor ausgebaut. Es wird ein Tropfen Liquor mit dem Extraktgemisch der Meinickeschen Klärungsreaktion vermengt. Das Resultat ergibt sich nach einstündigem Verweilen des Objektträgers in einer feuchten Kammer. D. Gigante hat die Reaktion nachgeprüft. Sie stimmte mit der MKR. in den Resultaten überein[2].

Es empfiehlt sich, bis zur Erhebung des Resultates 2—3 Stunden zu warten. Die Untersuchung findet bei einfacher Dunkelfeldbeleuchtung statt. Zur Unterscheidung einer syphilitischen von einer sonstigen Meningitis eignet sich die Methode nicht, weil sich bei diesen Fällen gelegentlich eine unspezifische MKR. ergibt. Die Methode genügt zu Stichproben, auch zu Reihenuntersuchungen. Dabei aber ist es notwendig, daß der Liquor nach den sonst üblichen Methoden genau untersucht wird.

9. Cytologie.
a) Normaler Liquor.

Der normale Liquor des Menschen enthält eine sehr geringe Zahl von Zellelementen. Abgesehen davon, daß ein oder das andere rote Blutkörperchen vorhanden ist, finden sich Zellen, die den *kleinen Lymphocyten* des Blutes ähnlich sind. Diese Ähnlichkeit zeigt sich nicht nur im Aussehen bei entsprechender Färbung, sondern auch in der Größe. Sie sind charakterisiert durch einen runden, länglichen oder auch eingekerbten Kern, der von einer dünnen Schichte Protoplasma eingehüllt ist. Ungefähr in gleicher Zahl finden sich größere Zellen, etwas größer wie rote Blutkörperchen, welche einen dementsprechend größeren Kern enthalten. Dieser Kern ist in der Regel stark eingekerbt, wurstförmig und schwächer gefärbt. Diese zweite Sorte von Zellen, welche man als *große Lymphocyten* bezeichnen kann und die

---

[1] Z. Immun.forsch. **96**, 166 (1939).   [2] Z. Immun.forsch. **98**, 181 (1940).

ein Vorbild im Blut nicht haben, sind genetisch wahrscheinlich Abkömmlinge der erstgenannten kleinen Lymphocyten (REHM). Sie weichen in ihrer Gestalt insofern häufig ab, als sie eine längliche Form annehmen, so daß also auch der Kern in die Länge gezogen erscheint und das Protoplasma an den beiden Polen ausgezogen ist, so daß man von *geschwänzten Zellen* spricht. Die Größenveränderung sowie die geringere Ansprechbarkeit für Farbe könnte daran denken lassen, daß diese Form der großen Lymphocyten eine physiologische bzw. biologische Wachstumsbzw. Altersveränderung darstellt. Gelegentlich findet man einen, wie es scheint, weiteren Schritt in der Entwicklung der Zellreihe, indem der Plasmaleib gegenüber dem Kern an Größe zunimmt und wabige Struktur erhält. Damit nimmt die Zelle eine Funktion auf, welche der Verdauung aufgenommener kolloidaler Stoffe dient. Diese Kolloide bestehen allem Anschein nach aus einem Gemenge von Eiweiß und Lipoiden in einer nicht ersichtlichen Proportion.

Die *Zahl der Zellen* im *normalen* menschlichen Liquor beträgt bis zu höchstens 15/3 im Kubikmillimeter. Selbstverständlich gibt es keine absolut sichere Begrenzung der Zahl; es handelt sich eben nur um einen Anhaltspunkt bzw. um eine Breite, in welcher erfahrungsgemäß die nichtliquorkranken Fälle liegen (Streuungsbreite nach W. SCHEID).

Über den normalen Liquor des Tieres bzw. die dem normalen entsprechenden Zahlenverhältnisse ist Endgültiges nicht zu sagen. Entsprechende einschlägige Untersuchungen sind nicht vorhanden. Beim Hund beträgt der Zellgehalt normalerweise 15/3 (VUILLAUME), APELT fand 12—15/3 Zellen bei gesunden Hunden. Sonst sind Zellzahlen nur noch von Kaninchen bekannt, nämlich 3/3 (YAMA-OKA); ZEKI, der den normalen Kaninchenliquor sehr sorgfältig untersucht hat, findet durchschnittlich 8/3 Zellen innerhalb einer Schwankungsbreite von 1 bis 25/3. Beim Pferd, Rind und Kaninchen handelt es sich im wesentlichen um kleine Lymphocyten. Dabei ist zu bemerken, daß sowohl beim Pferd wie beim Rind, auch wenn sie hinsichtlich des Zentralnervensystems „gesund" erscheinen, und fast regelmäßig überhaupt bei jüngeren Tieren, sich eine durch Lymphocyten und Histiocyten hervorgerufene Zellvermehrung findet.

O. REHM nimmt an, daß diese Pleocytosen sehr wohl der Ausdruck durchgemachter Infektionen, evtl. auch von Viruskrankheiten sein können. Jedenfalls ist es aber so, daß man aus dem Vorhandensein einer solchen Pleocytose nicht auf eine akute Erkrankung des Zentralnervensystems schließen darf. Weitere Untersuchungen sind notwendig.

Die genannten Histiocyten sind Bindegewebsabkömmlinge, d. h. sie sind der Indicator einer bindegewebigen Veränderung irgendeiner Stelle der weichen Hirnrückenmarkshäute. Entsprechend der bekannten Form der Bindegewebszellen sind sie erheblich größer als Lymphocyten; sie haben einen verhältnismäßig großen Kern, der blaß gefärbt erscheint, mit einem meist sehr großen Kernkörperchen. Der Kern ist insbesondere bei den Fibroblasten scharf konturiert. Der Zelleib zeigt eine oft unscharfe Wabenbildung mit verschieden großen Vakuolen.

Die Untersuchung des Liquors hinsichtlich der Zählung der Zellen und morphologischen Einteilung derselben findet folgendermaßen statt: Die Zellzahl wird in einer Zählkammer bestimmt, zu welchem Zwecke in Deutschland die Fuchs-Rosenthalsche Zählkammer, welche Zeiss in Jena herstellt, benutzt wird. Ausländische Autoren verwenden die von Nageotte oder die von Jessen angegebene Kammer. Zur Färbung dient eine Methylviolettlösung (Methylviolett 0,1; Aq. dest. 50,0; Acid, acet. glac. 2,0). Bei längerem Stehen des so gefärbten Liquors in der Zählkammer können Schwierigkeiten in der Unterscheidung von Lymphocyten und roten Blutkörperchen entstehen, deshalb empfiehlt Neidhardt, der Methylviolettlösung Saponin (0,2) zuzufügen, welches die roten Blutkörperchen rasch zerstört.

Es ist von großer Wichtigkeit, den Liquor sofort am Krankenbett nach der Punktion in die Zählkammer zu füllen, weil durch längeres Stehen die Zellen sedimentieren. Empfehlenswert ist es, ein paar Tropfen Liquor direkt aus der Nadel in ein Uhrschälchen aufzufangen und dann sofort in die Pipette aufzunehmen. Die Zählkammer wird ganz durchgezählt und zur Kontrolle auch eine zweite Zählkammer durchsucht.

Zählung der Liquorzellen. Die zur Zählung von uns verwandte Fuchs-Rosenthalsche Kammer hat folgende Ausmaße: Ihre Höhe beträgt 0,2 mm, sie ist in 16 große Quadrate eingeteilt, die je in 16 kleine Quadrate weiter unterteilt sind. Die Größe des gesamten Zählnetzes beträgt 16 qmm, die Tiefe der Kammer 0,2 mm, der Rauminhalt berechnet sich auf 3,2 cmm. Wir zählen die ganze Kammer durch; die sich ergebende Zellzahl müßte durch 3,2 dividiert und mit 11/10 (der Verdünnung) multipliziert werden, um die Zellzahl in einem Kubikmillimeter Liquor zu erhalten. In der Praxis wird durch 3 dividiert.

Man verwendet die Mischpipette für Leukocyten, saugt bis zur Marke 1 die Zählflüssigkeit, bis zur Marke 11 Liquor auf, mischt gut durch und beschickt dann die Zählkammer. Die ganze Kammer wird durchgezählt und die gefundene Zahl durch 3 geteilt.

Bemerkt muß noch werden, daß die verwandte Essigsäure genügend stark zu nehmen ist und die Menge der zugesetzten Methylviolettlösung nicht zu groß sein darf, da sich sonst im Liquor evtl. vorhandene Erythrocyten blau anfärben.

Zur Vermeidung des etwas umständlichen Arbeitens mit einer Mischpipette wird evtl. dazu geraten, daß sofort nach der Liquorentnahme mittels einer Capillarpipette 10 Tropfen Liquor (bei unblutigem Liquor die ersten) in ein Gläschen gebracht werden und mit derselben Pipette ein Tropfen der Mischflüssigkeit hinzugesetzt wird. Der Vorteil besteht darin, daß geringere Liquormengen gebraucht werden als mit der Leukocytenpipette, fernerhin ist der Liquor mit einem Fixiermittel versehen, so daß die Zellen nicht mehr zerfallen und der Liquor nun zu jeder Zeit gezählt werden kann. Aufschütteln und Aufmischen vor der Zählung darf nicht vergessen werden.

Zur Durchführung der Zellzählung bei blutigem Liquor kann man einen Tropfen Kochsalzlösung dem Liquor zusetzen, rote und weiße Zellen zählen, ihr Verhältnis bestimmen und mit jenem im Blut zu vergleichen.

Schon in der Zählkammer kann man einige Formen unterscheiden. Abgesehen von den roten Blutkörperchen, welche sich durch einen stark lichtbrechenden Rand, der auch stärker wie der Inhalt der Zelle gefärbt ist, auszeichnen, finden sich große und kleine Lymphocyten, von denen letztere größer als ein rotes Blutkörperchen sind. Normalerweise sind keine anderen Zellformen vorhanden. In krankhaften Fällen finden sich polynucleäre Leukocyten, ferner große Zellelemente und Freßzellen. Nicht selten sieht man rundkernige Zellen mit Fetzen von Protoplasma, offenbar das Resultat nicht bekannter kolloidaler Spannungsverhältnisse im Liquor.

Eine morphologische Untersuchung der Zellen ist in der Zählkammer nur in ganz groben Umrissen möglich; deshalb ist in allen dem Normalen nicht entsprechenden Fällen eine besondere Untersuchung der Zellen evtl. durchzuführen.

Es wird dazu eine weitere Portion Liquor für die feinere histologische Untersuchung verwandt: In einem Zentrifugiergläschen befinden sich etwa 3 ccm 96proz. Alkohol; dieses zu etwa einem Drittel gefüllte Glas wird mit dem aus der Punktionsnadel entfließenden Liquor gefüllt. Bei stark eiweißhaltigem Liquor genügen einige Tropfen, bei wenig eiweißhaltigem bedarf man einiger Kubikzentimeter; denn im Alkohol findet eine Eiweißfällung bzw. -ausflockung statt, die je nach der Menge des Eiweißes gering oder stark ist. Ist die im Liquor enthaltene Eiweißmenge so gering, daß ein Sediment nicht erhalten wird, so kann man sich helfen, indem man einen Tropfen Hühnereiweiß oder, weil dabei die Ausflockung sehr grob ist, einen Tropfen vollkommen blutkörperfreien Blutserums, am besten von derselben Person, beifügt.

Dieser mehr oder weniger flockige Liquor wird nun in einer Zentrifuge mindestens 15 Minuten scharf zentrifugiert. Es bildet sich in der Kuppe des Glases ein mehr oder weniger großer weißer Niederschlag. Nun wird der 96proz. Alkohol mit absolutem Alkohol getauscht; nach 3 Stunden wird statt letzterem Äther-Alkohol aufgegossen. Mit einer sterilen Platinöse kann man das Sediment im allgemeinen leicht von der Glaswand lösen und in dünne Celloidinlösung überführen. Auch hier bleibt das Präparat ein paar Stunden, kommt für kurze Zeit in dicke

7*

Celloidinlösung, wird dann auf ein Holzklötzchen geklebt und nach histologischen Grundsätzen weiter behandelt.

Die Schnitte sind möglichst dünn, um die Durchfärbung zu erleichtern; sie werden in 70proz. Alkohol überführt, in dem sie für einige Zeit aufbewahrt werden können. Die zu färbenden Schnitte werden in Methylalkohol überführt, um das Celloidin zu entfernen, und in 70proz. Alkohol zurückgeführt.

Im folgenden werden die nach Rehm besonders bewährten Färbemethoden der Liquorzellen angeführt.

1. *Toluidinfärbung.* Die von Nissl zur Darstellung der Kerne vorzugsweise benutzte Färbemethode ist nicht zu entbehren: Überführung des Schnittes mit einem Häkchen in die in einem Uhrschälchen befindliche Farbflüssigkeit; Erwärmen bis zum Beginn der Wolkenbildung über der Gasflamme; Überführung in Anilinölalkohol; Überführung auf den Objektträger, sorgfältiges Abtrocknen mit Fließpapier; Auffüllen einiger Tropfen von Cajeputöl; Entfernung des Öles durch mehrmaliges Schwenken aufgetropften Xylols; Canadabalsam; Deckgläschen.

2. *Hämatoxylinfärbung.* Wie oben leichtes Erwärmen; Waschen in Aq. dest.; absoluter Alkohol; Xylol usw. Diese Färbung ergänzt die vorige durch schönes Herausarbeiten des Cytoplasmas.

3. *Carbol-Methylgrün-Pyronin-Färbung nach* Unna-Pappenheim. Diese Methode ist zur Differenzierung von Kern und Plasma und auch zur Darstellung der Kernkörperchen geeignet. Sie diente usprünglich nach den Angaben von Unna zur Darstellung der „Schaumzellen“, die mit den Plasmazellen identisch sind. Die Methode findet aber auch Verwendung bei der Darstellung acidophiler Zellbestandteile, etwa bei Viruskrankheiten. Ausführung der Methode wie bei der Hämatoxylinfärbung. Das Präparat muß eine blaßrote Färbung zeigen.

Eine Schwierigkeit besteht darin, daß die Mischung Methylgrün und Pyronin nicht immer glückt, so daß sehr leicht das Pyronin überwiegt und dadurch die schöne und gewünschte blaurote Differenzierung zugunsten des Rot beeinträchtigt wird. (Man muß sich von der Fabrik die Mischung zur Zellfärbung und nicht für Gewebefärbung bestellen.)

4. *Phloxin-Methylenblau-Färbung* (Rehm). Überführung des Schnittes mit dem Spatel und einigen Tropfen Alkohol auf den Objektträger; sorgfältiges Ausbreiten des Schnittes; Absaugen des Alkohols bis auf einen geringen Rest mit Fließpapier; leichtes Erwärmen des Objektträgers mit dem Präparat bis zur Verdunstung des Alkohols. Der Schnitt ist jetzt auf dem Objektträger genügend fixiert.

Einige Tropfen Methylenblaulösung (Löffler) auf den Objektträger, 2 Minuten Färben, dann kurzes Erwärmen des Präparates mit Vorsicht bis zum Beginn einer Rauchbildung. Rasches Abgießen des Farbüberschusses; schnelles Abwaschen durch Abrieseln mit destilliertem Wasser; Trocknen des Objektträgers um das Präparat herum; einige Tropfen saurer Alkohol, dadurch Entfärbung auf Blaßblau, Abgießen. Trocknen des Objektträgers, einige Tropfen Phloxin (60,0 gesättigte Phloxinlösung in 95proz. Alkohol, 60,0 Aq. dest.), 2 Minuten Färben, leichtes Erwärmen, rasches Waschen mit Aq. dest., alkalischer Alkohol bis zur Entfärbung auf Blaurot; zweimaliges Übergießen mit Alcoh. absolut., nicht zu kurz; Xylol, Canadabalsam.

Diese Färbung stellt sehr schön die acidophilen und die basophilen Bestandteile der Zelle heraus. Der wesentliche Zweck ist die Darstellung acidophiler Einschlußkörperchen bei Viruskrankheiten. Es steht natürlich im Belieben des Untersuchers, die Giemsa-Färbung oder Differentialfärbungen, wie May-Grünwald, Carbol-Fuchsin-Methylenblau nach Ziehl-Nielsen oder die Lenzsche Färbung anzuwenden.

b) Pathologischer Liquor.

Die erste Zellart, die sich krankhafterweise im Liquor finden, sind die *Erythrocyten*. Sie verändern im Liquor sehr rasch ihre Form; oft schrumpfen sie, oft werden sie größer und erscheinen manchmal als wabige Gebilde, die aber natürlich kernlos sind. Sie haben die Neigung, rasch zu verfallen, und bilden so manchmal einen Pigmenthaufen. Bei der Tendenz des Liquors, mit pathologischen Bestandteilen rasch aufzuräumen, werden die roten Blutkörperchen und ihre Zerfallsprodukte von den dazu bestimmten bindegewebigen Zellen aufgenommen (Freßzellen).

Die *polynucleären Zellen* (*Leukocyten*) kommen sehr wahrscheinlich aus dem Blut. Entweder sind sie gleichzeitig und in entsprechendem Zahlenverhältnis mit den roten Blutkörperchen in den Liquor eingetreten, oder sie sind das Ergebnis einer akuten Entzündung an den Wänden des Liquorraumes und so ebenfalls indirekt Blutabkömmlinge. Ihre Größe und färberischen Eigenschaften entsprechen denen des Blutes. Bei bestimmten Prozessen werden die Kerne pyknotisch. „Gealterte" Leukocyten verlieren ihre Färbbarkeit, insbesondere schwindet der Zelleib, und die ganze Zelle wird unansehnlich. Bei akuten Meningitiden, ferner bei weißen und roten Erweichungsherden, die in naher Verbindung mit dem Liquorraum stehen, finden sich Fäden feinster Art, die oft verschlungen, oft peitschenförmig sind, mit eingestreuten Knötchen und im wesentlichen breiter gewordenen und pyknotischen Kernen.

Die kleinen Lymphocyten sind der wesentliche Bestandteil des pathologischen Liquors und beherrschen bei vielen Prozessen das Gesichtsfeld. Die Frage der Abstammung der Lymphocyten ist nicht geklärt. Die anatomischen Verhältnisse geben allerdings gewisse Hinweise. Nach Scholz besteht eine scharfe Grenze zwischen Liquorraum und den perivasculären Räumen, so daß ohne Schädigung des pialen Überzugs eine Kommunikation zwischen den obengenannten Räumen auch für Zellen nicht möglich ist. Bestätigt sich diese Annahme, so muß die Herkunft der Liquorzellen den weichen Hirnhäuten, dem Ependym und vielleicht noch in geringem Maße den Nervenscheiden zugeschrieben werden. Der Schluß, daß die Liquorlymphocyten, wie besonders auch Marchand annimmt, bindegewebiger Herkunft sind, findet eine Bestätigung durch die Beobachtungen bei der Paralyse, bei der wir im Liquor viele Plasmazellen finden. Bekanntlich sind Plasmazellen im strömenden Blut eine Seltenheit, auch bei Paralyse. Also ist die Annahme am wahrscheinlichsten, daß die Plasmazellen meningealer Herkunft sind, ihr zahlreiches Vorkommen bei Paralyse innerhalb der Meningen ist ja zur Genüge bekannt. Der Liquor hat wahrscheinlich infolge seiner physikalischen Eigenschaften die Neigung, Zellen nach der Übernahme aus dem Gewebe abzurunden und damit auch die Kerne zu Rundkernen zu gestalten, während sich die Zellen im Gewebe anpassen und strecken müssen. Die großen Lymphocyten haben die charakteristischen Eigenschaften der Lymphocyten überhaupt.

Übergangszellen möchte REHM gewisse Zell- bzw. Kernformen nennen, deren Größe etwa zwischen der der großen Lymphocyten und der der Monocyten liegt. Der Kern ist verhältnismäßig groß, stark eingekerbt, so daß er in manchen Schnitten polynucleär aussehen kann. Diese Zellen sind verhältnismäßig sehr häufig und stören die Einreihung in ein System, weil der ungeübte Untersucher nichts mit ihnen anzufangen weiß. Wahrscheinlich sind sie in dem biologischen Geschehen Degenerations- oder Alterserscheinungen der regulären Lymphocyten.

Weiterhin finden sich im Liquor *Monocyten*, d. h. große Zellen mit rundem, manchmal gelapptem Kern, der in seiner Färbbarkeit etwas schwächer ist. Diese Monocyten gleichen im allgemeinen den im Blute vorhandenen. Sie haben eine Neigung zu vakuolisieren, ohne daß sie dabei ihre Größe erheblich verändern. Die Vakuolen oder Waben sind mit Vorliebe randständig. Im Cytoplasma findet sich manchmal eine Granulierung, welche sich perlenartig dem Zellrand anschließt, also randständig ist.

Bei vielen akuten, meist entzündlichen Prozessen finden sich *Plasmazellen*. Sie sind nach den obigen Ausführungen und nach der Meinung der heutigen Autoren Bindegewebsabkömmlinge, sie haben die Neigung, wenn auch selten, zu vakuolisieren. Der Kern ist der bekannte radspeichenartige nach der Art der Chromatinverteilung. Das Cytoplasma ist derb gefärbt, so daß man den Eindruck hat, daß es mit einem sehr farbsüchtigen Material ausgefüllt ist. Die Zelle sieht oft schaumartig aus, weshalb UNNA sie als Schaumzellen bezeichnet, eine Bezeichnung, die zutreffender ist als der Name „Plasmazelle", welcher nichts Charakteristisches verrät.

Manchmal findet man *Mastzellen*; sie haben etwa die Größe eines Monocyten, sind fast kreisrund und zeichnen sich durch eine starke dunkle bis schwarze Granulierung aus, welche am Rande der Zelle perlenkettenartig wirkt, während die Granula im Innern der Zelle zusammengebacken sind. Man kann mit größter Wahrscheinlichkeit sagen, daß diese Zellen aus dem pialen Gewebe kommen.

Eine sehr verbreitete Zellform im Liquor sind die *bindegewebigen Zellen* (Histiocyten). Sie haben eine sehr langgestreckte Form mit einem zentralen runden Kern, der sich ziemlich scharf von der Umgebung abhebt. Die ganze Zelle ist relativ blaß gefärbt, das Cytoplasma erscheint ganz leicht streifig gekörnelt. Eine weitere Form der histiogenen Zellen kann man als die Stammform ansehen; sie hat nahe Verwandtschaft mit den Monocyten, unterscheidet sich aber von diesen dadurch, daß der Zelleib vergrößert ist, insbesondere im Verhältnis zu dem Kern, der bläschenförmig hervortritt. Auch hier ist das Kennzeichen die relativ geringe Färbbarkeit; der Kern zeigt 1—2 Kernkörperchen; im Cytoplasma findet sich ein wenig hervortretendes Netzwerk mit kleinsten punktförmigen Verdichtungen des Stromas.

Eine Reaktionsform dieser Zellen ist in der *Gitterzelle* gegeben; ihr Zelleib ist wiederum größer als der der vorhin beschriebenen Zelle; der Kern wird aus seiner zentralen Lage gegen die Peripherie zu abgedrängt; er verliert seine runde Form, weil er räumlich beschränkt wird. Diese Beschränkung wird durch die Räume bedingt, welche im Cytoplasma entstehen und welche durch fädige Wände voneinander getrennt sind. Man vergleicht sie am besten mit Waben; sie sind von rundlicher Figur. Diese Hohlräume sind mit Fett-Eiweiß-Substanzen in kolloidaler Bindung gefüllt. Ihre Färbung ist je nach der Art der Substanzen verschieden stark; am kräftigsten ist sie bei solchen Prozessen, bei denen die Liquorzellen in besonderem Maße als Transportmittel zum Abbau von Zerfallsprodukten dienen, so bei Erweichungsherden, bei Blutungen und auch bei Carcinomatose der Meningen.

Eine weitere Art der Bindegewebszellen sind die *Freßzellen*; sie sind neben den Gitterzellen die größten; ihre besondere Aufgabe besteht darin, geformte Teile in sich aufzunehmen und sicherlich auch zu verdauen. In den Waben schließen sie, wahrscheinlich durch eine amöboide Beweglichkeit, rote Blutkörperchen, Lymphocyten, Leukocyten, auch Plasmazellen und Monocyten ein. Man findet solche Zellen in allen Stadien des Zerfalls, wie man sie auch außerhalb des Liquors beobachten kann. Diese Zellen gehen offenbar so zugrunde, daß die Hohlräume platzen und die Zelle sich flächenförmig ausbreitet, während der Kern farblos wird und zerfällt.

Als letzte Form pathologischer Zellen sind die *Geschwulstzellen* zu nennen. Sie gehören neben den Gitter- und Freßzellen zu den größten Formen, die im Liquor vorkommen; sie sind ungefähr kreisrund und fast ganz von einem großen, dunkelgefärbten Kern ausgefüllt; das Protoplasma ist sehr stark gefärbt und läßt dadurch und weil es den Kern gleichmäßig umgibt, die ganze Zelle sehr dunkel aussehen. Die Kerne neigen zu schollenartiger Anhäufung von Chromatin, nach Art einer Pyknose, als Beginn eines Zerfalls. Diese Geschwulstzellen stehen gerne in Haufen zusammen.

Nicht ganz selten findet man *Zellverbände* nach Art eines Gewebsfetzens aus der Haut oder Bindegewebe, wenn die Nadel ein solches Stückchen beim Einstechen in den Liquorraum gebracht hat.

Beim Pferd finden sich ziemlich häufig sehr große Gebilde, die sich leicht basisch färben und in der Mitte ein kernartiges, pyknotisches, unregelmäßig geformtes Gebilde enthalten. Um den Kern herum bis zum Rande der Zelle finden sich konzentrische kreisförmige Linien, das Ganze ist einförmig gefärbt. Es handelt sich anscheinend, wie auch beschrieben, um eisenhaltige Zellen. Gelegentlich erhält man färberisch die Reaktion auf Eisenpigment.

Die sog. *geschwänzten Zellen* sind Gebilde, welche Lymphocyten, Monocyten, Plasmazellen umfassen. Sie finden sich vorzugsweise bei akuten Entzündungsvorgängen der Meningen; es ist vielleicht nicht unberechtigt, anzunehmen, daß sie bei dem Durchtritt durch das Gewebe, und insbesondere bei dem Austritt aus der Pia in den Liquorraum, ihre Form verändert haben und eine gewisse Zeit brauchen, um sich den veränderten Spannungsverhältnissen anzupassen.

Beim Zerfall der Zellen bilden sich Pigmenthaufen, die färberisch auf den Kern bzw. auf das Cytoplasma zurückzuführen sind. Bei abgelaufenen akuten Prozessen mit einem starken Zellsturz sind die Zerfallsprodukte der Zellen in allen Stadien zu sehen.

RIZZO hat sich in einer Reihe von Arbeiten eingehend mit dem Vorkommen der eosinophilen Leukocyten im Liquor befaßt. Er fand sie in erster Linie bei den parasitären Erkrankungen, ferner nach Lipoideinspritzungen. Sie enthalten die bekannten eosinophilen Granula. Intralumbale Einspritzungen von Pferdeserum verursachen eine Eosinophilie von 1 bis 8%, dabei entsteht eine Leukocytose und Histiocytose.

10. Abhängigkeit der Liquorzusammensetzung vom Lebensalter und postmortale Veränderungen.

Der Liquor cerebrospinalis läßt, allerdings in sehr beschränktem Maße, Unterschiede erkennen, die vom Lebensalter abhängen. So ist der Liquor Neugeborener nicht selten gelblich gefärbt, nach GARRAHAN ist dies durch Bilirubin bedingt und steht in engem Zusammenhang mit dem erhöhten Gehalt des Neugeborenenserums an diesem Gallenfarbstoff, der wahrscheinlich infolge einer hohen Permeabilität der Blutliquorschranke leicht übertritt. Die Zellzahl der Neugeborenem ist mäßig erhöht, die Globulinreaktionen positiv (Nonne +, Pandy +, Weichbrodt meist negativ). Auch das Gesamteiweiß und die Albuminwerte sind meist erhöht. Die Mastixreaktion ist meist völlig negativ, die Goldsolkurve zeigt gelegentlich leichte Linkszacken.

Zucker- und Chloridgehalt sind im ersten Lebensmonat unstabil und lassen eine große Schwankungsbreite erkennen, sie sind des öfteren niedriger als beim Erwachsenen. Nach spätestens 6 Monaten entspricht jedoch die Liquorbeschaffenheit des Säuglings der des Erwachsenen. Sehr wesentlich sind die Beobachtungen von UJSAGHY, der im Liquor von Kindern Fibringlobulin fand[1]. Diese Eiweißfraktion findet sich nach RIEBELING bei Erwachsenen nur bei Meningitiden und ganz frischer

---

[1] Mschr. Kinderheilk. **66, 67, 71** (1937/38).

Paralyse als einzigen Gelegenheiten. Bei Kindern tritt diese Eiweißfraktion viel häufiger, allerdings auch nur unter pathologischen Bedingungen, auf. Er sieht hierin einen Hinweis auf die auch sonst vielfach beweisbare erhöhte Durchlässigkeit der Blutliquorschranke im Kindesalter und zieht sehr interessante Parallelen zu der größeren Bereitschaft des Kindes, mit Symptomen von seiten des Zentralnervensystems bei akuten Infektionen zu reagieren. Auch die größere Häufigkeit pathologischer Liquorbefunde im Kindesalter soll sich hierin ausprägen. Man muß daran denken, daß Infektionskrankheiten im Kindesalter meningeale Reizzustände hinterlassen, die möglicherweise dauernde Veränderungen im Liquor bewirken.

Ujsaghys sehr hohe Normalwerte für Eiweiß, die er bei frühkindlichen Liquores gefunden hat, sind allerdings sehr auffällig, vielleicht spielt die angewandte Methodik hierbei eine Rolle. Nach Samson ist am Ende des ersten Lebensjahres der Liquor dem des Erwachsenen gleich.

Die Liquorverhältnisse der mittleren Lebensalter sind bereits eingehend besprochen worden, hierauf beziehen sich ja unsere Normalwerte.

Im Präsenium treten kaum Liquorveränderungen auf, höchstens eine geringfügige Vermehrung des Eiweißes, hierbei sind Globulin- und Albuminvermehrungen gleich häufig vertreten. Leichte Arteriosklerosen und einfache, unkomplizierte senile Demenzen zeigen etwa dasselbe Bild; bei der Arteriosklerose finden sich häufiger Eiweißvermehrungen geringen Ausmaßes. Der Eiweißgehalt des Greisenliquors ist im allgemeinen niedrig. Bei einfacher seniler Demenz zeigen weder die üblichen Kolloidreaktionen (Mastix, Goldsol) Ausschläge, noch spricht die Salzsäure-Collargol-Reaktion an (Riebeling). Die Zellzahlen sind normal, das spezifische Gewicht des Liquors sowie der Brechungsindex sind niedrig.

Bei Arteriosklerosen einfacher Art hingegen werden die Eiweißvermehrungen häufiger; nach Riebeling findet sich bei der Salzsäure-Collargol-Reaktion ein positiver Befund im Sinne einer verbreiterten, unvollständigen Schutzzone.

Wesentlicher als die Berücksichtigung des Lebensalters ist die genaue Kenntnis der angewandten Methodik der Liquorgewinnung.

Liquor nach dem Tode. Es ist bekannt, daß im Liquor nach dem Tode sehr rasch erhebliche Veränderungen eintreten. Während der Eiweißgehalt 30 Minuten nach dem Tode derselbe wie im Leben ist, vermehren sich die Zellen in derselben Zeit um ein Vielfaches; es nehmen die Lymphocyten zu, vor allem erscheinen eine Menge von Gitterzellen und großen einkernigen Zellen, die man als Monocyten ansprechen kann. Die Gitterzellen sind reichlich gefüllt mit kolloidalen Substanzen, welche sich deutlich in einer Vakuole von dem übrigen Cytoplasma abgrenzen lassen. Die vorhandenen Zellen sind nicht in Auflösung begriffen, sondern erscheinen durchaus lebenskräftig. Man kann annehmen, daß sie auch nach dem Tode der betreffenden Personen eine erhebliche Resistenz aufweisen und so zu den wenigen Zellen im Körper gehören, die nach dem Tode noch einige Zeit fortleben. Es geht aus dem Gesagten klar hervor, daß der postmortale Liquor nicht mehr normal ist und mit einem normalen nur mit größter Vorsicht verglichen werden kann.

11. Tierliquor.

Pferd. Es standen uns als normales Vergleichsmaterial die Liquores von 40 gesunden Pferden[1], die keine Anzeichen einer orga-

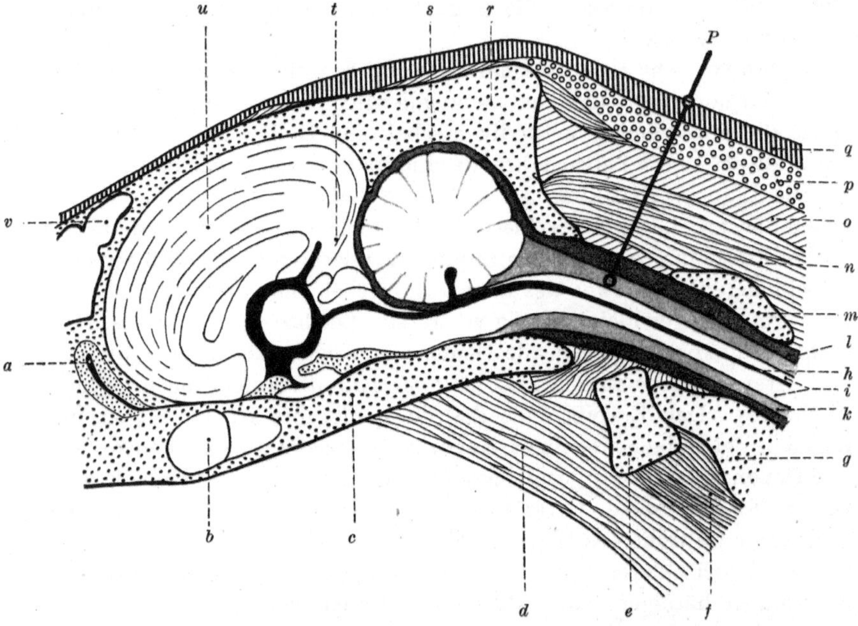

Abb. 16. Medianschnitt durch die Hinterhaupts-Atlasgegend und durch die Schädelhöhle des Pferdes. Modifiziert nach ELLINGER, Tierärztl. Rundschau **33**, 201.

a Riechkolben, *b* Keilbeinhöhle, *c* Schädelbasis, *d* Kopfbeuger, *e* ventr. Atlasbogen, *f* Halsbeuger, *g* Zahn des Umdrehers, *h* Zentralkanal des R.M., *i* Rückenmark, *k* Subarachnoidalraum, *l* Epiduralraum, *m* dorsaler Atlasbogen, *n* großer, dorsaler, gerader Kopfmuskel, *o* Nackenstrang, *p* Kammfett, *q* äußere Haut, *r* Genickkamm, *s* Kleinhirn, *t* knöchernes und häutiges Gehirnzelt, *u* Gehirnsichel, *v* Stirnhöhle, *P* Einstichstelle für die Suboccipitalpunktion.

nischen Erkrankung boten, zur Verfügung. Der Liquor wurde durch Zisternenpunktion gewonnen, in seltenen Fällen durch die erheblich schwierigere Lumbalpunktion. Die beim Pferd vorliegenden anatomischen Verhältnisse, deren Kenntnis zur Durchführung der Zisternenpunktion erforderlich ist, ergeben sich aus den Abbildungen 16 u. 17.

---

[1] Sowohl für die Punktion von Pferden als auch von Rindern hat sich die nach der Angabe von REHM von der Firma H. Hauptner, München, hergestellte Nadel bewährt.

Die Zellzahlen dieser Normaltiere bewegten sich zwischen 1/3 und 15/3. Der Zuckergehalt variierte zwischen 49 und 76 mg%. Die gesamten Eiweißreaktionen wichen deutlich von den am normalen menschlichen Liquor gefundenen ab. Die Nonnesche Reaktion sowie der Pandy waren immer positiv, letzterer verhältnismäßig stark. Die Gesamteiweißmenge schwankte zwischen 30 und 66 mg%. Der Eiweißquotient lag wegen der verhältnismäßig hohen Globulinwerte immer über dem Durchschnittswert beim Menschen. Seine Schwankungsbreite lag zwischen 0,26 und 0,40 mg% bei Anwendung der Eiweißbestimmung nach Custer. Bei Anwendung der volumetrischen Methode nach Kafka ist

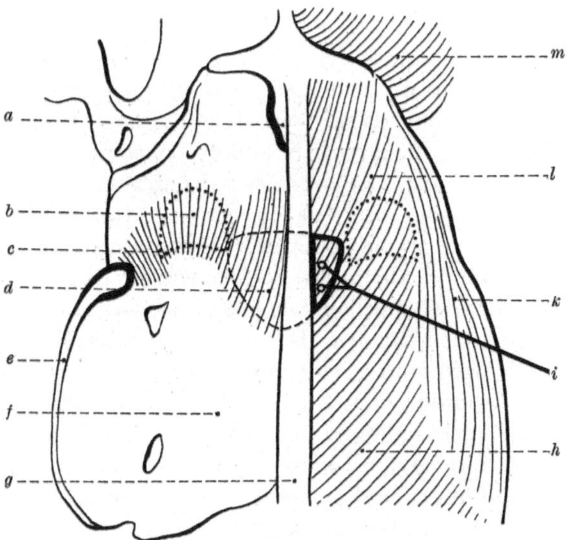

Abb. 17. Dorsalansicht des gebeugten Kopfgelenkes des Pferdes. Modifiziert nach Ellinger, Tierärztl. Rundschau 33, 201 (1927).

a Hinterhauptsstachel und Nackengrube (Ansatz des Nackenstranges), *b* Kapsel des Kopfgelenkes, *c* Seitenband des Kopfgelenkes, *d* dorsale Hinterhauptsschlußplatte, darunter gestrichelt Umriß des dorsalen Hinterhaupt-Atlas-Loches, *e* lateraler Rand des Atlasflügels, *f* dorsaler Atlasbogen, *g* rechte Hälfte des Nackenstranges, *h* Kopfteil des oberflächlichen Nackenmuskels (m. spl. cap.), *i* Einstichstelle (rechts!), *k* Vorderseite des Atlasflügelrandes, *l* oberflächlicher Nackenmuskel, *m* Schläfenmuskel.

aus methodischen Gründen mit höheren Werten zu rechnen. Die Mastix- und Goldsolreaktion zeigte in allen Fällen tiefe Mittelkurven. Was die Art der Zellen betrifft, so finden sich anscheinend bereits normalerweise neben den Lymphocyten ungefähr in derselben Menge Histiocyten, ein Befund, der von dem der menschlichen Liquorcytologie ganz wesentlich abweicht. Daneben findet man bei einer Anzahl von Fällen sehr große Gebilde, welche konzentrisch geschichtet sind und in der Mitte ein unregelmäßig geformtes, dick gefärbtes kernartiges Gebilde besitzen. Die färberische Darstellung dieser Formen gelingt mittels einer

Eisenreaktion. Sicherlich wird man bei weiteren Erfahrungen evtl. morphologische Bestandteile finden, welche auf das Vorliegen von Cholesteatomen schließen lassen, die bekanntlich bei den Pferden sehr häufig sind.

Wenn die Fälle, welche zellenmäßig die niedrigsten Werte zwischen 0 und 8/3 aufweisen, hinsichtlich der Eiweißwerte geprüft werden, so beträgt die Durchschnittsmenge des Gesamteiweißes 50 mg%, des Globulins 1,4, des Albumins 3,6 und der mittlere Eiweißquotient 0,41.

Werden Füllen untersucht, so muß man sich darüber klar sein, daß analog den Verhältnissen beim Kleinkind infolge einer noch bestehenden erhöhten Durchlässigkeit der Blutliquorschranke abnorm hohe Gesamteiweiß- und Albuminwerte neben einer positiven Globulinreaktion gefunden werden könnten.

Auch die Zellzahl kann bei den Neugeborenen ins Pathologische erhöht sein, dazu kommt noch eine gelegentliche Gelbfärbung durch den Bilirubingehalt. Es steht dahin, ob diese Befunde nicht durch Geburtsschädigungen, die bekanntlich außerordentlich häufig sind, zustande kommen. Was das Tier betrifft, so könnte man sich vorstellen, daß Geburtsschädigungen bei dem im ganzen doch naturgemäßeren Gang der Geburt eine geringere Rolle spielen. Entsprechende Untersuchungen fehlen. Schließlich ist zu bemerken, daß durch die Domestikation die Tiere wahrscheinlich mehr Infektionen aller Art ausgesetzt sind als die freilebenden. Die große Zahl der Histiocyten und das den menschlichen Liquorwerten gegenüber stark vermehrte Eiweiß, insbesondere das Globulin, könnten auf frühere Erkrankungen des Zentralnervensystems, insbesondere in Gestalt von Hirnhautentzündungen, vielleicht circumscripter Art, hinweisen. Denn wir wissen vom Menschen, daß solche Erkrankungen auf lange Zeit eine verhältnismäßig große Zahl von Histiocyten im Liquor auftreten lassen, wobei die Gesamtzellzahl nicht erhöht zu sein braucht.

Was allerdings die Eiweißvermehrung betrifft, so übertrifft diese weitaus das nach Infektionen gewöhnlich verbleibende Maß.

Rind. Die Gewinnung des Liquors von *Rindern* ist bisher kaum geübt. In den Schlachthöfen macht die Punktion Schwierigkeiten. Immerhin ist es gelungen, von gesunden jungen Rindern im Alter von 8—10 Monaten, welche in der Impfanstalt zur Pockenimpfung herangezogen werden, Lumbalpunktionsliquor zu bekommen. Die Lumbalpunktion wurde aus äußeren Gründen vorgezogen; wahrscheinlich ist die Occipitalpunktion, wie beim Pferd, technisch einfacher. Die Punktion erfolgt im Raum zwischen dem letzten Lumbal- und ersten Sacralwirbel. Da der Zwischenraum zwischen den Wirbeln ein sehr geringer ist, ist der Eingriff nicht ganz einfach und erfordert einige Übung.

Das Gesamteiweiß beträgt im Durchschnitt 15 mg%, ist also etwas unter dem Mittel des menschlichen Liquors; die Höchstzahl beträgt 18, die niedrigste 12 mg%. Der Eiweißquotient beträgt im Durchschnitt 0,23, entspricht demnach im ganzen dem menschlichen. Nonne und Pandy sind immer negativ. Der Zuckergehalt ist bei einer Schwankungsbreite von 67 bis 48 mg% im Durchschnitt 56,8 mg% hoch und entspricht damit dem des menschlichen Liquors annähernd.

Die Zellzahl ist in den meisten Fällen normal, d. h. zwischen 5/3 und 16/3 im Kubikzentimeter. Neben den Lymphocyten finden sich im Gegensatz zum menschlichen Liquor fast immer Histiocyten und Gitter- bzw. Freßzellen in einer nicht ganz geringen Zahl.

Nicht selten sind Fälle, die eine Pleocytose zeigen, welche sich in mäßigen Grenzen hält, bis zu 41/3. Dabei braucht das Eiweiß keine Vermehrung aufzuweisen. Mehrmals war Eisenpigment färberisch nachzuweisen.

Die Normomastixreaktion war nie normal, sondern zeigte eine mehr oder weniger tiefe Anfangszacke.

Beim *Kalb* stehen die Liquorverhältnisse denen beim Menschen am nächsten; die Lumbalpunktion ist leicht zwischen dem letzten und vorletzten Lendenwirbel unter Verwendung der beim Menschen üblichen Nadel auszuführen (ULRICH und ERHARDT). NAWRATZKI fand beim Kalb im Durchschnitt 0,046% Traubenzucker, 0,01—0,03% Eiweiß, 0,028% organische Bestandteile und 0,7% Asche.

Hund. Zur Punktion benützt man eine mittelstarke, an der Spitze kurz zugeschliffene, etwa 8 cm lange Nadel.

Die Liquorgewinnung geschieht nach allen Autoren am besten occipital (ULLRICH, VUILLAUME und eigene Versuche), ohne Narkose, am besten in Bauch- oder linker Seitenlage. Der Gesamteiweißgehalt beträgt 30 mg%, der Chlorgehalt 7,54%, der Zellgehalt 15/3; der Zuckergehalt ist etwas höher als beim Menschen, nämlich 80 mg% (VUILLAUME).

Affe. Sowohl die occipitale wie die lumbale Punktion bieten nach MOLLARET bei Macacus und Cynocephalus keine besonderen Schwierigkeiten. Der Lumballiquor weist die dreifache Konzentration an Substanzen auf wie der occipitale. Der Druck ist sehr gering, die Zellzahl beträgt lumbal 12—30/3, occipital 3—9/3. Die Goldsolkurve weist meist eine leichte Linkszacke auf. Die Eiweißwerte betragen lumbal 20 bis 30 mg%, im Zisternenliquor 8—15 mg%.

Kaninchen. Die Gewinnung geschieht am besten nach folgender Methode: Das erwachsene Tier erhält 2—3 ccm einer 2proz. Morphiumlösung mehrere Stunden vor der Punktion. Der Schädel wird maximal nach vorne abgebogen; die Rückenlage ist vorzuziehen. Oberhalb des Tuberculum posterius des Atlas wird mit einer kurz zugeschliffenen Rekordnadel eingestochen. Man erhält einige Tropfen Liquor; die Tiere erholen sich schnell von dem Eingriff[1]. Als erster hat YAMA OKA die Occipitalpunktion beim Kaninchen durchgeführt.

---

[1] Z. Neur. **66**, 69 (1921).

Der Liquor enthält durchschnittlich 8/3 Zellen bei einer Schwankungsbreite von 1/3—25/3. Die p_{H}-Zahl beträgt 7,4—7,85. Milchsäuregehalt durchschnittlich 14,4 mg%; spez. Gew. 1005, Reaktion schwach alkalisch, Kohlensäure 41,2—48,5 Vol.-%, Albumin nach der BRANDBERGschen Methode 15—19 mg%, Globulin ∅, Zucker 50—59 mg%, Kochsalz 0,6—0,73% (KASAHARA).

II. Spezieller Teil.

1. Erkrankungen der Meningen.

a) Pachymeningitis haemorrhagica.

Die *hämorrhagische Pachymeningitis externa* veruracht immer sehr geringe Veränderungen der Spinalflüssigkeit, in der Regel ist der Liquor praktisch normal. Höchstens findet sich eine geringe Eiweißvermehrung und mäßige Pleocytose. Der Liquordruck kann gesteigert sein.

Bei *Pachymeningitis haemorrhagica interna* finden sich meist charakteristische Veränderungen. Der Druck schwankt zwischen normaler Höhe und beträchtlichen Steigerungen. Der Liquor ist gelblich verfärbt, über dem Sediment setzt sich meist eine gelb bis braunrot gefärbte Flüssigkeitssäule ab, sie gibt eine positive Benzidinreaktion. Ist eine frische Blutung in die Arachnoidealräume eingebrochen, so ist die Spinalflüssigkeit bluthaltig.

Die Zellzahl ist entweder normal oder leicht vermehrt (leuko- und lymphocytäre Elemente im Anfang, später kann eine starke Pleocytose eintreten, so daß der Liquor dadurch getrübt wird).

Die Kolloidkurven fallen je nach Stärke des Eindringens von Blut in die Liquorräume aus und zeigen alle Übergänge von leichten Linkszacken bis zur rechts gelagerten Serumkurve. Es findet sich stets eine Eiweißvermehrung, oft beträchtlichen Grades; die Globulinreaktionen sind positiv.

Wird die Blutung resorbiert, ohne daß ein neuer Schub erfolgt, so kehren die Befunde zur Norm zurück. Das starke Schwanken des Eiweißquotienten ist für die Erkrankung neben der Xanthochromie charakteristisch.

Als *Beispiel* ein Fall von Pachymeningitis haemorrhagica interna: Der Liquor war stark xanthochrom, das Gesamteiweiß betrug 100 mg%, die Globulinreaktionen waren positiv, die Zellzahl belief sich auf 185/3 Zellen (53% Lymphcyten), der Zucker 91,8 mg%.

Bei sehr hohem Globulingehalt können die Kolloidkurven nach Art der Paralysekurven verlaufen. Bei infektiösen Meningitiden kann eine Pachymeningitis als Begleiterscheinung hinzutreten, dann finden wir ebenfalls im Liquor Xanthochromie, evtl. frische Blutbeimengungen.

Erythrocyten sind nicht immer anzutreffen, auch nicht regelmäßig bei vorhandener Xanthochromie.

Bei der Pachymeningitis spinalis infolge Wirbelcaries und Carcinommetastasen der Wirbelkörper wurde Eiweißvermehrung, mäßige Pleocytose sowie Xanthochromie festgestellt. Hier zeigt der Liquor eine Neigung zu spontaner Gerinnung.

Im allgemeinen verursachen traumatische Blutungen, ferner die sog. spontanen Arachnoidealblutungen, sowie Blutungen bei Tumor des Zentralnervensystems gleiche Veränderungen des Liquors.

b) Meningitis im allgemeinen.

Einleitung. Bei allen Entzündungen der Hirn- und Rückenmarkshäute kommt es zu einem sehr charakteristischen Liquorsyndrom, an dem 1. die starke Drucksteigerung, 2. eine erhebliche Zell- und Eiweißvermehrung, 3. ein Flockungsmaximum der Kolloidkurven im rechten Kurvenabschnitt, die sog. „Meningitiskurve", 4. Verminderung oder völliger Schwund des Liquorzuckers, 5. positiver Nachweis von Bakterien im Liquor teilhaben.

Der Liquordruck erreicht sehr oft Werte von 400 bis 500 mm H_2O. Schon makroskopisch ist die Cerebrospinalflüssigkeit oft weitgehend verändert. Sie ist getrübt, gelegentlich auch xanthochrom verfärbt. Die Trübung ist fast immer auf die starke Zellvermehrung zurückzuführen, nur selten finden sich Bakterien in derartigen Mengen, daß sie eine Trübung verursachen könnten. Eine sehr starke Fibrinvermehrung wird allerdings auch eine Trübung hervorrufen. Nach Zentrifugieren können stark trübe Liquores wasserklar werden; gelbliche oder grünliche Verfärbungen bleiben jedoch bestehen. Blutbeimengungen rufen eine rötliche oder bräunliche Verfärbung hervor, z. B. bei der Milzbrandmeningitis, bei der der Liquor stark hämorrhagisch ist.

Bei zahlreichen Meningitiden kommen Liquorveränderungen zur Beobachtung, die nicht nur der Ausdruck entzündlicher Vorgänge an den Meningen sind, sondern in erster Linie durch mechanische Behinderung der Liquorpassage infolge von entzündlichen Verklebungen zustande kommen. Die einzelnen Liquorportionen bei derselben Punktion können dann verschieden beschaffen sein, stärkere Unterschiede finden sich aber zwischen den aus verschieden hohen Abschnitten des Liquorsystems entnommenen Proben. So kommt es des öfteren vor, daß, nachdem durch Verklebungen sowie durch ödematöse Schwellung der Meningen, auch der Medulla, eine Verlegung der Liquorpassage erfolgte, der Lumballiquor neben einer Pleocytose ein sog. Kompressionssyndrom aufweist, also sehr starke Eiweißvermehrung und Xanthochromie.

Der Zisternenliquor zeigt, wenn der „Block" im Spinalkanal liegt, dann lediglich die Veränderungen, die durch die rein entzündlichen Vorgänge an den Meningen entstanden sind; er wird zwar sehr zellreich sein, weist aber weder Xanthochromie noch sehr starke Eiweißvermehauf, noch gerinnt er.

Bei entzündlichen Verschlüssen der Foramina Luschkae und des Foramen Magendi, die einen Hydrocephalus internus hervorrufen, liegt allerdings die Cisterna cerebello-medullaris unterhalb des Liquorblocks und enthält dann ebenso wie der Lumbalsack „Sperrliquor".

Das Vorliegen von Verklebungen wird daran erkannt, daß trotz hohen Anfangsdruckes der Liquor nur langsam abtropft; oft sind trotz richtiger Lage der Punktionsnadel nur wenige Tropfen zu erhalten. Bei Kompression der Jugularvenen (QUECKENSTEDTsches Phänomen) erfolgt in derartigen Fällen kein Druckanstieg der Liquorsäule im Steigrohr. Unter hohem Druck entleeren sich bei Verklebungen meist nur einige Kubikzentimeter Liquor; es läßt sich auch trotz Änderung der Lage der Nadel, Senken des Kopfes des Punktierten usw., kein weiterer Liquorabfluß erreichen. Da gerade aus therapeutischen Gründen bei allen Meningitiden eine Entlastung des Schädelinnendrucks von ausschlaggebender Bedeutung ist, soll man bei Abschlüssen innerhalb des Spinalkanals die zisternale Punktion vornehmen, die oft einen ausgezeichneten Erfolg zeitigt. Der Liquorentnahme anzuschließende Einblasungen einer etwas geringeren Luftmenge (80%) mit Hilfe einer Rekordspritze vermögen der Ausbildung von Verklebungen Vorschub zu leisten, aber auch gelegentlich Verwachsungen zu lösen, da beim sitzenden Kranken die in die Liquorräume eingebrachte Luftblase sich in Richtung auf das Ventrikelsystem nach oben bewegt.

In den Anfangsstadien der Meningitiden kann die Pleocytose — übrigens im Gegensatz zur Poliomyelitis — noch recht gering sein, beim Fortschreiten der Erkrankung steigen die Zellzahlen rasch an, sie können bei bestimmten Formen so hohe Zahlen erreichen, daß sich die Cerebrospinalflüssigkeit als dicker Eiter aus der Kanüle entleert. Bei circumscripten Meningitiden, die durch Verklebungen gegen die Umgebung noch abgeschlossen sind, kann gelegentlich im Lumballiquor oder Zisternenliquor nur eine geringe oder keine Pleocytose vorhanden sein.

Die Zellart bei Meningitis. Bei akuten, eitrigen Meningitiden überwiegen die polynucleären Leukocyten. Im weiteren Verlauf der Erkrankung treten die lymphocytären Elemente mehr hervor. Bei der tuberkulösen und syphilitischen Meningitis, den mehr chronischen Formen, sind zur Hauptsache Lymphocyten vorhanden, abgesehen von einigen ganz akuten, foudroyant verlaufenden Fällen dieser Erkrankungen. Bei Pilzmeningitiden überwiegen ebenfalls die lymphocytären Zellelemente im Liquor.

Die entzündlich-exsudativen Veränderungen im Bereich der Meningen führen zu der bekannten hohen Eiweißvermehrung, die ebenso wie die

Zellzahl bei Staphylo-, Strepto- und Pneumokokkenmeningitiden am stärksten ausgeprägt ist.

Fibrinnetze und Gerinnsel kommen fast bei allen Formen von Meningitis vor und sind nichtspezifisch für die tuberkulöse Meningitis, wenn sie auch gerade bei dieser Erkrankung am häufigsten sind.

Der Liquor bei epidemischer Meningitis enthält bereits weniger Eiweiß als bei durch Eitererreger hervorgerufenen Formen. Bei der tuberkulösen Meningitis beobachtet man relativ niedrige Eiweißwerte, die höchstens das 3—6fache der Norm erreichen.

Mit Abklingen der Erkrankungen sinken die Eiweißwerte langsam ab, dabei gehen die Albuminwerte rascher zurück als die des Globulins. Bleiben meningeale Verklebungen bestehen und mit ihnen die Behinderung einer freien Liquorpassage, so kommt es zu chronischen Liquorveränderungen, in erster Linie Eiweiß- und Lipoidvermehrungen, evtl. auch Xanthochromie, die jahrelang bestehen können.

Die Kolloidreaktionen zeigen einen Verlaufstypus, der durch sein Flockungsmaximum im mittleren oder sogar rechten Kurventeil charakterisiert ist. Die Rechtsverlagerung der „Meningitiskurve“ ist nach SAMSON durch die besondere Art des „Meningitisglobulins“ bedingt. Jedenfalls wird die Tiefe der Kurve mit großer Wahrscheinlichkeit durch besondere Eigenschaften des Globulins bedingt, während das Ansteigen des Gesamteiweißes allein die Kurve nur weiter nach rechts verlagert. Sinken die Gesamteiweißwerte bei Besserung des Krankheitsbildes wieder ab, so verschiebt sich das Maximum der Fällungszone wieder nach links und oben. Nähert sich allerdings durch weiteres Absinken nach unten die Kurve mehr dem Paralysetyp, so kann dies unter Umständen als prognostisch ungünstiges Zeichen gewertet werden.

Bei den Meningitiden finden sich nicht nur rechts verlagerte Kurven oder Mittelzacken. Finden wir bei einem fraglichen Fall eine Zacke im Anfangsteil der Kurve, im linken Schenkel, so spricht das in keiner Weise gegen Meningitis. Derartige Kurven werden z. B. bei der chronischen tuberkulösen Meningitis, aber auch bei Anfangs- und den Ausheilungsstadien der verschiedenartigsten Meningitiden beobachtet, was nach dem vorhin Gesagten durchaus verständlich ist. Die Glucosewerte sind deutlich erniedrigt, oft ist kein Zucker mehr nachweisbar. Am häufigsten sind Werte von 20 bis 25 mg %, auch niedriger. Dieser Zuckerschwund ist, soweit experimentelle Ergebnisse vorliegen, nicht ausreichend durch Bakterienwirkung erklärt. Versuche mit Tuberkelbacillen mit Liquor in vitro zeigten z. B. einen so niederen Verbrauch des vorhandenen Zuckers trotz längerer Versuchszeiten, daß der rasch einsetzende Zuckerschwund, der gerade sehr häufig bei Meningitis tuberculosa vorkommt, hierdurch nicht erklärt werden könnte. Mit RIEBELING müssen wir annehmen, daß bei allen bakteriellen Meningitiden veränderte glykolytische Fähigkeiten der

Meningen vorliegen, denn wie wäre sonst die Tatsache zu erklären, daß in den allerersten Stadien einer Meningitis sogar mäßig erhöhte Glucosewerte gefunden werden, die dann allerdings rasch absinken. Die Milchsäure ist vermehrt, die Chloride sind meist vermindert.

Die Klärung der Diagnose bei meningitischen Liquorsyndromen erfolgt durch die bakteriologische Untersuchung, bei der positive Ergebnisse immer von ausschlaggebender Bedeutung sind.

Wir gehen jetzt zur speziellen Besprechung über.

c) Aseptische Meningitis (Meningitis serosa).

Diese Erkrankung ist differentialdiagnostisch von besonderer Wichtigkeit, ihre Ätiologie ist nicht endgültig geklärt. Es handelt sich um die

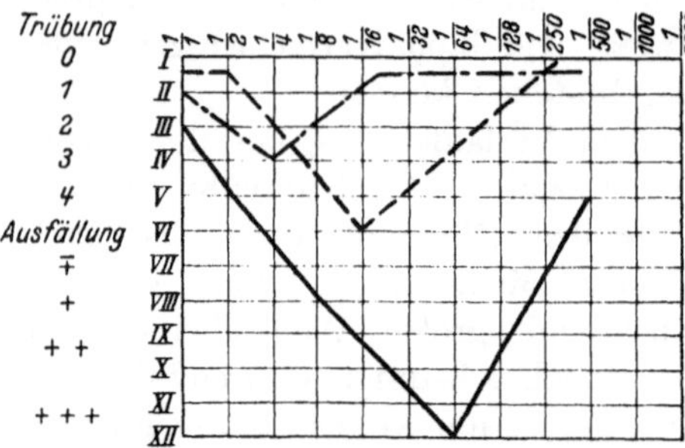

Abb. 18. Aseptische Meningitis. (Nach DEMME.)
——— Kurve vom 1. IV.   — — — Kurve vom 5. IV.
— · — · — Kurve vom 19. IV.

bekannten gutartigen Meningitiden, die anfangs alle Merkmale der akuten Meningitis aufweisen. *Der Liquor ist stets steril.* Meist besteht eine stärkere polynucleäre Pleocytose, die später überwiegend lymphocytär wird. Das Gesamteiweiß ist oft auf das Zehnfache der Norm vermehrt. Die Zellzahl erreicht zu Beginn Höhen zwischen einigen 100/3 bis zu mehreren 1000/3. Die Zuckerverminderung ist bei weitem nicht so stark wie bei den eigentlichen bakteriellen Meningitiden. Gelegentlich findet man sogar normale Werte. Die Abgrenzung derartiger Fälle gegen das präparalytische Stadium der Poliomyelitis kann bei diesen sehr ähnlichen Befunden nahezu unmöglich werden. Die Kolloidkurven sind stark nach rechts verlagert und gehen nach Rückbildung des übrigen Liquorsyndroms innerhalb kurzer Zeit zurück.

Eine aseptische Meningitis entsteht u. a. auch nach Injektion irgendeines Stoffes in die Liquorräume, z. B. nach intralumbaler Injektion von Serum. Auch Blut, das in die Liquorräume gelangt, führt zu meningitischen Reaktionen. Dieselbe Reaktion tritt auch in ausgeprochenem Maße nach Lufteinblasungen zum Zwecke der röntgenologischen Darstellung der Hirnkammern auf (Fremdkörpermeningitis).

Das Liquorsyndrom besteht bei diesen Formen aseptischer Meningitis in einer verhältnismäßig starken polynucleären Zellvermehrung, die mehrere 1000/3 erreichen kann, die Eiweißwerte sind nur mäßig erhöht, der Ausschlag in den Kolloidkurven nur gering.

d) Meningitis sympathica.

An dieser Stelle sind die Veränderungen zu besprechen, die in der Spinalflüssigkeit statthaben, wenn sich in nächster Nachbarschaft der Hirnhäute ein entzündlicher Prozeß abspielt. Meningitische Reizzustände treten oft im Anschluß an Otitis media, Hirnabsceß, Eiterung in die Nebenhöhlen sowie an entzündliche Sinusthrombosen auf.

Die Lumbalpunktion zeigt dann in günstigen Fällen, d. h. wenn kein Einstrom von Erregern aus dem Entzündungsherd in die Liquorräume erfolgt ist, folgende Veränderungen auf: der Druck ist erhöht, die Liquormenge vermehrt, der Eiweißgehalt mäßig gestiegen. Der Liquor ist klar, bei längerem Stehen kann sich gelegentlich ein Fibrinnetz abscheiden. *Bakteriologisch ist der Liquor steril.* Die Eiweißvermehrung ist meist nur gering (bis etwa 50 mg%), die Zellvermehrung mäßig. Der Eiweißquotient ist jedoch hoch (0,45 bis nicht selten 1,0). Der hohe Quotient wird von DEMME, sowie SAMSON und KAFKA als wichtiges differentialdiagnostisches Merkmal der sympathischen Meningitis angesehen. Die Zuckerwerte bleiben normal. Die Kolloidkurven zeigen infolge des relativ hohen Globulingehalts leichte Linkszacken. Bei geringer Akuität des Prozesses ist die Zellvermehrung meist lymphocytär, tritt eine stärkere Reizung der Meningen ein, dann ist dies am raschen Ansteigen der Zellzahl zu erkennen, die sich dann hauptsächlich aus polynucleären Leukocyten zusammensetzt. Besonders wenn sich ein Absceß dem Durchbruch in den Subarachnoidealraum nähert, tritt eine erhebliche Leukocytose auf.

Sind Keime in die Liquorräume eingedrungen, dann entwickelt sich sehr rasch das Zustandsbild einer voll ausgebildeten Meningitis mit hoher Zellzahl und hohen Eiweißwerten; der Eiweißquotient sinkt, desgleichen der Zuckerspiegel; die Kolloidkurven zeigen den typischen meningitischen Verlauf; der Bakteriennachweis — bei otogenen Erkrankungen sind es meist Streptokokken — wird jetzt positiv.

e) Meningitis infectiosa circumscripta
bei akuten Infektionskrankheiten.

Bei zahlreichen akuten Infekten können meningitische Zustandsbilder auftreten, die alle Übergänge von leichter Verwirrtheit bis zur völligen Benommenheit und zu Delirien aufweisen. Es kann sich sogar Nackensteifigkeit und positives KERNIGsches Symptom finden. Das Krankheitsbild wird also in Andeutungen dieses oder jenes Symptom aufweisen oder als voll entwickelte Meningitis imponieren.

Die Liquoruntersuchung zeigt fast regelmäßig in derartigen Fällen:

1. eine Druckerhöhung bis etwa 250 mm H_2O;
2. unbedingte Keimfreiheit des Punktats;
3. eine Pleocytose, vielfach nur eine unbedeutende Zellvermehrung, gelegentlich aber Zellzahlen bis zu mehreren 1000/3.

8*

Daneben werden Eiweißvermehrung, positiver Ausfall der Globulinreaktionen, gelegentlich auch Abscheidung eines Fibrinnetzes beobachtet.

Das *Fehlen eines positiven Bakterienbefundes* ist das wesentlichste Kennzeichen und oft das einzige Kriterium, durch das sich die prognostisch überaus günstige Meningitis infectiosa circumscripta gegen die durch bakterielle Infektion der Liquorräume selbst hervorgerufenen Meningitiden abgrenzen läßt.

Allerdings muß das Kulturverfahren sehr sorgfältig und nach allen Richtungen hin durchgeführt worden sein, auch mit Wiederholung der Punktion, ehe wir mit Sicherheit die *Keimfreiheit* des Liquors festlegen können.

Am häufigsten führt die *Parotitis epidemica* zu meningitischen Zustandsbildern unter Entwicklung eines Liquorbefundes, der dem bei Meningitis infectiosa circumscripta entspricht. Man findet oft eine hohe lymphocytäre Pleocytose, die Eiweißvermehrung ist verhältnismäßig gering, der Zucker meist nicht oder nur mäßig erniedrigt. Als „Méningite ourlienne" ist das Krankheitsbild in Frankreich sehr geläufig und steht der akuten aseptischen Meningitis recht nahe.

Weitere Erkrankungen, bei denen die gleiche cerebrale Komplikation beobachtet wird, sind die Pneumonia crouposa, ferner Pertussis, Scarlatina, Morbilli, Typhus, Paratyphus, Ruhr, septische Erkrankungen, Polyarthritis rheumatica acuta, Diphtherie sowie schwere Fälle von Malaria. Fast bei jeder akuten Infektionskrankheit können derartige Liquorbefunde auftreten.

Das *Fleckfieber* mit seinen häufigen cerebralen Komplikationen zeigt sehr oft Liquorveränderungen, fast regelmäßig besteht eine Drucksteigerung, das Globulin ist oft vermehrt, die Kolloidkurven zeigen pathologische Ausfälle. Regelmäßig entsteht Pleocytose, neben polynucleären Leukocytosen finden sich verschiedengestaltige lymphocytäre Elemente und große, vakuolenhaltige Mononucleäre. Gelegentlich liegt bei Fleckfieber eine Meningitis haemorrhagica vor. Während die WaR. im Blut oft positiv ist, ist sie im Liquor häufig negativ oder viel schwächer als im Blut. Lumbalpunktionen wirken sich bei dieser Erkrankung wegen der praktisch immer vorhandenen Drucksteigerung günstig aus.

f) Weilsche Krankheit[1].

Hinter cerebralen Erkrankungen, die stark Fällen von aseptischer oder idiopathischer Meningitis gleichen und die häufig unter nur ge-

---

[1] Beitzke: Handbuch der ärztlichen Erfahrungen im Weltkrieg 8 (1921). — Bingel: Dtsch. Z. Nervenheilk. 141, 132. — Drägert: Virchows Arch. 292, 452 (1934). — Garnier, Nicaud u. Maisler: Ref. Zbl. Neur. 61, 333. — Harvier u. Wilm: Ref. Zbl. Neur. 61, 334. — Hegler: Klin. Fortbildg 1934, H. 3, 369. — Laignel-Lavastine, Boquien u. Puymartin: Ref. Zbl. Neur. 61, 333. — Troisier et Boquin: La spirochétose méningée. Masson & Cie. 1933. — Uhlenhuth: Dtsch. med. Wschr. 1936, Nr 22.

ringem Krankheitsgefühl verlaufen, können sich nicht so selten meningitische Formen der WEILschen Krankheit verbergen. Diese Fälle können manchmal so symptomarm verlaufen, z. B. ohne Auftreten eines Ikterus, mit fehlender conjunctivaler Injektion, daß es bei unklaren Meningitiden, bei denen sich weder bakteriologisch noch ätiologisch etwas nachweisen läßt, immer wieder notwendig wird, die WEILsche Komplementbindungsreaktion nach GAETHGENS sowohl im Blut als auch im Liquor durchzuführen. Gesichert wird allerdings die Diagnose erst dadurch, daß während des Verlaufs der Erkrankung ein Ansteigen des Titers beobachtet wird, denn eine positive Reaktion kann nach überstandener Krankheit noch lange Zeit bestehen bleiben, andererseits werden auch, wenn zwar äußerst selten, Spontanagglutinationen beobachtet.

W. MÜLLER beschrieb ein bei einem 22jährigen Mann aufgetretenes meningitisches Zustandsbild bei symptomenarmer WEILscher Krankheit. Die Liquoruntersuchung ergab eine Zellzahl von 555/3, eine deutliche Albuminvermehrung sowie einen mäßig tiefen Ausfall der Mastixzacke. Die Agglutination auf Weil im Blut ergab: zuerst einen Titer von 1:400, in der zweiten Woche von 1 : 800 und am Ende der vierten Woche von 1 : 25000. Die Reaktion fiel im Liquor ebenfalls positiv aus.

Wir kommen jetzt zur Besprechung der Meningitiden mit *positivem Bakterienbefund*; das grundlegende Unterscheidungsmerkmal gegenüber den eben besprochenen Fällen von aseptischer Meningitis besteht darin, daß ein Übertritt des Erregers in die Liquorräume selbst erfolgt, womit sich die Prognose der Erkrankung und der weitere klinische Verlauf grundlegend ändern.

g) Meningitis epidemica.

Die Erkrankung wird durch einen einzigen Erreger, den Diplococcus intracellularis meningitidis, oder Meningococcus (Weichselbaum) verursacht. Die Liquorveränderungen sind folgende:

1. Druck: Stark erhöht, meist 400—500 mm H_2O.
2. Stärkere Trübung, oft leichte Xanthochromie und grünliche Verfärbung.
3. Eiweiß: Stark vermehrt, Eiweißquotient erhöht.
4. Kolloidkurven: Stärkere Ausfälle im rechten Kurvenschenkel.
5. Zucker: Vermindert oder nicht mehr nachweisbar.
6. Luesreaktionen: Negativ.
7. Pleocytose: Erst Leukocyten, dann Lymphocyten.
8. Bakteriologisch und in der Kultur Meningokokken nachweisbar.

Die Erkrankung spielt sich primär in dem Kammersystem des Cerebrums ab, so daß nicht selten der Liquorabfluß aus den Ventrikeln durch entzündlichen Verschluß verlegt wird. Wie kaum bei einer anderen

Form der Meningitis bilden sich besonders frühzeitige Verklebungen
und Verwachsungen heraus. So kann es vorkommen, daß der Zisternen-
oder Lumballiquor kein richtiges Bild vom Stand der Erkrankung geben,
sobald diese Abschnitte des Liquorsystems nach den Ventrikeln hin abgeschlossen sind. Entleert sich bei Lumbalpunktion keine zur Entlastung
der intrakraniellen Drucksteigerung genügende Liquormenge, so sollte
auf jeden Fall zisternal punktiert werden. Bei Kindern wird sogar des
öftern zur Entlastung eine Ventrikelpunktion durchgeführt.

Aus dem infolge starken Zellgehalts sehr trüben Liquor setzt sich
ein eitriges Sediment ab. Die Zellzahl beträgt mehrere 1000/3, zu
Beginn der Erkrankung fanden sich ausnahmslos Leukocyten. Mit Rückgang der Krankheit sinkt die Zellzahl wieder ab, die Leukocyten werden

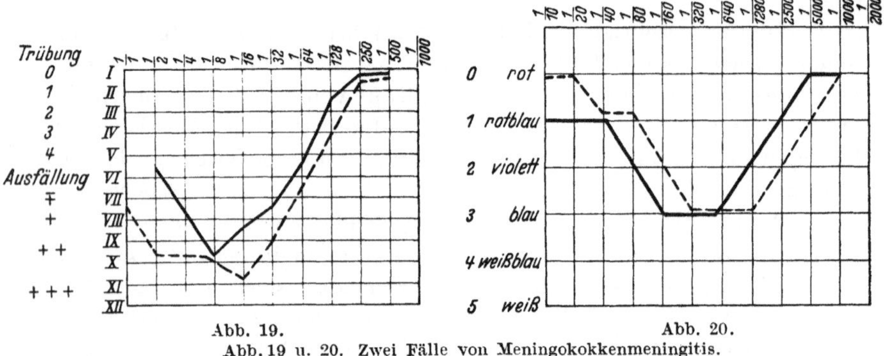

Abb. 19.   Abb. 20.

Abb. 19 u. 20. Zwei Fälle von Meningokokkenmeningitis.

von lymphocytären Elementen zurückgedrängt, eine leichte Lymphocytose kann noch längere Zeit nach Abklingen der meningitischen Symptome bestehen bleiben. Das Eiweiß ist stark vermehrt, die Phase I
und die PANDYsche Rekation stark positiv, das Gesamteiweiß durchschnittlich höher als bei der tuberkulösen, niedriger als bei anderen
eitrigen Meningitiden. In den Anfangsstadien der Erkrankung folgt die
Eiweißvermehrung der bereits sehr ausgeprägten Pleocytose meist erst
nach. Besonders hohe Eiweißwerte werden nach Entstehen von entzündlichen Verklebungen in den unterhalb derselben gelegenen Liquordepots, insbesondere im Lumballiquor, beobachtet. Der Eiweißquotient
kann mit 0,25 erhalten sein, meist ist er auf 0,5—0,9 erhöht, auch Werte
über 1,0 kommen schon zu Beginn vor. Ein Fibrinnetz ist bisweilen
zu beobachten.

Die Kolloidkurven zeigen zumeist ein tiefes Maximum im mittleren
oder rechten Teil der Kurve (Abb. 19 u. 20). Das Maximum kann auch
im linken Kurventeil liegen, nach Art einer Paralysekurve. Kurven mit
doppeltem Maximum werden besonders bei eiweißreichen Liquores beobachtet.

Die Sicherstellung der Diagnose kann indessen allein durch den bakterioskopischen Nachweis des Diplococcus Weichselbaum (Meningococcus) im Liquor erfolgen.

Die Ausstrichpräparate werden hierzu mit Löfflerschem Methylenblau gefärbt. Der Meningococcus färbt sich dabei kräftig; in der Mehrzahl der Fälle sieht man erst bei genauer Durchuntersuchung Diplokokken in Semmelform, ähnlich den Gonokokken vorzugsweise extracellulär liegend. Die Kokken liegen vielfach in mehreren Exemplaren beieinander, häufig in Tetradenanordnung. Die Einzelglieder sind in ihrer Größe variabel.

h) Meningitis tuberculosa.

Wie bei fast jedem entzündlichen cerebralen Prozeß ist der Liquordruck erhöht. Ein normaler Druck kann allerdings durch meningeale Verwachsungen vorgetäuscht werden, außerdem braucht zu Beginn der Erkrankung noch kein gesteigerter Druck zu bestehen.

Der Liquorbefund ergibt:

Drucksteigerung bei klarem Liquor; nach längerem Stehen setzt sich oft ein Spinnwebsgerinnsel ab.

Zellen: Pleocytose, lymphocytär. Die Zellzahl beträgt mehrere 100/3.

Gesamteiweiß: Auf das 4—5fache durchschnittlich vermehrt mit relativer Zunahme der Globuline.

Eiweißquotient: 0,25—0,8.

Globulinreaktionen: Nonne schwach positiv, Pandy stärker positiv.

Zucker: Immer erniedrigt oder nicht mehr nachweisbar.

Kolloidkurven: Meningitiskurve.

Chloridgehalt: Erniedrigt.

WaR.: Negativ.

Bakteriologisch: Tuberkelbacillen nachweisbar.

Die Spinalflüssigkeit zeigt im allgemeinen, mag es sich um Anfangs- oder Endstadien handeln, bei dieser Erkrankung eine wasserklare Beschaffenheit. Nur in der Minderzahl der Fälle ist das Punktat mäßig getrübt. Eine recht seltene Eigenheit des Liquors bei tuberkulöser Meningitis ist Xanthochromie. Sie rührt entweder von kleinen Blutextravasaten aus der Dura mater her, wodurch sich dann ein pachymeningitischer Prozeß charakterisiert, oder tritt nach der Ausbildung von Verwachsungen in dem nach oben hin abgesperrtem Liquor auf.

Zu den besonders typischen Eigenschaften der Spinalflüssigkeit bei Meningitis tuberculosa gehört es, daß sich das Fibrin als feines, spinnwebenartiges Netz abscheidet, sobald man den im Reagensglas befindlichen Liquor einige Zeit stehenläßt.

Die Fibrinnetzausscheidung ist andererseits nicht pathognomonisch für die Meningitis tuberculosa allein; sie tritt unter anderem auch bei

Sinusthrombosen mit und ohne infektiöse Ursache, bei Meningitis infectiosa ohne positiven bakteriellen Befund und Pachymeningitis auf. Selten findet sie sich jedoch bei eitrigen Meningitiden. Nach DEMME ist der komplexe Begriff der „Meningitis tuberculosa" nach pathologisch-anatomischen Gesichtspunkten genauer zu präzisieren, um bestimmten Formen der Tuberkulose des Zentralnervensystems entsprechende Liquorsyndrome zuordnen zu können. Er trifft eine deutliche Unterscheidung zwischen:

1. Tuberkulose der Meningen, meist als Teilerscheinung einer Miliartuberkulose, der häufigsten Form. Die Liquorveränderungen bestehen in einer Pleocytose von 50/3—507/3 Zellen, überwiegend Lymphocyten. Das Eiweiß ist nur mäßig vermehrt, relativ überwiegen die Globuline.

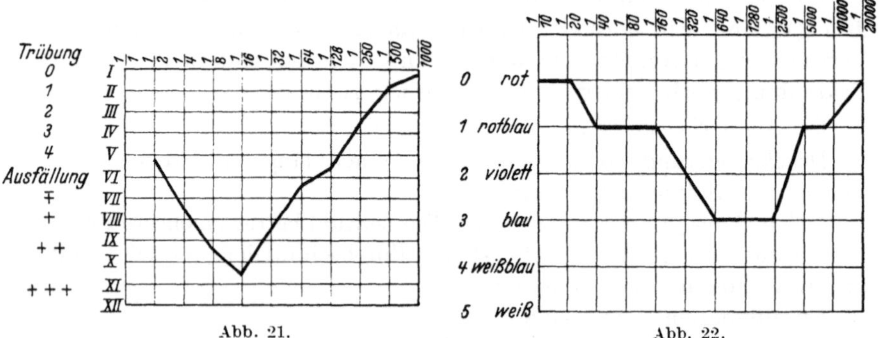

Abb. 21.   Abb. 22.

Abb. 21 u. 22. Tuberkulöse Meningitis mit Gesamteiweiß von 600 mg%, Nonne: Trübung, Pandy: + + + +, Zellzahl 300/3 (Lymphocyten). Zucker negativ. Starke Xanthochromie. Im Sediment: Tbc.-Bac. +.

Die Kolloidreaktionen zeigen meist eine mittelstarke, nie maximale Flockung im mittleren Teil der Kurve. In den Anfangsstadien gelingt hier der Tuberkelbacillennachweis oft nicht, im weiteren Verlauf finden sich die positiven Befunde häufiger.

2. Eigentlicher Meningitis tuberculosa (exsudative Form der Meningealtuberkulose).

Hier findet sich eine viel stärkere Pleocytose, die bis zu mehreren 1000/3 Zellen betragen kann. Vielfach überwiegen hier anfangs die polynucleären Leukocyten, die im Verlauf der Erkrankung dann allmählich durch Lymphocyten ersetzt werden. Die Eiweißwerte erreichen das 10—20fache der Norm. Die Kolloidreaktionen zeigen ein stark nach rechts verschobenes Maximum, ohne daß die Flockung selbst besonders ausgeprägt zu sein braucht. Bei dieser Form finden sich im Liquor fast stets Tuberkelbacillen. Ein typischer Fall wird als Beispiel angeführt.

Zwischen den beiden erwähnten Krankheitsformen gibt es begreiflicherweise alle Übergänge; ist allerdings die Meningitis nur eine Begleiterscheinung einer tuberkulösen Encephalitis, so hängen die

Liquorveränderungen weitgehend von der Lokalisation ab. Im allgemeinen entsprechen sie den Befunden bei der Miliartuberkulose der Meningen.

3. Eine aseptische Meningitis oder Meningitis sympathica kommt als Reaktion auf meningennahe Tuberkel zur Beobachtung. Tuberkelbacillen sind dann nicht im Sediment vorhanden, falls nicht der Prozeß in die Liquorräume eingedrungen ist. Das Spinngewebsgerinnsel fehlt meist.

Erkrankt ein Syphilitiker an tuberkulöser Meningitis, so kann im Liquor eine positive WaR. auftreten, was fälschlich zur Annahme des Vorliegens einer Paralyse oder Lues cerebri führen kann.

Der wichtigste Punkt bei der Untersuchung der Spinalflüssigkeit bei tuberkulöser Meningitis ist das Auffinden der Tuberkelbacillen. Da die Zahl der Stäbchen meist eine nur sehr geringe ist, gestaltet sich das Suchen danach oft mühsam, gelegentlich muß stundenlang gesucht werden, ehe man ein einwandfreies Exemplar zu Gesicht bekommt.

Der Nachweis gelingt am leichtesten im Fibrinnetz. Es kommt nur darauf an, daß das zarte Gewebe sich nicht zusammenballt. Dies gelingt am besten, wenn man den im Reagensglas befindlichen Liquor in der Weise über einen Objektträger, der in eine Petrischale gelegt ist, ausgießt, daß das Netz mit hinübergespült wird. Darauf läßt man die Flüssigkeit vom Objektträger ablaufen, indem man das Netz auf dem Glas mit einer Glasnadel festhält. Es folgt darauf Fixierung über der Flamme und Färbung nach ZIEHL-NEELSEN.

Hat sich kein Netz abgesetzt, dann muß das Liquorsediment vorbereitet werden. Resultate des Tierversuchs und der Kultur kommen meist bei der rasch verlaufenden Meningitis tuberculosa zu spät.

i) Pneumokokkenmeningitis.

Diese Meningitisform ist die häufigste der durch Eitererreger hervorgerufenen Hirnhautentzündungen. Der Erreger, der Streptococcus lanceolatus, vermehrt sich in den Meningen sehr rasch. Die Liquorveränderungen sind daher meist recht erhebliche, der Nachweis des Erregers gelingt leicht.

Liquor: Stark getrübt bzw. eitrig, leicht grünlich verfärbt.

Zellzahl: 10000/3—20000/3 Leukocyten.

Gesamteiweiß: Stark vermehrt, bei nur leicht erhöhtem Eiweißquotienten.

Kolloidkurven: Maximum weit nach rechts verlagert.

Zuckerwerte: Vermindert.

Die Pneumokokken lassen sich leicht im Gram-Präparat des Sedimentausstrichs erkennen; man sieht massenhaft Gram-positive Diplokokken, die zum größten Teil extracellulär angeordnet sind. Des öfteren

kommt ein um die einzelnen Kokkenpaare gelegener heller Hof, die
Kapsel, zur Beobachtung. Die Kultur gelingt mit serumhaltigen Nähr-
böden oder auf Blutplatten.

Als Beispiel für die bei Pneumokokkenmeningitis auftretenden
schwersten Liquorveränderungen diene folgender Fall. Bei einem Patienten mit Hypophysentumor erfolgte durch Eindringen des Erregers
in die Liquorräume, wahrscheinlich von der Nase aus, eine schwere
Meningitis.

Bei *Staphylo- und Streptokokkenmeningitiden* beobachtet man praktisch die gleichen Liquorveränderungen; die Erreger sind meist in gleicher

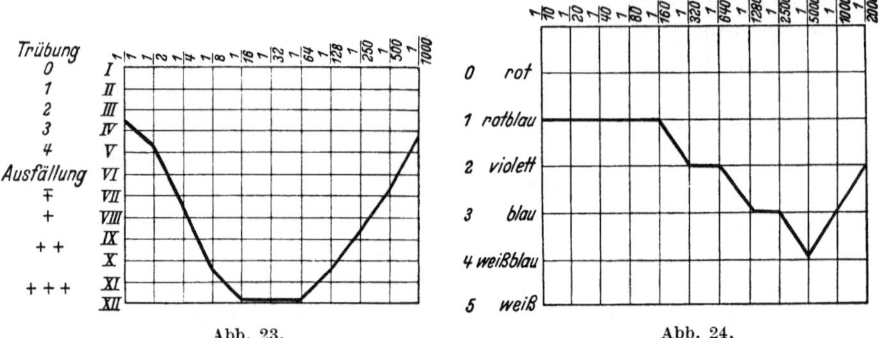

Abb. 23.   Abb. 24.

Abb. 23 u. 24. Pneumokokkenmeningitis mit weit rechts verlagerten Kolloidkurven. Die Zellzahl betrug 48 000/3 (Eiter). Nonne: Trübung. Pandy: + + + +. Gesamteiweiß 1040 mg%.
$\frac{\text{Globuline}}{\text{Albumine}} = \frac{220}{820} = 0{,}26$. Zucker negativ. Pneumokokken im Liquorsediment +.

Zahl vorhanden, so daß ihr Nachweis keine größere Schwierigkeiten
macht. Finden sich kulturapathogene oder wenig pathogene Staphylokokken, so ist immer an eine Verunreinigung der Liquorprobe zu
denken.

k) Bacillus Bang-Meningitis.

Praktisch recht wichtig ist die durch den *Bacillus abortus Bang* hervorgerufene Meningitis, die nicht so selten bei in der Landwirtschaft
Tätigen auftritt. Bei einem von ROEDER beobachteten Fall lagen ausgeprägte meningitische Veränderungen des Liquors vor; Bang-Agglutinine
im Blut und Liquor waren zu Beginn der Erkrankung nachzuweisen und
stiegen während des weiteren Verlaufs an, um nach Ausheilung wieder
abzusinken. Im Liquor konnte ebenfalls der Bacillus nachgewiesen
werden; JACOBSTHAL beschrieb einen identischen Fall.

l) Spirochätenmeningitis.

Spirochätenmeningitiden scheinen ziemlich selten zu sein. Bei der
WEILschen Krankheit, die durch die Spirochaeta icterogenes verursacht
wird, werden Meningitiden beobachtet. In neuester Zeit ist die meningeale

Form des Fleckfiebers beschrieben worden[1]. Von 17 Fleckfieberkranken zeigten 6 eine Meningitis, der Liquordruck war stark erhöht, die Globulinreaktionen stark positiv; es bestanden hohe leukocytäre Pleocytosen bis zur eitrigen Beschaffenheit des Liquors. Die Erkrankung, welche durch die Leptospiren, einer Spirochätenart, verursacht wird, wurde von SCHITTENHELM als abgekürzte WEILsche Erkrankung bezeichnet.

m) Durch niedere Pilzarten verursachte Meningitiden[2].

Infektionen der Liquorräume mit *niederen Pilzarten* führen zu chronischen Meningitiden (Hefen, Actinomyces). RIEBELING beschrieb 1933

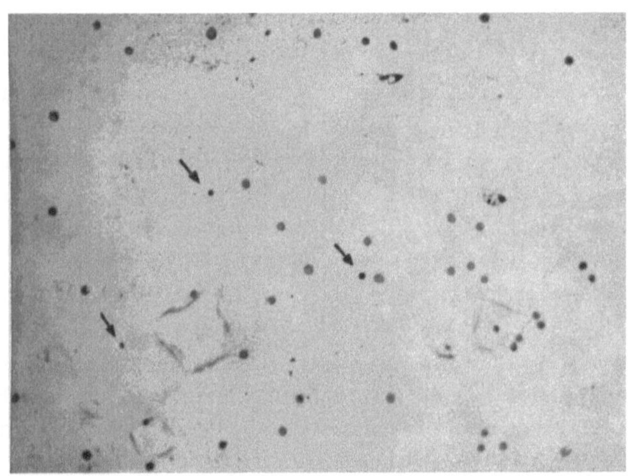

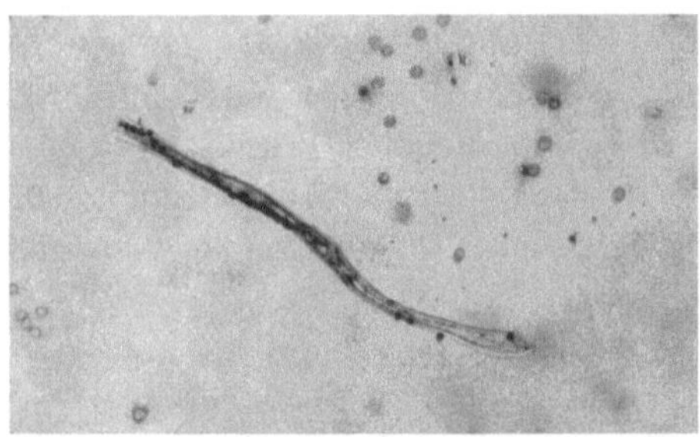

Abb. 25. Mycelfäden mit Sporenbildung im Liquorsediment bei Blastomykose des Zentralnervensystems. (OTTO STOCKDORF: Z. klin. Med. **136**, H. 5, 580—581.)

einen sehr interessanten Fall von Blastomykose des Zentralnervensystems, die im Gegensatz zu bisher beobachteten Fällen in Heilung

---

[1] LOBMEYER, H.: Münch. med. Wschr. **87**, 205 (1940).

[2] BENDA: Dtsch. med. Wschr. **1907 II**, 945. — BINGOLD: Münch. med. Wschr. **1930 II**, 1995. — BRUMPT: Précis de parasitologie, 5. Aufl., Teil 2. 1936. — BUSCHKE-JOSEPH: Die Sproßpilze. Handbuch pathogenetischer Mikroorganismen,

ausging. Die Blastomykose war der Begleitbefund bei einer Psychose manischer Färbung. Der Liquor ergab anfangs, mit den üblichen Methoden untersucht, einen anscheinend normalen Befund; es fanden sich jedoch im Sediment Mycelfäden mit Sporenbildung (s. Abb. 25). Der Erreger der Blastomykose ließ sich außerdem aus Blut und Liquor in Traubenzucker, später auf Agar und in gewöhnlicher Bouillon züchten. Der Liquor zeigte bei der Kranken nur einmal ein meningitisches Syndrom mit 6,0 Teilstrichen Gesamteiweiß und 4000/3 Zellen.

Die *Sporotrichose* kann beim Menschen als Meningitis in Erscheinung treten. Die Parasiten finden sich mit Vorliebe in den Makrophagen und sind an ihrer Struktur zu erkennen.

n) Meningismus bei Wurmkrankheiten.

Bei *Wurmkrankheiten* wird gelegentlich ein toxischer Meningismus beobachtet, der Liquor zeigt lediglich leichte Veränderungen im Sinne einer Pleocytose, geringer Eiweißvermehrung und leichter Drucksteigerung.

2. Lues.

Das bekannte NONNEsche Schema der „vier Reaktionen“:

1. Phase I. Reaktion,	3. WaR. im Liquor,
2. Zellzählung,	4. WaR. im Blut,

das er für die Erkennung luischer Erkrankungen aufstellte, hat im Verlauf der beiden letzten Jahrzehnte einige recht wesentliche Ergänzungen erfahren, und zwar durch die heute diagnostisch unentbehrlichen Kolloidreaktionen, sowie die quantitativen, Globuline und Albumine getrennt erfassenden Eiweißbestimmungen.

a) Primäre Lues.

Liquorveränderungen bei primärer, seronegativer Lues gehen im allgemeinen kaum über eine Erhöhung des Druckes sowie eine leichte Pleocytose hinaus. BRANDWEINER, MÜLLER und SCHACHERL berichten über Pleocytosen von 20/3 in der vierten Woche nach der Infektion. Auf

3. Aufl., Bd. 5, 1. 1928. — CASTELLANI: Arch. of Dermat. 16/17 (1927/28). — DEMME-MUMME: Dtsch. Z. Nervenheilk. 127, 1 (1932). — FREEMAN: J. f. Psychiatr. 43, 304 (1931). — HANSEMANN, v.: Zbl. Path. 16, 802 (1905). — HUDELO-SARTORY-MONTLAUR: C. r. Acad. Sci. Paris 170, 1086 (1920). — KLARFELD: Z. Neur. 58, 176 (1920). — MACBRYDE-THOMPSON: Arch. of Dermat. 27, 49 (1933). — HEINE: Med. Klin. 1939, 623. — MUMME-LIPPELT: Z. klin. Med. 135, 187 (1938). — NICOD: Schweiz. med. Wschr. 68, 1030 (1938). — QUODBACH: Zbl. Path. 69, 227 (1938). — REWBRIDGE-DODGE-AYERS: Amer. J. Path. 5, 349 (1929). — RIEBELING: Tagung der Nordwestdeutschen Psychiater und Neurologen. Ref. Allg. Z. Psychiatr. 102, 163 (1934). — ROGERS-JELSMA: J. amer. med. Assoc. 100, 1030 (1933). — SEIFRIED: Z. Inf.krkh. Haustiere 36, 18 (1929). — TÜRCK: Arch. klin. Med. 90, 335 (1907). — VERSE: Zbl. Path. 25, 408 (1914). — ZENKER: Ber. Ges. Natur- u. Heilk. 1861.

die Zellvermehrung folgt eine nachweisbare Vermehrung des Globulins mit positiv werdenden Kolloidreaktionen. Die WaR. im Liquor kann mit dem Auftreten der Liquorveränderungen positiv werden. MILLS stellte bei primärer Lues in 8,8% seiner Fälle eine positive WaR. im Liquor fest; in etwa der Hälfte dieser Fälle mit positiver Liquorreaktion war die WaR. im Serum negativ.

Mit dem Positivwerden der WaR. im Blut nimmt die Häufigkeit der Liquorveränderungen zu, und zwar in erster Linie in Form einer Zellvermehrung sowie einer Liquordrucksteigerung, selten fällt die WaR. im Liquor positiv aus.

b) Sekundäre Lues.

Eine Druckerhöhung findet sich bei der sekundären Lues im Verlauf pseudoneurasthenischer Erscheinungen, insbesondere von Kopfschmerzen. Die Befunde können sich gegenüber der primären Lues

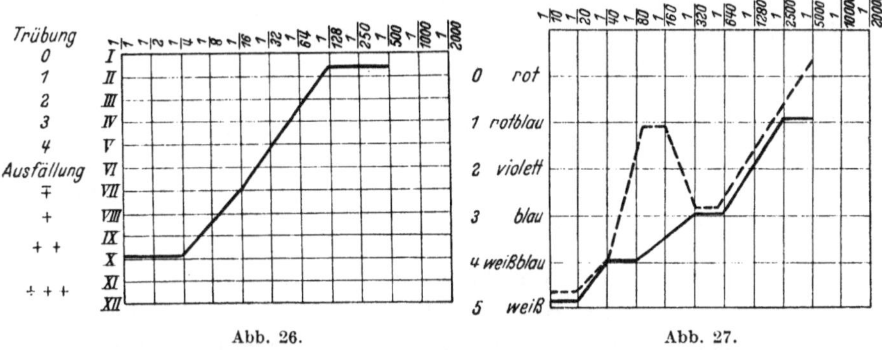

Abb. 26.Abb. 27.

Abb. 26 u. 27. Kolloidkurven bei frühluischer Meningitis 1 Jahr nach erfolgter Infektion.
———— vor antiluischer Therapie.   — — — — 2 Monate nach Hg-Kur.

erheblich verschieben. Die Pleocytose beträgt gelegentlich mehrere 100/3, der Eiweißspiegel ist dann deutlich erhöht, ausgeprägte pathologische Ausschläge treten in den Kolloidkurven auf, die sog. Lueszacke; häufiger wird die WaR. im Liquor bereits bei den niedrigen Konzentrationen (0,2) positiv.

Bei Fällen von frühluischer Meningitis steigern sich diese Befunde zu einem Liquorsyndrom, das mit starker Drucksteigerung, hoher Pleocytose von einigen 1000/3 Zellen, erheblicher Eiweißvermehrung, insbesondere der Albumine, sowie typischen Meningitiskurven, d. h. tiefem Maximum im mittleren oder rechten Schenkel der Kolloidkurven, einhergeht. Die WaR. ist im Liquor bereits bei 0,2 stark positiv, ebenso im Blut. Der Liquorzucker zeigt sehr niedere Werte oder ist überhaupt nicht mehr nachzuweisen. Diese Fälle gehen infolge des gleichzeitig bestehenden Hirndrucks mit Stauungspapille einher, wie einwandfreie

Beobachtungen gezeigt haben; wie eben überhaupt dieses Hirndrucksymptom nicht nur für Tumoren allein charakteristisch ist.

Welch ausgeprägte, schwere Meningitiden bei Frühlues auftreten können, läßt sich an folgendem Fall ersehen. Bei einem Kranken trat ein Jahr nach der erfolgten luischen Infektion ein meningitisches Zustandsbild mit schweren Hirndruckerscheinungen auf, das sogar zur Ausbildung einer Stauungspapille führte. Der Liquordruck war stark erhöht. Die Zellzahl betrug 358/3, das Zellbild zeigte vor allem Lymphocyten, außerdem zahlreiche große Mononucleäre, vereinzelte Plasmazellen.

WaR. im Blut: $++++$, im Liquor: 0,25 $+++$.

Gesamteiweiß 100 mg%. Globuline 50, Albumine 50. Eiweißquotient: 1,0.

Diese Fälle reagieren zum Teil ausgezeichnet auf spezifische Therapie, insbesondere Inunktionskuren mit Hg, und bestätigen die Diagnose durch ihren weiteren Verlauf.

Zusammenfassung.

Die Liquorbefunde sind bei Frühlues charakterisiert durch:

1. Liquordrucksteigerung,
2. geringe lymphocytäre Pleocytose,
3. Eiweißvermehrung, insbesondere Globulinvermehrung,
4. „Lueszacke" der Kolloidkurven,
5. WaR. im Blut stark positiv, im Liquor negativ oder erst in den höheren Konzentrationen (1,0) positiv.

c) Tertiäre Lues.

Bei tertiärer Lues tritt etwa in 20% der Fälle eine Pleocytose auf, und zwar handelt es sich meist um Kranke, bei denen die luische Infektion lange zurückliegt. Das Auftreten positiver Globulinreaktionen (Nonne, Pandy) sowie Erhöhung des Eiweißquotienten kommen kaum bei unkomplizierter Lues III ohne Beteiligung des Zentralnervensystems vor. Die Behandlung mit antiluischen Mitteln bringt in manchen Fällen derartige Pleocytosen zum Verschwinden. Es können allerdings auch behandelte Fälle noch eine erhebliche Pleocytose zeigen. Besondere differentialdiagnostische Schwierigkeiten bereiten Fälle, in denen manisch-depressive Symptome mit einer Pleocytose einhergehen. Es kann sehr schwer sein, z. B. Abgrenzungen zwischen einem mit tertiärer Lues oder Tabes (forme fruste) kombinierten manisch-depressiven Irresein und einer Paralyse zu treffen. Findet sich ein stark positiver WaR. im Liquor, so ist allerdings die Wahrscheinlichkeit, daß eine Paralyse vorliegt, unbedingt gegeben. Reagiert der Liquor in allen Konzentrationen negativ, so braucht man praktisch nicht mit dem Vorliegen einer metaluischen Erkrankung des Zentralnervensystems zu rechnen. Wird hingegen ausschließlich bei den höheren Liquor-Konzentrationen eine positive

Reaktion erhalten, so besteht unbedingt der Verdacht auf das Vorliegen einer Tabes oder Lues cerebrospinalis. Im allgemeinen sind derartige Fälle prognostisch nicht ungünstig, die manisch-depressiven Erscheinungen können verschwinden und die Kranken wiederhergestellt werden. Manchmal hat eine Quecksilber-Inunktionskur eine erhebliche Abnahme der Zellelemente und des Eiweißes zur Folge.

Zu beachten ist immer der Ausfall des Liquor-Wassermanns und der Kolloidkurven, um nicht die incipiente Paralyse zu übersehen und den günstigsten Zeitpunkt für das Einsetzen einer Malariakur zu versäumen.

d) Lues latens.

Bei der Mehrzahl der Fälle ist der Liquorbefund völlig normal, nur selten findet sich eine leichte Pleocytose von 20/3—30/3, ferner gering ausgeprägte pathologische Kolloidkurven („Zacke" im linken Kuppenschenkel). Die Eiweißbestimmung zeigt in etwa 40% (DEMME) eine geringe relative Globulinvermehrung mit Erhöhung des Eiweißquotienten auf 0,5—0,7.

Bei Aortitis luica, überhaupt bei den verschiedenen Formen der Viscerallues, nimmt die Prozentzahl der auftretenden unspezifischen Liquorveränderungen zu, auch wenn die WaR. im Blut negativ ist. DEMME fand bei 2 Fällen von Gumma des Schädeldaches in dem einen Fall einen normalen Blut- und Liquorbefund, im anderen lediglich eine isolierte Vermehrung des Liquoreiweißes. Solche spärlichen, unspezifischen Liquorbefunde geben bei *Fehlen von klinischen Symptomen* keinen Anlaß zu spezifischer Therapie; beim Vorliegen einer ausgeprägten Pleocytose ist allerdings eine milde spezifische Behandlung angebracht.

e) Congenitale Lues.

Bei syphilitischen Säuglingen ohne Zeichen einer Beteiligung des Zentralnervensystems sind etwa in der Hälfte der Fälle Liquorveränderungen vorhanden. Wir finden Pleocytosen, relative Globulinvermehrung, pathologische Linkszacken in den Kolloidkurven.

Recht häufig besteht eine Druckerhöhung, die nicht selten mit einem vorhandenen Hydrocephalus in Zusammenhang steht. Es kommen alle Übergänge von normaler Liquorzusammensetzung bis zu schwersten Veränderungen, die denen einer luischen Meningitis entsprechen würden, vor. Luische Kinder mit hinsichtlich der Lues intaktem Zentralnervensystem haben negative WaR. im Liquor. Besteht dagegen eine Lues cerebrospinalis oder eine juvenile Paralyse, so finden wir die entsprechenden positiven Ausfälle, die keine Abweichungen von den Befunden zeigen, die man bei der erworbenen Lues kennt.

f) Lues des Zentralnervensystems.

α) Progressive Paralyse.

Eines der charakteristischsten Syndrome der Liquordiagnostik überhaupt findet sich bei der *progressiven Paralyse*. Der typische Befund, der eine eindeutige Diagnose erlaubt, ist folgender:

Druck: Normal bis leicht erhöht, Aussehen klar.

WaR.: Blut stark positiv, Liquor 0,2—1,0 stark positiv.

Zellen: 20/3—300/3 (Lymphocyten, Monocyten, Plasmazellen, Gitterzellen; im paralytischen Krampfanfall Leukocytose).

Globulinreaktionen: Stark positiv.

Gesamteiweiß: Mäßig vermehrt, aber sehr ausgeprägte Globulinvermehrung mit Eiweißquotienten bis 1,0 oder höher.

Kolloidreaktionen: „Paralysekurve", d. h. maximaler Ausfall in den ersten Gläsern im linken Schenkel der Kurve.

Auftreten des hämolysierenden Normalamboceptors im Liquor (positive Hämolysinreaktion).

Der Liquor der Paralytiker zeigt positive WaR. nach Erfahrungen der Münchener Psychiatrischen Klinik in 97% der Fälle; negativ reagierende Cerebrospinalflüssigkeit ist eine sehr seltene Ausnahme. Diese Statistik wird allerdings nur erzielt bei Verwendung hochwertiger Extrakte unter Durchführung der WaR. unter optimalen technischen Bedingungen (s. S. 88, Methode).

Das Stadium der Erkrankung hat keinen Einfluß auf den Ausfall der Reaktion, man findet positive Ergebnisse sowohl bei incipienten Fällen wie auch bei fortgeschrittenen Graden paralytischer Demenz und bei Endzuständen. Die Tatsache, daß die WaR. im Liquor bereits in den ersten Anfangsstadien der Paralyse nachweisbar wird, sichert dieser Reaktion ihre große diagnostische Bedeutung. Die WaR. im Serum der Paralytiker ist nahezu hundertprozentig positiv. Ein negativ reagierendes Paralytikerserum ist außerordentlich selten.

β) Tabesparalyse.

Die Tabesparalyse zeigt im allgemeinen dasselbe Bild, wie es einer gewöhnlichen Paralyse entsprechen würde, doch ist durchschnittlich die Zellvermehrung ausgeprägter und erreicht 150/3—300/3 recht häufig. Vielleicht steht dies mit der stärkeren Ausdehnung des meningealen Prozesses in Zusammenhang. Das Verhalten der WaR. ist das gleiche. Der typische Ausfall der Kolloidreaktionen des Liquors, die „Paralysekurve", wird in erster Linie durch die stark fällende Wirkung des im Liquor des Paralytikers vorhandenen Globulins bedingt. Sie ist charakterisiert durch einen maximalen Ausfall in dem linken Kurvenschenkel, im Anfangsteil der Kurve.

Allerdings beobachtet man gelegentlich atypische Kurven, und zwar sog. unvollständige PP.-Kurven, die besonders häufig bei incipienten Erkrankungen gefunden werden. Wahrscheinlich ist in derartigen Fällen der Übergang von stark fällenden Globulinen in den Liquor noch nicht so ausgeprägt wie auf dem Höhepunkt der Erkrankung, so daß die maximale Ausfällung in den ersten Röhrchen nicht voll eintreten kann.

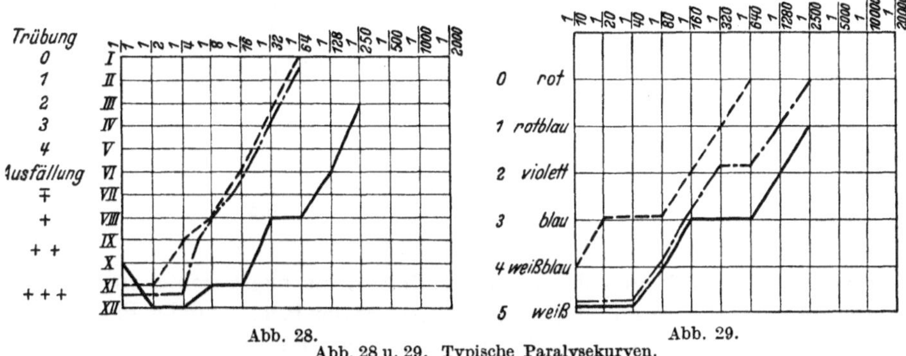

Abb. 28. Abb. 29.

Abb. 28 u. 29. Typische Paralysekurven.

1. ———— vor Malariakur. 2. -·—·- 2 Wochen nach Malariakur. 3. - - - - 2 Monate nach Malariakur und Bismogenol-Salvarsan-Nachbehandlung.

Rechtsverschiebungen der Kurven kommen gleichzeitig mit auffallend hohen Eiweißwerten vor, auch ist in derartigen Fällen der Eiweißquotient niedriger als bei den üblichen Paralyseliquores.

Nach Durchführung einer Fieberkur zeigen die Kolloidkurven, entgegen früheren Anschauungen, oft aber schon früh eine Veränderung. Sowohl Mastix- als auch Goldsolkurve erfahren eine Verlagerung nach links und oben. Der völlige Rückgang zur Norm dauert indessen Jahre; auch kann trotz ausgezeichneter klinischer Remissionen, sozusagen als Narbensymptom, eine Kolloidzacke bestehen bleiben.

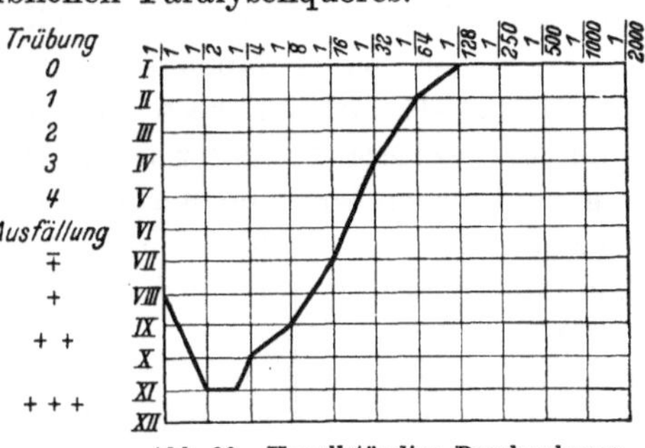

Abb. 30. Unvollständige Paralysekurve.

Als Beispiel ein Fall von *Paralyse*, der die typischen Liquorbefunde und ihre Veränderungen nach erfolgter Therapie aufzeigen soll (s. Tab. S. 130).

Der Befund vor erfolgter Therapie ist mit seiner starken Pleocytose, dem vierfach positiven Liquor-Wassermann bereits in der Konzentration 0,2, dem ebenfalls vierfach positiven Blut-Wassermann, der erheblichen Globulinvermehrung, hohem Eiweißquotienten und den ausgeprägten Kolloidkurven mit dem Maximum in den ersten Röhrchen für progressive Paralyse charakteristisch.

	Nonne	Pandy	Ges.-Eiw. mg%	Glob. mg%	Alb. mg%	E.-Q.	Zellen	WaR. im Liquor/Serum
Vor Behandlung	stark opal.	++++	70	40	30	1,33	112/3	0,2 ++++ ++++ 0,6 ++++ 1,0 ++++
2 Wochen nach Malariakur	Opal.	++	66	20	46	0,43	57/3	0,2 ++++ ++++ 0,6 ++++ 1,0 ++++
2 Wochen nach Malariakur und Bismogenol-Salvarsantherapie	Opal.	+++	50	23	27	0,85	5/3	0,2 ++ ++++ 0,6 ++++ 1,0 ++++
Nach 7 Monaten	Spur	+	33	9	24	0,37	0/6	0,2 ∅ 0,6 + ++++ 1,0 +++

Die erste Veränderung des Liquorsyndroms, die meist immer nach Abschluß einer Malariakur zu beobachten ist, ist der Rückgang der Pleocytose. Die Verminderung der Zellzahl geht auch mit einer Änderung des Zellbildes einher; die Plasmazellen sind verschwunden, es finden sich im wesentlichen nur noch Lymphocyten. Dabei ist zu beachten, daß das zur Heilung der Malaria gegebene Chinin selbst imstande ist, Zellen zu vernichten und dadurch die Zellzahl zu verringern.

Nach durchgeführter Malariakur ist in der Tat die Zellzahl deutlich zurückgegangen, desgleichen die Globulinvermehrung. Die Kolloidkurven zeigen eine beginnende Verschiebung nach links und oben. Die spezifischen Reaktionen bestehen unverändert.

Etwa zwei Monate später, nach inzwischen noch erfolgter antiluischer Therapie, sehen wir eine normale Zellzahl, die Ausfällung im linken Schenkel der Kolloidkurven ist deutlich geringer geworden. Über ein halbes Jahr später haben sich die Eiweißwerte des Liquors wieder der Norm genähert, die WaR. im Liquor ist bei der Konzentration 0,2 negativ, bei 0,6 + und erst bei 1,0 +++. Im Blut ist sie noch vierfach positiv. Es wird häufig beobachtet, daß die WaR. im Liquor rascher negativ wird als im Blut. Der Rückgang vollzieht sich, wie aus unserem Beispiel zu ersehen ist, nur allmählich. Die WaR. ist bei den höheren Liquormengen noch positiv, während die niedrigeren keinen positiven Ausfall mehr ergeben. Die Nebenreaktionen, die MBR. insbesondere, können sich länger im Liquor halten als die WaR. Am resistentesten ist indessen bei der Paralyse die WaR. im Blut. Diese Reaktion wird bei einer ganzen Reihe von Kranken entweder gar nicht negativ, oder kann gelegentlich nach mehreren Schwankungen wieder positiv werden.

Eine leichte Eiweißvermehrung im Liquor kann ebenfalls den Rückgang der anderen Veränderungen überdauern. Bei normalem

Eiweißgehalt bleibt häufig jahrelang eine Verschiebung des Albumin-Globulin-Verhältnisses zurück, die sich in der Erhöhung des Eiweißquotienten äußert. Gelegentlich findet sich allerdings noch eine isolierte Albuminvermehrung.

Abschließend müssen wir noch auf die BOLTzsche Reaktion eingehen.

Nach der Annahme von RIEBELING, WALKER, BLIX und BAKLIN wird bei dieser Probe nicht nur der Nachweis von freiem Tryptophan, sondern auch gleichzeitig von Tryptophangruppen im unzerstörten Eiweißmolekül geführt. Es handelt sich um eine Essigsäureanhydrid-Schwefelsäure-Probe[1], eine Farbreaktion auf Tryptophan.

Nach BOLTZ fällt die Reaktion bei der Paralyse in 100% positiv aus; bei anderen Erkrankungen soll sie hingegen nur selten positiv sein. Eingehende Nachprüfungen haben dies indessen nicht bestätigen können.

Die Reaktion ist bei normalem Liquor stets negativ, fällt aber bei zahlreichen nichtsyphilitischen Erkrankungen positiv aus, so daß sie keine eigentliche Spezifität für Neurolues besitzt.

γ) Tabes dorsalis.

Das Liquorsyndrom bei Tabes dorsalis ist erheblich wechselnder als das der Paralyse.

Die WaR. im Liquor ist oft negativ oder nur schwach ausgeprägt. In jedem Fall ist es dringend erforderlich, die Auswertung nach HAUPT-MANN und HOESSLI vorzunehmen; die übliche Liquormenge von 0,20 ccm enthält oft zu wenig spezifische Reagine, um einen positiven Ausfall hervorzurufen, der dann erst bei 0,6 oder 1 ccm auftritt.

Findet sich hingegen bei einem klinisch als Tabes angesprochenem Fall eine bereits bei der Konzentration 0,2 vierfach positive WaR. im Liquor, so besteht immer Verdacht auf das Vorliegen einer Paralyse, vor allem, wenn ein hoher Eiweißquotient (über 1,0) sowie „Paralysekurven" bei den Kolloidreaktionen aufgetreten sind. Eine Indikation zur Malariatherapie ist dann unbedingt gegeben.

Die WaR. im Blut ist in etwa 60% der Fälle negativ; die WaR. kann weiterhin im Blut negativ sein, trotzdem sie im Liquor positiv ist, wie es auch umgekehrt vorkommt, daß die Reaktion im Blut positiv und im Liquor negativ ist.

Durch Einsatz der MKR. und der MBR. erzielt man jedoch in zahlreichen Wassermann-negativen Fällen positive Resultate. Je exakter und subtiler die WaR. durchgeführt wird, desto seltener werden allerdings derartige Fälle.

---

[1] RIEBELING hat zum Nachweis freien Tryptophans im Liquor die einfache Schwefelsäureprobe nach vorheriger Enteiweißung angewandt. Gehäuft positive Reaktionen beobachtete er bei der Meningitis tbc. im Gegensatz zu anderen Meningitiden. Bei *eitrigem* Liquor ist die Probe nicht verwertbar.

Eine frische, unbehandelte Tabes zeigt im allgemeinen folgende Liquorbeschaffenheit:

1. Klares Aussehen bei normalem Druck.
2. Zellen: 12/3—200/3 (meist kleine Lymphocyten).
3. NONNEsche Reaktion, Pandy, Weichbrodt: Opalescenz.
4. Gesamteiweiß: Auf das 2—3fache vermehrt. 35—70 mg%.
5. Eiweißquotient: Mäßig erhöht (0,3—0,9).
6. Kolloidreaktionen: Mäßige, unvollständige Ausfällung in den ersten Gläsern, im linken Kurvenschenkel (Abb. 31).

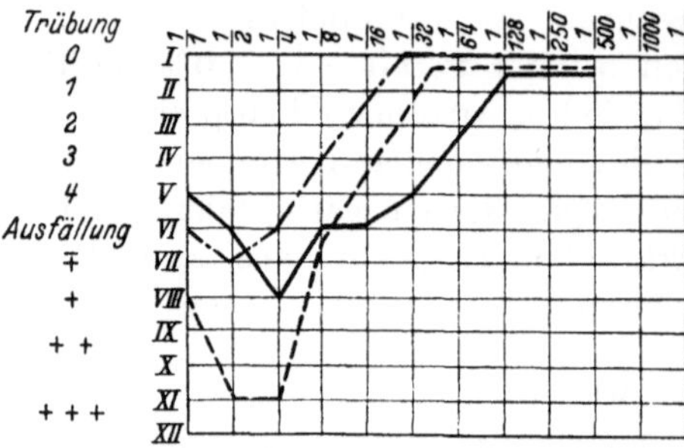

Abb. 31. Kolloidkurven bei Tabes dorsalis.

Tabische Krisen rufen Polynucleose im Liquor hervor. Die bei Tabes gefundenen Kolloidkurven sind in keiner Weise für diese Erkrankung spezifisch, so daß es nur irreführend ist, von „Tabeskurven" zu sprechen. Derartige Kurven werden auch bei zahlreichen anderen organischen Erkrankungen des Zentralnervensystems beobachtet, insbesondere bei der multiplen Sklerose. Normale Kurven finden sich etwa in einem Drittel der Fälle.

Bei der Tabes wird allerdings nicht nur der beschriebene Kurventypus gefunden; vereinzelt trifft man auch bei reiner Tabes „Paralysekurven" an oder, bei meningitischen Reaktionen im Verlauf einer Tabes, rechts verschobene Kurven mit tiefem Maximum im Kurvenmittelteil.

δ) Lues cerebrospinalis.

Bei vorwiegend meningealen Formen finden sich alle Veränderungen des Liquors, die für jede entzündliche Erkrankung der Hirn- und Rückenmarkshäute charakteristisch sind, doch treffen wir sie hier mit meist stark positiv ausfallenden Luesreaktionen kombiniert. Es besteht neben einer starken Drucksteigerung häufig eine Xanthochromie, ferner erhebliche Pleocytose (Lymphocyten vorwiegend, aber auch Polynucleäre), die bis zu mehreren 1000/3 betragen kann. Die Eiweißvermehrung hängt weitgehend vom Grad der meningealen Reaktion ab; sie kann erhebliche Werte erreichen, meist wird sie aber nicht so hoch wie bei eitrigen Meningitiden. Die oft vorhandene deutliche Trübung des Liquors beruht auf der Zellvermehrung. Die Globuline sind relativ zum Gesamteiweiß vermehrt, doch erreicht die relative Zunahme der Globulinfraktion geringere Grade als bei der Paralyse; der Quotient bleibt unterhalb 1,0.

Die WaR. ist sowohl im Liquor (bereits bei 0,2) wie auch im Serum stark positiv, ebenso die übrigen Luesreaktionen, wie MKR. und MBR.

Die Kolloidreaktionen zeigen gehäuft bei dieser Erkrankung nach rechts verschobene Kurven mit einer mehr oder weniger tiefen Fällungszone im Mittelteil der Kurven, jedoch kommen auch Kurven vom „Paralysetyp" zur Beobachtung.

Die Glucose ist meist, wie bei allen meningitischen Erkrankungen, erniedrigt.

Als einschlägiges Beispiel wird in folgendem das Liquorsyndrom bei einer meningitischen Form von Lues cerebri angeführt, ein Fall, bei dem gleichzeitig ein generalisiertes papulöses Exanthem bestand.

Zellen in 1 cmm: 1344/3. Zellart: 86% Lymphocyten.

WaR.: ++++ bei 0,2.

Flockungsreaktion: MKR. II: ++++. MBR.: ++++.

Nonne: Stark opalesc. Pandy: ++++.

Gesamteiweiß: 300 mg%. Globulin 50, Albumin 250. Eiweiß-Quotient: 0,2.

Zucker: 34,2 mg%.

Spur xanthochrom.

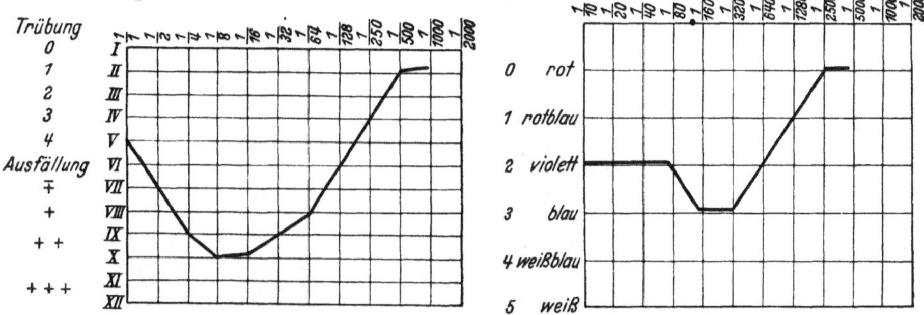

Abb. 32.   Abb. 33.

Abb. 32 u. 33. Liquorsyndrom bei akuter Meningitis luica (Basalmeningitis) und gleichzeitig bestehendem generalisiertem papulösem Exanthem.

Die mehr chronischen Formen zeigen niedrigere Zellzahlen, schwächere Eiweißvermehrung, die Kolloidkurven sind weniger ausgeprägt. Der Liquor-Wassermann wird meist erst in den höheren Konzentrationen positiv bei stark positiver Blutreaktion. Im Verlauf derartiger Erkrankungen aufgetretene Verwachsungen mit Behinderung der Liquorpassage führen je nach ihrer Ausbildung, wie bei allen anderen Meningitiden, zu mehr oder weniger ausgeprägten Stauungssyndromen.

ε) Endarteriitis syphilitica.

Fälle von Endarteriitis syphilitica ohne wesentliche meningeale Reizerscheinungen führen dahingegen zu Liquorveränderungen, die mehr denen der Tabes dorsalis entsprechen.

Es besteht keine oder nur geringe Drucksteigerung; die (vorwiegend lymphocytäre) Pleocytose überschreitet mehrere 100/3 Zellen kaum.

Das Gesamteiweiß ist auf das 2—3fache erhöht. NONNEsche Reaktion und Pandy stets positiv. Infolge der relativen Globulinvermehrung ist der Eiweißquotient deutlich erhöht.

Die Kolloidreaktionen weisen in frischen Fällen stets einen Verlauf auf, wie er häufig bei Tabes gefunden wird, d. h. ihr Maximum liegt im linken Kurvenschenkel (Lueszacke). Die Abgrenzung gegen eine Paralyse kann dadurch schwierig werden, daß auch bei dieser Erkrankung sehr ähnliche Kurven auftreten können, zudem besteht gerade dann auch ein hoher Eiweißquotient.

Die WaR. ist allerdings, im Gegensatz zur Paralyse, im Liquor bei 0,2 ccm oft negativ und erst in den höheren Konzentrationen positiv. Frische Fälle zeigen meist bei 1,0 eine positive Reaktion (DEMME). Der Blut-Wassermann ist in der Hälfte der Fälle von Endarteriitis luica negativ. Der Ausfall der WaR. in Blut und Liquor weist somit einen erheblichen Unterschied gegenüber dem voll ausgeprägten humoralen Syndrom bei Paralyse auf.

Bei antiluischer Therapie bildet sich der Liquorbefund langsam, aber kontinuierlich zurück, als Restsymptom bleibt aber meist eine kleine Kolloidzacke oder eine Erhöhung des Eiweißquotienten lange Zeit bestehen.

ζ) Gummen des Zentralnervensystems
führen viel weniger als spezifische chronische Entzündungsherde zu Liquorveränderungen, sondern in erster Linie durch ihre raumbeschränkende, ihre Tumor-Wirkung. Ein tief innerhalb des Marklagers einer Hemisphäre liegendes Gumma braucht keinerlei Liquorveränderungen hervorzurufen, während ein peripher lokalisiertes, das an die Hirnoberfläche oder an die Meningen selbst heranreicht, zu Pleocytose, meist geringen Ausmaßes, sowie zu Eiweißvermehrung und pathologischen Kolloidreaktionen führt. Es sind aber dies völlig unspezifische Auswirkungen auf die Liquorbeschaffenheit, sie können auch bei Tumoren verschiedensten morphologischen Aufbaues auftreten. *Sehr oft ist bei cerebralem Gumma die WaR. im Liquor negativ, während sie im Blut stark positiv ist.*

3. Multiple Sklerose.

Die Diagnose der multiplen Sklerose, in erster Linie die Frühdiagnose, beruht neben der Erkennung der initialen neurologischen Symptome weitgehend auf dem Ergebnis der Liquoruntersuchung. Der Liquordruck ist bei dieser Erkrankung in der Regel normal; in Ausnahmefällen kommen leichte Druckerhöhungen vor. Die Zellzahlen sind nahezu in 50% der Fälle vermehrt, Grenzwerte bis 10/3 recht häufig. Erhöhte Werte liegen meist zwischen 10/3 und 30/3 Zellen. Gelegentlich finden sich bei dem ersten Schub einer multiplen Sklerose Zellzahlen über 100/3,

doch ist Derartiges recht selten. Was die Art der Zellen anbetrifft, so
handelt es sich meist um kleine Lymphocyten. Die Eiweißwerte sind
häufig erhöht, auch bestehen relative Verschiebungen der Globuline und
Albumine. Was die Kolloidreaktionen anbetrifft, so findet man gelegentlich Paralysekurven bei normalem Eiweißgehalt, regelmäßig bei
erheblicher Eiweißvermehrung mit hohem Eiweißquotienten. Im neur-
asthenischen und rheumatischen Frühstadium der multiplen Sklerose
tritt häufig eine tiefe Linksausfällung der Kolloidkurven bei normalem
oder annähernd normalem Albumin- und Globulingehalt auf (KAFKA,
DEMME, SCHALTENBRAND, eigene Beobachtung).

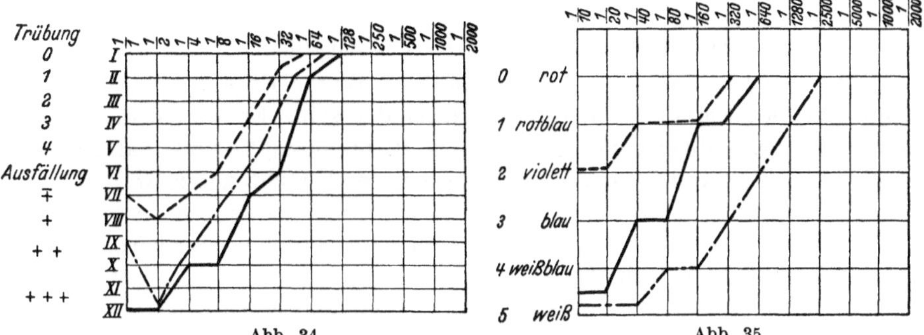

Abb. 34.   Abb. 35.

Abb. 34 u. 35. Charakteristische Mastix- und Goldsolkurven bei 3 Fällen von multipler Sklerose.

Bei stärkerer Zellvermehrung kann der Liquorbefund der multiplen
Sklerose mit seinen Linkszacken oder „Paralysekurven" und den erhöhten Eiweißquotienten weitgehend dem Liquorsyndrom bei Tabes oder
sogar bei der Paralyse ähneln, abgesehen natürlich vom negativen Ausfall der spezifischen Reaktionen. Normale Kolloidkurven haben höchstens 20% der Polysklerotiker. Die retrobulbären Neuritiden können
übrigens dieselben Veränderungen im Liquor aufweisen wie eine mit
zahlreichen weiteren Ausfallserscheinungen verlaufende multiple Sklerose. Negative Liquorbefunde sind allerdings bei dieser Erkrankung nicht
so selten und sprechen niemals gegen das Vorliegen einer multiplen
Sklerose. Auch bei isolierten Augenmuskelparesen spricht ein negativer
Liquorbefund keineswegs gegen Polysklerose. Ein pathologischer Liquorbefund ermöglicht es, in jedem Fall eine Abgrenzung gegen nicht-
organische Störungen zu treffen.

Bei einigen Fällen von multipler Sklerose kann es infolge einer
meningitischen Beteiligung zur Ausbildung einer Arachnoiditis adhaesiva
kommen. Dann erfolgt durch die vorhandenen Verwachsungen eine
Behinderung der freien Liquorpassage; der QUECKENSTEDTsche Versuch
wird dann positiv. Im Lumballiquor findet sich eine erhebliche Eiweißvermehrung, eine Rechtsverlagerung der Kolloidkurven, meist besteht

auch noch eine Zellvermehrung. Diese letztere ist aber nicht für die multiple Sklerose charakteristisch, sondern kann auch bei nichtentzündlichen Prozessen, z. B. Tumoren, vorkommen und ist auf eine sekundäre meningeale Reizung zurückzuführen.

Spastische Spinalparalyse, amyotrophische Lateralsklerose.

Diese degenerativen Erkrankungen, die im Anfang oft von einer multiplen Sklerose nicht zu unterscheiden sind, weisen keine pathologischen Liquorbefunde auf, höchstens eine leichte Eiweißvermehrung.

4. Encephalitis.

a) Postencephalitischer Parkinsonismus.

Noch mehrere Jahre nach überstandener akuter Encephalitis epidemica können Liquorveränderungen vorhanden sein. Es besteht dann eine leichte Eiweißvermehrung von etwa 40 bis 50 mg% und mäßige Pleocytose. Die Kolloidkurven sind meist normal, recht selten werden schwache Linkszacken beobachtet. Im allgemeinen werden die Zuckerwerte nach Ablauf des akuten Stadiums der Erkrankung wieder normal, gelegentlich bleibt jedoch Hyperglykorhachie noch während der Folgezustände bestehen. Bei der Paralysis agitans und der Chorea Huntington ist im Gegensatz zu den Spätfolgen einer Encephalitis epidemica der Liquor von pathologischen Veränderungen frei.

b) Septische Encephalitis.

Infolge einer meist bestehenden starken meningealen Beteiligung finden wir ein Liquorsyndrom mit rechts verlagerten Kolloidkurven, Eiweißvermehrung und ausgeprägter Pleocytose. Erreicht der Prozeß die Meningen, dann können die Erreger häufig im Liquor nachgewiesen werden. Als Beispiel ein Fall von septischer Encephalitis nach Cholangitis purulenta: Das Gesamteiweiß betrug 150 mg%; die Zellzahl 72/3. Die Normomastixreaktion zeigte eine rechtsverlagerte Kurve, der Glucosewert betrug 66,9 mg%. Im übrigen war der Liquor stark xanthochrom und etwas bluthaltig.

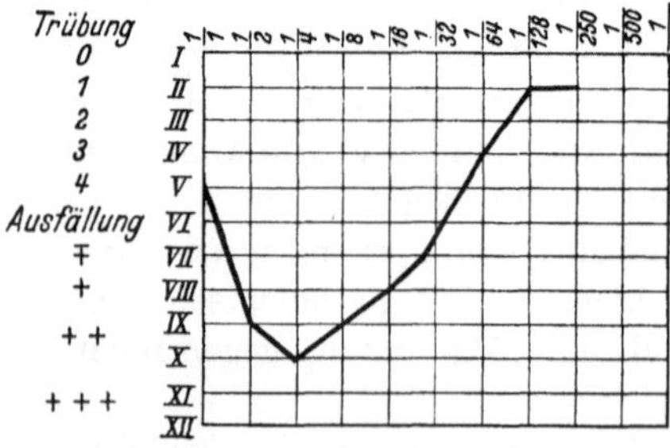

Abb. 36. Septische Encephalitis nach Cholangitis purulenta.

Bei dieser Erkrankung finden sich keineswegs immer normale oder erhöhte Zuckerwerte wie bei den vorher besprochenen Encephalitiden, auch erniedrigte Werte kommen zur Beobachtung.

Der besprochene Fall würde im übrigen als hämorrhagische Form einer septischen Encephalitis zu bezeichnen sein, da wir neben einer frischen Blutbeimengung eine starke Xanthochromie fanden.

c) Encephalomyelitis disseminata.

Die zu Beginn der Erkrankung zu beobachtende meningitische Reaktion führt fast regelmäßig zu einer lymphocytären Pleocytose, die bis zu mehreren 100/3 Zellen beträgt. Bei rasch verlaufenden Fällen überwiegen anfangs die polynucleären Elemente. Die Eiweißwerte sind je nach dem Ausmaß des meningealen Entzündungsvorganges verschieden hoch, steigern sich jedoch bei hinzutretenden entzündlichen Abschlüssen oder Stauungsvorgängen im Bereich des Liquorsystems erheblich. Die Kolloidreaktionen zeigen Mittelkurven (Abb. 37). Die Vielgestaltigkeit

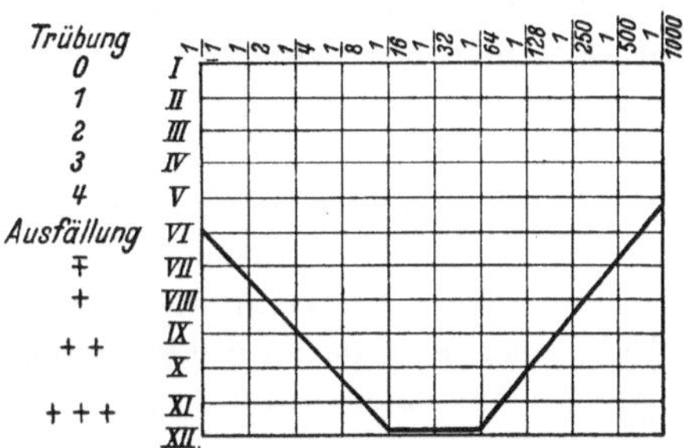

Abb. 37. Akute Encephalitis disseminata mit spastischer Hemiparese und Sensibilitätsstörungen. Zellzahl 16/3, Gesamteiweiß 450,0 mg%, Globulin 250,0 mg%, Albumin 200,0 mg%, Eiweißquotient 1,25, Pandy: + + + +, Nonne: Trübung.

der Liquorsyndrome bei disseminierter Encephalomyelitis zeigt eine Zusammenstellung einiger akuter Fälle von DEMME.

Nr.	Globulinreaktionen	Gesamteiweiß (1,0)	Eiweißquotient (0,25)	Zellen	Mastixkurve
1	+	1,7	0,89	78/3	Mittelkurve
2	+++	3,3	0,57	364/3	Mittelkurve
3	Opal.	1,3	0,62	4/3	Normal
4	Opal.	2,8	0,40	764/3	Normal

Von DEMME ist darauf hingewiesen worden, daß Fälle von isolierten Augenmuskelparesen und Neuritis optica retrobulbaris sehr ähnliche Befunde zeigen, die dem Liquorsyndrom bei akuten Formen der Encephalomyelitis weitgehend entsprechen.

Die *epidemische Encephalitis* (ECONOMO) ist bei den Viruserkrankungen beschrieben.

5. Myelitis.

Bei dieser akuten Infektion der Medulla spinalis (septischer bzw. eitriger Myelitis) sowie den Teilsymptomen einer Encephalomyelitis disseminata, Rückenmarksabscessen und Myelitiden ungeklärter Ätiologie sind erhebliche Veränderungen entzündlicher Art in der Spinalflüssigkeit vorhanden. Dabei ist der lumbal entnommene Liquor nahezu regelmäßig erheblich stärker verändert als der Zisternenliquor. Dieses ist darauf zurückzuführen, daß der entzündliche Prozeß am Rückenmark sich auf

den in nächster Nähe befindenden Lumballiquor weitaus stärker auswirkt als auf das entferntere Liquorreservoir der Cisterna cerebello-
medullaris. Ferner kommt es häufig zu entzündlichen Verwachsungen
und Verklebungen der Hirnhäute dicht oberhalb der Herde und damit
zur Verlegung der Liquorpassage. In derartigen Fällen finden wir meist
xanthochromen Lumballiquor mit hohem Eiweißgehalt, eine Pleocytose
von mehreren 100/3 Zellen und rechtsverlagerte Kolloidkurven (Mittelkurven). Der zisternale Liquor weist nur geringfügigere Veränderungen
auf, d. h. niedrigere Zellzahl, mäßig erhöhtes Gesamteiweiß, eine leichte
Linkszacke in den Kolloidkurven.

Es muß abschließend noch hervorgehoben werden, daß bei Quer-
schnittssymptomen eine hohe Zellzahl im Lumballiquor, neben starker
Eiweißvermehrung, Xanthochromie usw., nicht auf jeden Fall für Myelitis und gegen Rückenmarkstumor spricht, denn bei Tumoren kann
infolge einer sekundären Reaktion der Meningen eine stärkere Pleocytose
im abgeschlossenen unteren Liquorraum auftreten.

Funikuläre Myelose.

Die im Verlauf einer perniziösen Anämie auftretenden neurologischen
Komplikationen zeigen häufig leichte Liquorveränderungen. Es besteht
eine geringe Zellvermehrung; leichte pathologische Kolloidzacken sind
selten. In den meisten Fällen finden wir eine leichte Eiweißvermehrung
bis zu etwa 40 mg% hinauf.

PRÖTT[1] und H. U. GUIZETTI fanden bei etwa 80 Fällen von sichergestellter perniziöser Anämie mit funikulären Erscheinungen im Zisternenliquor folgende Veränderungen:

Der Liquor war stets klar und farblos, nur einmal wies er eine geringgradige Trübung auf. Die Zellzahl lag zwischen 0/3 und 4/3, war also
niemals erhöht. Die Carbolsäurereaktion nach PANDY zeigte in einem
Fünftel der Fälle einen leichten Schleier und nur einmal eine deutliche
Trübung. Der Liquorzucker bewegte sich stets zwischen 45 und 75 mg%
in normalen Grenzen. Der einmal gefundene Wert von 78 mg% lag
noch an der oberen Grenze der Norm. Der Chlorgehalt schwankte zwischen 680 und 705 mg%, Zahlen, die nach den von DEMME und anderen
angegebenen Durchschnittszahlen auffällig tief liegen. Inwieweit eine
besondere Abhängigkeit zwischen dem Chlorgehalt des Liquors, des Blutserums und der histaminrefraktären Achylie besteht, konnten die Autoren
noch nicht mit Sicherheit sagen, da ihre Untersuchungen in dieser
Richtung nicht abgeschlossen waren. Das Gesamteiweiß war nur einmal *vermehrt*, und in 17% lag der Wert nach der Zentrifugiermethode
nach KAFKA und SAMSON in Teilstrichen ausgedrückt mit 1,2 an der
oberen Grenze der Norm. Nur ein Fall hatte eine Globulinvermehrung,

---

[1] Z. Neur. **158**, 88—91 (1937).

und in 8% konnte ein erhöhter Eiweißquotient bis 0,7 nachgewiesen werden. In Übereinstimmung mit anderen Autoren war in 17% eine geringe linksgelagerte Trübung in der Mastixkurve festzustellen, einmal nur eine tiefe linksgelagerte Zacke. Man ersieht aus den erhobenen Befunden, daß Veränderungen im Liquor einmal nur sehr selten sind und, wenn vorhanden, nie einen sehr ausgeprägten oder gar typischen Charakter für die Erkrankung tragen. Bestehen Beziehungen zwischen Liquorbefund einerseits und der Schwere der klinisch-neurologischen bzw. hämatologischen Erscheinungen andererseits? Es konnte festgestellt werden, daß bei den 23% mit schweren neurologischen Erscheinungen sich nur einmal die Eiweißwerte und der Eiweißquotient als erhöht erwiesen. Dagegen lag bei den leichten Fällen, die 77% des Materials ausmachen, auffälligerweise der Wert für das Gesamteiweiß in 22%, für den Eiweißquotienten in 5,7% an der oberen Grenze. Hieraus ergibt sich, daß auch bei ausgesprochen klinischen Symptomen keinerlei deutliche Liquorveränderungen erwartet zu werden brauchen. Ebenfalls ließen sich keine Beziehungen zwischen Liquorveränderung und Blutbild aufstellen. Die Untersuchungen ergaben ganz eindeutig, daß die Grenzwerte für das Gesamteiweiß und den Eiweißquotienten sowohl bei Hämoglobinwerten von 30% als auch bei 90% lagen. Leider waren Serienuntersuchungen, die vielleicht eine Klärung in dieser Frage hätten bringen können, aus begreiflichen Gründen kaum durchführbar. Soweit es möglich war, den Liquor vor der Behandlung und nach Besserung des Blutbildes zu untersuchen, wurde immer der gleiche Befund erhoben.

Ein Fall sei noch besonders erwähnt, der seit etwa 2 Jahren von Prött und Guizetti beobachtet wurde und sich seit $^1/_2$ Jahr gegen jede Therapie refraktär verhielt. Es bestanden schwerste neurologische Störungen. Der Hämoglobingehalt lag seit $^1/_2$ Jahr etwa bei 14%. Der Liquor zeigte einen positiven Pandy, eine Globulinvermehrung und eine linksgelagerte Mastixzacke, keine Zellvermehrung. Eine luische Erkrankung war mit Sicherheit auszuschließen.

6. Neuritis.

a) Polyneuritis rheumatica acuta.

Charakteristisch ist eine stärkere Eiweißvermehrung bei niedriger Zellzahl im Gegensatz zur Poliomyelitis, die relativ niedrige Eiweißwerte bei hoher Zellzahl (mehreren 1000/3 Zellen) aufweist. Die Kolloidkurven zeigen häufig leichte Linkszacken. Die Zellzahlen kehren meist in wenigen Tagen zur Norm zurück, während die Eiweißvermehrung noch monatelang bestehen bleiben kann. Gelegentlich findet sich ein sehr eiweißreicher, gelber Liquor bei dieser Erkrankung. Die Zellzahl ist normal oder nur mäßig erhöht. Nicht selten scheidet sich aus derartigen Liquores ein zarteres oder dickeres Koagulum ab (Carmichael und

Greenfield). Diese Befunde entsprechen sehr weitgehend dem Kompressionssyndrom, doch sind sie der Ausdruck entzündlicher Vorgänge.

Toxische Neuritiden nach Blei, Arsen (auch Arsenschäden bei Salvarsantherapie) sowie die Alkohol-Polyneuritiden weisen keine Liquorveränderungen auf.

Die Polyneuritiden nach Diphtherie entsprechen hinsichtlich ihrer Auswirkung auf die Liquorbeschaffenheit der Polyneuritis rheumatica acuta.

b) Landrysche Paralyse.

Meist normale oder sehr niedrige Zellzahl bei starker Eiweißvermehrung und tiefen rechtsverlagerten Kolloidkurven (Mittelkurven). Der Polyneuritis acuta weitgehend entsprechende, aber verstärkte pathologische Befunde.

c) Neuritiden.

Alle rein auf *einen* peripheren Nerven beschränkten Neuritiden führen zu keinerlei Liquorveränderungen. Diese treten eher ein, wenn die entzündlichen Vorgänge auf die Plexus und Rückenmarkswurzeln übergreifen und so Anschluß an die Liquorräume gewinnen. Besonders häufig werden bei Neuritis ischiadica Eiweißvermehrung, vorwiegend durch Zunahme der Albumine, beobachtet. Diese findet sich fast regelmäßig bei normalen Zellwerten. Im Anfangsstadium der Erkrankung liegt allerdings häufig auch eine leichte Pleocytose bis zu 10/3 Zellen (Lymphocyten) vor. Bei stärkerer Zunahme des Eiweißes treten Kolloidzacken im linken Kurvenschenkel auf, doch sieht man gelegentlich auch ohne sichere Eiweißvermehrung leichte Ausschläge der Kolloidreaktionen. Läßt bereits der neurologische Befund erkennen, daß der Plexus lumbosacralis weitgehend mitbetroffen sein muß, dann ist regelmäßig ein sehr ausgeprägtes Liquorsyndrom vorhanden.

Die **Neuritis des Plexus brachialis** kann ebenfalls zu Eiweißvermehrung im Liquor führen, die Neuritiden der oberen Extremitäten beschränken sich allerdings mehr auf die peripheren Nervenstämme, so daß meist eine normale Liquorbeschaffenheit angetroffen wird.

Facialisneuritis. Bei zahlreichen akuten Facialislähmungen fehlen jegliche Liquorveränderungen. Hier bleibt anscheinend der Prozeß lediglich auf den peripheren Nerven beschränkt. Finden sich indessen auffällig hohe Zellzahlen sowie Eiweißvermehrung, so besteht Verdacht auf abortive Poliomyelitis. Bei niedriger Zellzahl hingegen und auffällig tiefen Linkskurven bei mäßiger Eiweißvermehrung und relativ hohem Eiweißquotienten muß man eher an eine multiple Sklerose denken. Facialisneuritiden können anscheinend aber auch auf die Nervenwurzel und das intramedulläre Kerngebiet übergreifen, so daß auch ein sehr ausgeprägter Liquorbefund durch rein neuritische Vorgänge im Facialisgebiet bedingt sein kann.

Reine Neuralgien, insbesondere die Trigeminusneuralgie, führen zu keinerlei Liquorveränderungen.

7. Liquorbeschaffenheit nach Encephalographie.

Nach dem durchgeführten Liquor-Luft-Austausch treten weitgehende Veränderungen der Liquorbeschaffenheit ein, die darauf beruhen, daß die eingeblasene Luft einen sehr erheblichen Fremdkörperreiz für die außerordentlich empfindlichen Hirnhäute darstellt. Als unmittelbare Folge des Fremdreizes kommt es zu einer akuten Entzündung der Pia, wahrscheinlich in weiter Ausdehnung. Diese Entzündung führt zu einer Pleocytose sehr erheblicher Art; es werden Zellzahlen von mehreren 1000/3 beobachtet. Die Zellvermehrung geht wie die Zunahme der übrigen Reaktionen innerhalb von etwa zwei Wochen weitgehend zurück; man kann aber mit Bestimmtheit annehmen, daß wie bei anderen akuten Entzündungen der Pia mater auch hier Restbefunde, wie Erhöhung des Eiweiß- und Zellgehalts, viele Wochen noch nachweisbar bleiben.

Die Pleocytose besteht zunächst in einer Überzahl von Leukocyten; diese Leukocytose weicht rasch einer Lymphocytose mit Monocyten; es ist im Vergleich zu anderen akuten Entzündungen anzunehmen, daß im Rückbildungsstadium histiocytäre Elemente auftreten. Die Lymphocytose überwiegt schon in der zweiten Woche. Wie bei allen akuten Entzündungen tritt ein plötzlicher Zelltod ein. Er zeigt sich in dem Vorhandensein von zerfallenden Zellelementen; die Kerne werden teilweise pyknotisch; schließlich zerfallen Kerne und Plasma körnig.

Die Nonnesche Reaktion und der Pandy können vorübergehend positiv werden; meist verändern sich diese Reaktionen nicht. Das Gesamteiweiß nimmt nicht gleichzeitig mit der Pleocytose zu, sondern die Erhöhung folgt mit einem Abstand von mehreren Tagen; es geht innerhalb der ersten zwei Wochen nach der Lufteinblasung wieder auf seinen ursprünglichen Stand zurück. Sehr gering ist die Zunahme der Globulinfraktion, sehr deutlich aber die Zunahme des Albumins, so daß der Eiweißquotient unter der Norm liegt. Die Zunahme des Eiweißes ist also nicht im Zerfall der Zellen und Freiwerden von Globulin begründet, sondern ist als Resultat einer Exsudation zu betrachten. Die Kolloidkurven zeigen entweder keine oder nur eine sehr geringfügige Linkskurve, die allerdings dann ziemlich anhaltend zu bleiben pflegt.

Der Zuckergehalt zeigt einen verschiedenen Ausschlag; im allgemeinen sinkt er bei der starken Pleocytose nicht ab, sondern zeigt in der Zeit des Maximums an Eiweiß eine leichte Erhöhung, also im ganzen ein ähnliches Verhalten wie bei der Poliomyelitis.

Folgender Fall, bei dem eine Encephalographie durchgeführt wurde, zeigt diese Verhältnisse in typischer Art.

Cerebraler Geburtsschaden (Kind von $2^1/_2$ Jahren).

Tag nach Encephalographie	Kolloid-reaktion	WaR.	Nonne	Pandy	Gesamteiweiß	Globulin	Albumin	Eiweißquotient	Zucker	Zellzahl
		0	0	(+)						1/3
4.	normal	0	0	0	28	1	27	0,04	36,8	1236/3
12.	normal		0	+	44	4	40	0,08	51,2	152/3
14.	normal		0	0	28	3	25	0,12	46,4.	70/3

8. Sperrliquor (Kompressionssyndrom).

Bei Behinderung der freien Liquorpassage innerhalb des Spinalkanals, die nicht nur durch Tumoren der Medulla, sondern auch infolge von meningealen Verwachsungen (Arachnitis adhaesiva) erfolgen kann, weist der Liquor folgende Veränderungen auf:

Unterhalb der Querschnittsunterbrechung zeigt die Spinalflüssigkeit:

1. sehr erhebliche Eiweißvermehrung, hohe Lipoidwerte und Xanthochromie;

2. normale Zellzahl oder mäßige Pleocytose;

3. tiefe rechtsverlagerte Kolloidkurven.

4. Häufig koaguliert der Liquor nach der Entnahme.

Oberhalb der Querschnittsunterbrechung:

Normaler Liquor oder relativ geringe Eiweißvermehrung, normaler Lipoidgehalt.

Im Sperrliquor enthaltene Eiweißstoffe, Farbstoffe und Lipoide stammen zum größten Teil aus dem Serum. Die im abgeschlossenen unteren Liquorraum vorhandene Spinalflüssigkeit wird bald resorbiert und durch ein Transsudat ersetzt, das aus dem unterhalb der Blockadestelle stark gestauten Venensystem abgegeben wird.

Bei *partieller Verlegung* der Strombahn des Liquorabflusses beobachtet man ebenfalls deutliche Unterschiede zwischen Lumballiquor und Zisternenliquor, doch sind sie weit weniger ausgeprägt als bei der vollständigen Blockade, oft fehlt dann die Xanthochromie.

Da FROIN als erster die Xanthochromie sowie das Koagulieren des Sperrliquors beschrieb und NONNE später nachweisen konnte, daß eine starke Eiweißvermehrung bei normaler oder nur relativ geringer Pleocytose (albumino-cytologische Dissoziation) in der Spinalflüssigkeit unterhalb der Querschnittsunterbrechung besteht, wird dieses Liquorsyndrom nach den beiden Autoren als NONNE-FROINsches Syndrom bezeichnet. Wie bereits ausgeführt wurde, entsteht dieses Syndrom in erster Linie infolge eines mechanischen Gefäßreizes, wobei die Veränderungen desto stärker sind, je tiefer im Bereich des Spinalkanals die

Querschnittsunterbrechung sitzt. Die stärksten Eiweißvermehrungen werden bei Fällen von Kompression des Conus terminalis beobachtet. Eine Vergleichsuntersuchung zwischen lumbalem und Zisternenliquor bei einer derartigen Erkrankung zeigte nachstehendes Ergebnis. Recht wesentlich ist, zu wissen, daß dieses Syndrom nicht nur bei Tumoren auftritt, sondern gleich häufig bei entzündlichen Querschnittsunterbrechungen vorhanden ist.

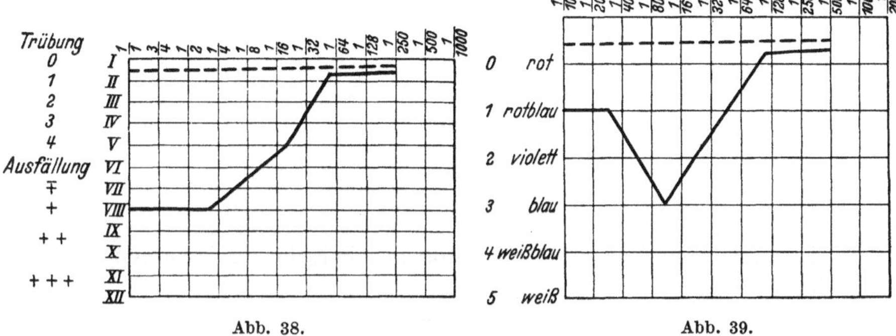

Abb. 38.   Abb. 39.

Abb. 38 u. 39. Caudatumor. Vergleich zwischen lumbalem und Zisternenliquor.

1. Zisternenliquor: Zellzahl 2/3, Gesamteiweiß 33 mg%, Albumin 28 mg%, Globulin 5 mg%, Eiweißquotient 0,17, Nonne: Spur, Pandy: +, Kolloidkurven: — — — —.
2. Lumballiquor: Zellzahl 18/3, Gesamteiweiß 200 mg%, Albumin 70 mg%, Globulin 30 mg%, Eiweißquotient 0,16, Nonne: Starke Opalescenz, Pandy: + + +, Kolloidkurven: —————.

9. Tumor cerebri.

Die Auswirkungen eines Tumors auf die Liquorzusammensetzung hängen weniger von der Art des raumbeengenden Prozesses als von der Lokalisation ab. Zu den Besonderheiten der Lokalisation, die pathologische Liquorsyndrome verursachen, gehören:

1. Die Lage in Nähe der Ventrikelwand mit Verdrängung des Hirnkammersystems, Übergang von Stoffwechselprodukten des Tumors oder des ihn umgebenden Ödems in den Ventrikelliquor (Fettsäuren!), Einbruch des Tumors in das Ventrikelsystem selbst.

2. Angrenzen des Tumors an die Meningen mit stärkerem Übergang von Eiweißsubstanzen aus den gestauten meningealen Gefäßen.

3. Mechanische Verlegung des Liquorabflusses aus den Ventrikeln mit Bildung eines Hydrocephalus internus occlusus, die zu einem partiellen oder totalen Kompressionssyndrom in den unterhalb des Abflusses gelegenen Liquordepots führt.

Diese in erster Linie mechanisch bedingten Auswirkungen auf die Liquorbeschaffenheit werden recht häufig angetroffen und sind daher praktisch besonders wichtig. Viel seltener ist es, daß sich im Liquor direkt aus dem Tumor stammende Substanzen nachweisen lassen. Es handelt sich dann meist um Talg (Teratome), Krystalle, Lipoidsubstanzen und Pigmente. KAFKA fand bei einer Melanosarkommetastase schwarzes

Pigment. Rehm konnte Cholesterintafeln nachweisen. F. Roeder beobachtete bei einer mit dem Ventrikelsystem kommunizierenden Dermoidcyste des Stirnhirns den Übergang von öligen Lipoidsubstanzen in den Ventrikelliquor.

Der Nachweis von Tumorzellen ist recht problematisch. Wenn auch Forster hierüber mehrfach berichtet hat, so ist doch von Bannwarth gezeigt worden, daß sich die meisten Zellen im Liquor stark regressiv verändern und daß deshalb besondere Vorsicht bei der Beurteilung von derartigen Zellbildern am Platz ist.

Bei Meningealcarcinose finden sich allerdings ganze Zellsyncytien im Liquor, so daß dann der Nachweis eher gelingt.

Die häufigsten Veränderungen bei Vorliegen eines Hirntumors sind:

1. *Drucksteigerung* des meist wasserklaren, gelegentlich aber auch xanthochromen Liquors.

2. Mäßige Pleocytose.

3. Eiweißvermehrung und annähernd parallelgehende Zunahme der Lipoide.

4. Zuckerwerte normal oder leicht erhöht.

5. Der Ausfall der Kolloidreaktionen entspricht annähernd den Eiweißverhältnissen. Am häufigsten sind leichte Linkszacken, doch finden sich auch „Paralysekurven" und bei hohen Eiweißwerten tiefe Mittelkurven oder noch stärker nach rechts verlagerte Fällungszonen.

Der Liquorbefund ist indessen für keinen der histologisch scharf charakterisierten Tumoren typisch. Eine Artdiagnose läßt sich im allgemeinen nicht stellen, wenn sich auch z. B. sehr starke Eiweißvermehrungen oft bei Meningeomen, besonders bei denen der Olfactoriusrinne, nachweisen lassen.

Die Zellzahl kann normal sein, häufiger ist eine mäßige Pleocytose. Doch kommen Zellzahlen von mehreren 100/3 oder sogar 1000/3 vor. *Eine hohe Zellzahl spricht also differentialdiagnostisch niemals gegen das Vorliegen eines Tumors*, und hierdurch gerade wird die Abgrenzung gegenüber entzündlichen Prozessen, z. B. Hirnabscessen, basalen Meningitiden usw., sehr erschwert. Bei alten Hirnabscessen können jahrelang sehr ähnliche Liquorveränderungen bleiben, wie sie Tumoren des Cerebrums zeigen.

Mehrere Fälle von Hirntumor sind in folgender Tabelle angeführt, in denen die Spinalflüssigkeit neben der zum Teil erheblichen Eiweißvermehrung, Xanthochromie, vermehrte Zellzahlen und Steigerung des Lipoidgehalts des Liquors aufwies.

Wenn auch die Lokalisation eines Tumors weitgehend dafür entscheidend ist, welche Liquorveränderungen er zu verursachen mag, so kommt auch der Schnelligkeit des Tumorwachstums eine gewisse Bedeutung zu. Schnell wachsende Tumoren führen bereits sehr früh zu ausgeprägten pathologischen Liquorsyndromen. Dahingegen kann man, allerdings recht selten, bei langsam wachsenden großen Meningeomen finden, daß keine oder nur geringfügige Liquorbeteiligung vorhanden ist. Hirnparenchym und Liquorsystem haben anscheinend bei langsamer Entwicklung eines raumbeschränkenden Prozesses leichtere Möglichkeiten der Anpassung an die veränderten Druckverhältnisse.

Bei Hämorrhagien aus einem Tumor, bei denen die Blutung Verbindung mit dem Liquorsystem gefunden hat, zeigt der Liquor neben der rötlichen Verfärbung einen hohen Eiweißgehalt, es finden sich massenhaft Erythrocyten, die Kolloidkurven sind infolge der Serumbeimischung weit nach rechts verlagert. Nach Abstehen zeigt die anfangs blutige Spinalflüssigkeit noch eine gelbliche Verfärbung. Die bestehende Xanthochromie ist oft stärker, als es dem Grade der Blutbeimengung nach zu erwarten wäre.

Eine spezifische Reaktion zur Erkennung eines Tumors des Zentralnervensystems besitzen wir nicht, insbesondere haben die Tumorreaktionen nach KAHN keine diagnostisch verwertbaren Resultate ergeben.

10. Commotio und Contusio cerebri.

Bei Schädelverletzungen findet sich in den ersten Tagen nach dem Unfall ein deutlich

Gehirntumoren.

Diagnose	Farbe	Zellen	Gesamt-eiweiß mg%	Nonne	Pandy	WaR. 0,2	WaR. 0,6	WaR. 1,0	Goldsol	Zucker mg%	Cholesterin mg%
Kleines, von der Dura ausgehendes, der rechten Scheitelhöhe aufsitzendes Meningeom. Großes Gliom der Balkengegend .	normal	145/3	75	schw. Opal.	++	0	0	0	1 2 2 2 1 0	50,4	0,7
Hühnereigroßes Meningeom der Olfactoriusrinne	normal	1. 5/3	200	st. Op.	++++	0	0	0	2 3 3 3 2 1 0	63,6	0,9
		2. 18/3	200	st. Op.	++++	—	—	—	—	—	
Gliom neben Thalamus, Einbruch in den 3. Ventrikel	xanthochrom	3/3	200	st. Op.	++++	0	0	0	1 2 2 2 1 0	54	1,5
Endotheliom, Basis, mittlere Schädelgrube.	Spur Xanthochromie	16/3	300	st. Op.	++++	0	0	0	2 2 2 3 2 1 0	64,8	2,0

ausgeprägtes Liquorsyndrom; die Veränderungen bilden sich jedoch relativ bald wieder zurück.

Man findet:

1. Druckerhöhung,
2. leichte Eiweißvermehrung,
3. selten mäßige Pleocytose,
4. meist Linkszacken in den Kolloidkurven.

In den ersten Tagen nach erfolgtem Schädeltrauma besteht oft eine Erhöhung des Gesamteiweißes auf 50—60 mg%. Dabei kann der Eiweißquotient erniedrigt oder erhöht sein. Blutungen in die Liquorräume äußern sich in einer rötlichen Färbung des Liquors, gleichzeitig bestehen die Anzeichen einer Reizmeningitis, (hohe Leukocytose) als Auswirkung des Fremdkörpers Blut in dem Liquorsystem. Ähnliche Verhältnisse wie bei der Pachymeningitis haemorrhagica entwickeln sich anschließend.

Folgende Fälle von Commotio cerebri sollen die üblichen Veränderungen aufzeigen, die bei Anwendung der gebräuchlichen Methoden zu finden sind und die praktisch von besonderer Bedeutung für den Gutachter sind.

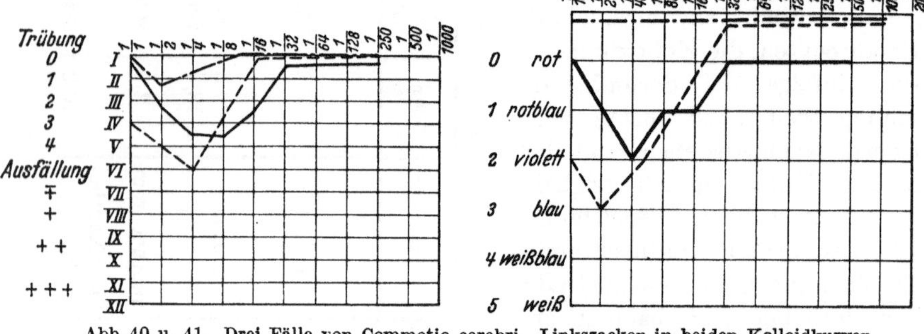

Abb. 40 u. 41. Drei Fälle von Commotio cerebri. Linkszacken in beiden Kolloidkurven.
I. —·—·— Gesamteiweiß 50 mg%, Eiweißquotient 0,08, Zellzahl 2/3.
II. ———— ·,,   50 ,, ,   ,,   0,10,   ,,   6/3.
III. — — — —   ,,   60 ,, ,   ,,   0,11,   ,,   8/3. ·

Derartige leichte Veränderungen können unter Umständen noch jahrelang nach einer Schädelverletzung bestehen und sind wahrscheinlich auf Störungen der Liquorsekretion und Resorption zurückzuführen. Sie sind für den klinischen Gutachter besonders wichtig, da sie eine Objektivierung der vorgebrachten postkommotionellen Beschwerden ermöglichen.

Schädelfrakturen mit Eröffnung der äußeren Liquorräume führen des öfteren zu schweren Meningitiden; der Nachweis der Erreger, meist Streptokokken, läßt sich dann erbringen.

Im angeführten Fall von Meningitis nach Schädelfraktur (Abb. 42 u. 43) betrug die Zellzahl 920/3, das Gesamteiweiß 120 mg%, der

Eiweißquotient 0,20, der Zuckergehalt 84 mg%. Im Ausstrichpräparat ließen sich Streptokokken nachweisen. Die Auswirkung der Infektion der Liquorräume auf das fermentative Geschehen in der Spinalflüssigkeit äußert sich im Anfang u. a. in der Erhöhung des Glucosewertes; bei späteren Punktionen finden sich dann erst die bekannten stark erniedrigten Werte.

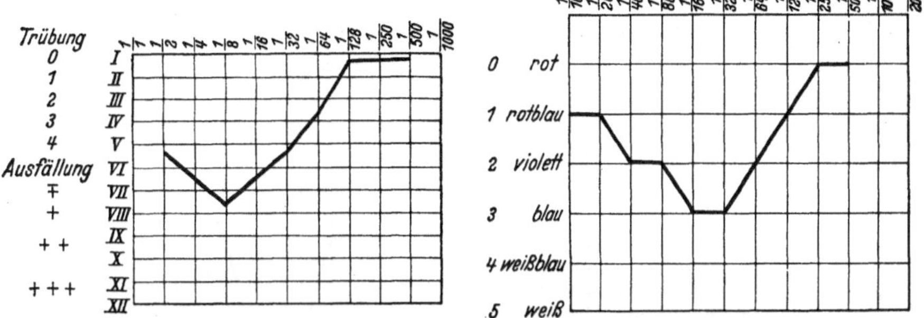

Abb. 42 u. 43. Liquorbefund 4 Wochen nach Commotio cerebri mit Fraktur im Bereich der Stirnhöhle und des Siebbeins. Meningitis purulenta und Hirnabsceß.

Abschließend ist zu sagen, daß das klinisch vorliegende posttraumatische Syndrom auch trotz ausgeprägter neurologischer Ausfallserscheinungen, wie z. B. Mono- oder Hemiplegien, mit normalem Liquorbefund einhergehen kann, so daß eine normale Zusammensetzung der Spinalflüssigkeit das Vorliegen einer Hirnläsion niemals auszuschließen vermag. So gibt es u. a. genug Fälle von traumatischer Epilepsie ohne pathologischen Liquorbefund.

11. Otogene Erkrankungen.

Im Verlauf einer Otitis media treten nicht selten meningeale Reizerscheinungen auf, die klinisch den Verdacht auf eine beginnende otogene Meningitis erwecken können. Der Liquor steht bei diesen Meningismen unter erhöhtem Druck. Die Liquorsubstanzen sind aber vermindert, z. B. finden sich Eiweißwerte von 10 bis 12 mg% für das Gesamteiweiß. Die Zellzahl ist nicht erhöht. Es besteht eine Meningitis serosa, eine Folge der Hypersekretion von Spinalflüssigkeit mit Erhöhung der Gesamtliquormenge. Wir notierten u. a. bei einem Fall von Otitis media mit Meningismus: Gesamteiweiß 12 mg%, Globulin 4,0 mg%, Albumin 8 mg%, Eiweißquotient 0,50. Goldsol- und Mastixkurve normal, Zellen ∅.

Bildet sich allerdings ein Hirnabsceß heraus, dann zeigt die Spinalflüssigkeit alle Anzeichen einer ausgeprägten Meningitis. Die Zellzahl steigt auf Werte von mehreren 1000/3 (polynucleäre Leukocyten) an, die Eiweißvermehrung ist relativ gering, der Quotient hoch. Der Liquor ist steril.

Otogener Kleinhirnabsceß (nach DEMME).

Datum	Phase I	Gesamt-eiweiß (1,0)	Globulin (0,2)	Albumin (0,8)	Eiweiß-quotient (0,25)	Zellen	Kultur
14. VI.	++	22,5	5,0	14,5	0,55	34000/3	steril
17. VI.	+	3,0	1,7	1,3	1,31	3200/3	steril
24. VI.	Opal.	2,8	1,2	1,6	0,75	740/3	steril

Bricht ein abgekapselt gewesener Absceß in die Liquorräume ein, dann finden sich bereits im Ausstrichpräparat reichlich Erreger, meist Strepto- und Staphylokokken.

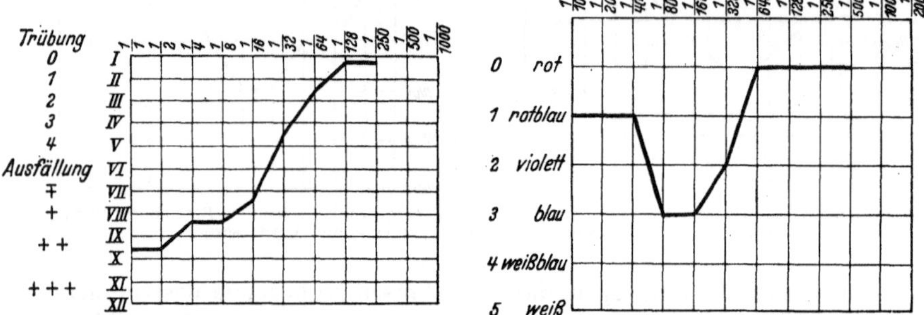

Abb. 44 u. 45. Otogene Meningitis. Zellzahl 1440/3 (überwiegend polynucleäre Leukocyten). Gesamteiweiß 86 mg%. Im Ausstrichpräparat reichlich Streptokokken.

Bei Überstehen eines Hirnabscesses und Rückgang der akuten Meningitissymptome gehen die entzündlichen Liquorveränderungen weitgehend zurück, jedoch bleiben leichte Eiweißvermehrungen sowie geringe Ausschläge in den Kolloidkurven oft noch jahrelang nachweisbar. Entwickelt sich eine Sinusthrombose, so tritt eine erhebliche Transsudation von Eiweißkörpern sowie von Serumfarbstoffen in die Arachnoidealräume ein; die Spinalflüssigkeit zeigt auffallend hohen Eiweißgehalt und Xanthochromie.

12. Strangulation.

Die Strangulation kann offenbar durch akuten Reiz eine Polynucleose verursachen; es wurde beobachtet, daß sich diese innerhalb von 3 Wochen in eine Lymphocytose umwandelt. Diese kann viele Monate bestehen bleiben, so daß in einem Fall erst nach 14 Monaten der Liquorbefund normal war. Mit der Pleocytose ist auch eine Vermehrung des Gesamteiweißes verbunden. Ein Tierversuch hat gezeigt, daß 20 Minuten nach einer Strangulation sich eine mittelstarke Pleocytose entwickelt hat. Immerhin war die Lymphocytose stark, die Leukocytose nur mäßig an der Zellvermehrung beteiligt. Eine Anzahl von bindegewebigen Zellen hatte sich beigemischt. Nach 4 Wochen bestand noch eine geringe Lymphocytose mit einer Beimengung von Monocyten und Histiocyten.

13. Hitzschlag.

Die Liquorveränderungen bei Hitzschlag hat WOHLWILL beschrieben.
Es findet sich gesteigerter Druck und Zellvermehrung, anfangs in Gestalt einer Leukocytose. In schweren Fällen ist der Liquor trüb, manchmal fast eitrig. Restlymphocytosen können monatelang bestehen bleiben.

14. Exogene Vergiftungen des Zentralnervensystems.

a) Kohlenoxydvergiftung.

Neurologischer Befund und Liquorsyndrom entsprechen sich meist
weitgehend. Leichte Kohlenoxydvergiftungen führen kaum zu Veränderungen der normalen Liquorbeschaffenheit, höchstens besteht leichte
Eiweißvermehrung. Ist jedoch eine schwere Schädigung des Zentralnervensystems (Pallidumläsion!) erfolgt, dann finden sich häufig
Pleocytose, Eiweißvermehrung und pathologische Kolloidzacken.

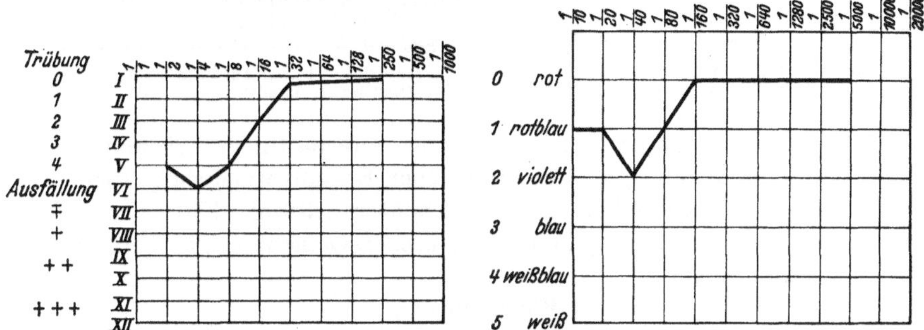

Abb. 46 u. 47. Schwere Leuchtgasvergiftung mit anschließendem Parkinsonismus. Die Zellzahl
betrug 11/3, das Gesamteiweiß 50 mg%.

Die meisten Fälle, die anatomisch später symmetrische Erweichungsherde in den Stammganglien aufweisen, zeigen derartige Liquorveränderungen.

b) Alkoholvergiftung.

Bei Fällen von Potatorium ist der Liquor farblos und von normalem
Eiweißgehalt. Er zeigt erst Veränderungen, wenn eine dauernde organische Schädigung des Zentralnervensystems eingetreten ist.

Kurz nach stärkerem Alkoholabusus und im Delirium tremens ist
Alkohol in der Spinalflüssigkeit nachweisbar, und zwar kann der Alkohol-
spiegel im Liquor den des Blutes übersteigen, so daß der Alkoholnach-
weis im Liquor länger positiv ausfallen kann als im Blut. Im akuten
Rausch ist gleichzeitig mit dem Blutdruck auch der Liquordruck gesteigert. Eine leichte Pleocytose sowie leichte Albuminvermehrung sind
beobachtet worden (DEMME). Derselbe Autor erhob bei Polyneuritis
alcoholica und bei Strangerkrankungen auf alkoholischer Basis im

Gegensatz zu GREENFIELD und CARMICHAEL, die bei Alkoholneuritiden leichte Eiweißvermehrung fanden, lediglich normale Befunde.

Ist es im Verlauf eines chronischen Alkoholabusus zu einer schweren organischen Erkrankung des Zentralnervensystems gekommen, dann treten stärkere Liquorveränderungen auf. So finden sich bei der Polioencephalitis haemorrhagica (WERNICKE) deutliche Eiweißvermehrungen und pathologische Kolloidkurven.

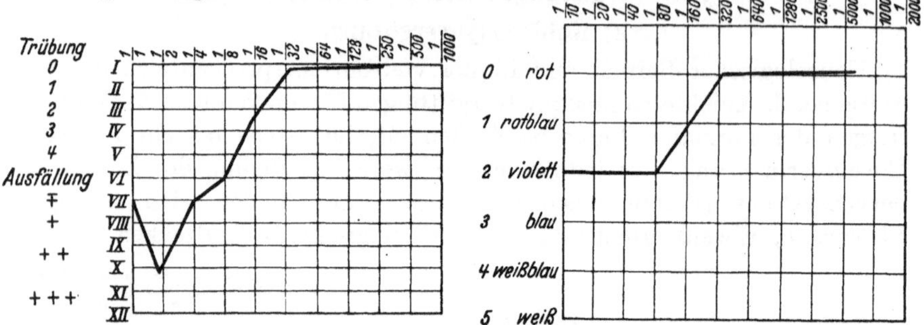

Abb. 48 u. 49. Polioencephalitis haemorrhagica ant. superior. (Durch Autopsie bestätigt.)
Zellzahl 4/3, Gesamteiweiß 75 mg%, Nonne: leichte Opalescenz, Pandy: + +, WaR.: Ø.

Bei der Pachymeningitis haemorrhagica interna findet sich blutiger oder xanthochromer Liquor mit erheblicher Eiweißvermehrung, tiefen, rechtsverlagerten Kolloidkurven und erhöhter Zellzahl. Fälle von Alkoholpsychose (KORSAKOW) und alkoholischer Demenz zeigen keinerlei Liquorveränderungen.

c) Bleivergiftung.

Die schwereren Erkrankungen des Zentralnervensystems, vor allem die Encephalopathia saturnina, zeigen deutliche Veränderungen der Liquorbeschaffenheit. Meist besteht Druckerhöhung, Pleocytose bis zu mehreren 100/3 Lymphocyten, Eiweißvermehrung und pathologische Kolloidkurven. Zuckervermehrung wird ebenfalls als Zeichen einer organischen Hirnschädigung beobachtet.

Die methodisch vorläufig recht schwierigen quantitativen Bleianalysen nach TAEGER und SCHMIDT ergeben recht interessante Resultate. So beschrieb DUENSING einen Fall von chronischer Bleivergiftung, bei dem sich im Liquor ein um das Mehrfache höherer Bleispiegel als im Blut fand. Für die Klärung der Pathogenese der durch Bleiintoxikation bedingten Erkrankungen des Zentralnervensystems sind derartige Ergebnisse von besonderem Interesse.

Bei Bleineuritiden trifft man bei Anwendung der üblichen Methoden der Liquoruntersuchung auf normale Verhältnisse. Experimentell läßt sich Blei gelegentlich in Form von Krystallen in der Spinalflüssigkeit nachweisen. Es gelingt dies z. B. bei der Bleivergiftung der Meerschweinchen mittels der Hexanitritprobe.

d) Verschiedene Gifte. Narkose.

Liquoruntersuchungen bei Morphinismus und anderen Alkaloidsüchten ergeben normale Verhältnisse. Morphium wurde bei subcutaner Gabe von CINEBAL mit dem FRÖHDEschen Reagens im Liquor nachgewiesen.

Chinin wird bei Gaben per os in den Liquor aufgenommen (Nachweis durch die Methode von PANTSCHENKOW und KIRSTNER); es wird im Gehirn gespeichert, bei der Paralyse im besonderen Maße auch im Blut. Im Liquor vermögen orale Gaben von 5—7 g Chinin die Zellvermehrung zu mindern. Die einen floriden Prozeß anzeigenden geschwänzten Zellen nehmen stark ab; es tritt progressiv im Verlauf einiger Wochen eine Cytolyse im Liquor ein, die in erster Linie das Protoplasma, in zweiter Linie die Zellkerne betrifft (Versuche von REHM).

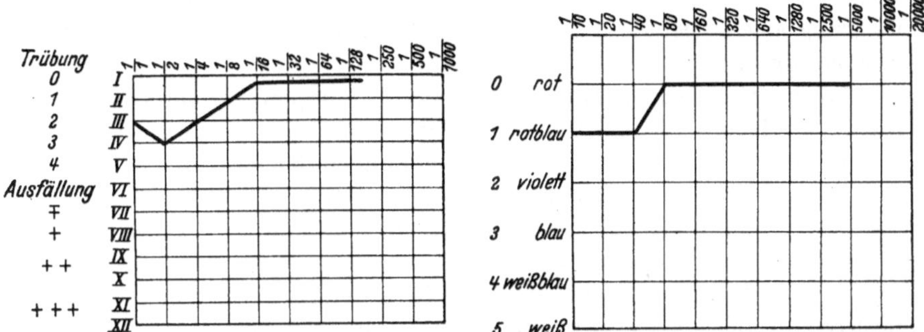

Abb. 50 u. 51. Schlafmittelvergiftung: Zellzahl 17/3, Gesamteiweiß 75 mg%, Nonne: leichte Opalescenz, Pandy: + +, WaR.: ∅.

Quecksilbervergiftung mit neuritischen Komplikationen führt ebenfalls zu keinen Liquorveränderungen; für die Arsenneuritiden gilt das gleiche.

Bei den *Schlafmittelvergiftungen* treten nicht selten pathologische Liquorbefunde auf, vor allem bei den schweren Formen mit lang dauernder Bewußtlosigkeit. In dem als Beispiel angeführten Fall sind eine deutliche Pleocytose, eine sichere Eiweißvermehrung sowie leichte, aber pathologische Kolloidzacken vorhanden. Von RIEBELING ist in schönen Untersuchungen der chemische Nachweis verschiedener in den Liquor übergegangener Schlafmittel erbracht worden. Über Liquorveränderungen bei der *Narkose* wissen wir weder vom Menschen noch vom Tier etwas. Dennoch sind Veränderungen anzunehmen, die eine besonders vorsichtige Beurteilung etwaiger pathologischer Befunde nötig machen würden.

15. Endogene Psychosen.

a) Die häufigste Psychose, der **schizophrene Prozeß,** ist außerordentlich vielseitig sowohl mittels biologischer Methoden als auch anatomisch untersucht worden, es wurden zahlreiche anatomische sowie auch chemische Untersuchungen durchgeführt, deren Ergebnisse aber wieder bestritten worden sind.

In der älteren Literatur finden sich keinerlei Angaben über systematische Untersuchungen des Liquors bei Schizophrenen. Es wird lediglich berichtet, daß die üblichen Globulinreaktionen, wie der Nonne und der Pandy, negativ ausfielen. Erst nach Einführung empfindlicherer Eiweißbestimmungen, die sowohl nephelometrisch als auch als Zentrifugiermethode mit volumetrischer Messung der Eiweißmenge durchgeführt wurden, ließen sich in etwa 40% der Fälle Eiweißvermehrungen nachweisen. Diese sind meist wenig ausgeprägt und gehen selten über 50 mg% hinaus. Bei frischeren, akuteren Fällen sieht man gelegentlich mäßige Erhöhungen der Zellzahl, die aber 20/3 im Kubikmillimeter kaum überschreiten. Bei älteren Fällen findet sich eher Eiweißvermehrung sowie leichte, aber pathologische Ausfällungen im Bereich der Kolloidkurven.

Man kann zwar keineswegs von einem Liquorsyndrom sprechen, das für die Schizophrenie charakteristisch wäre, doch ist zu sagen, daß der Liquor der Schizophrenen zu Eiweißerhöhungen, leichter Pleocytose sowie zu pathologischen Kolloidkurven neigt. Ein diagnostisches Hilfsmittel von der Bedeutung einer WaR. gibt es indessen nicht.

Nun wurde etwa vor 2 Jahren von LEHMANN-FACIUS eine Hirnlipoid-Antikörper-Reaktion angegeben, die in 92% der Fälle von Schizophrenie positiv sein sollte, bei Verwendung eines Hirnextraktes von an Katatonie gestorbenen Kranken sogar in 100%. Dieser Autor geht von der Auffassung aus, daß dem psychopathologischen Syndrom der Schizophrenie eine destruktive Hirnerkrankung zugrunde liege, in deren Verlauf abgebautes Hirnlipoid in die Liquorräume hineingerate und auf diese Weise zu einer Zerfallsimmunität führe. Er versuchte mittels einer neuen serologischen Methode das Auftreten von Hirnlipoid-Antikörpern, die gegen diese Stoffe gerichtet sein sollten, nachzuweisen.

Wir haben indessen die Resultate von LEHMANN-FACIUS in keiner Weise bestätigen können, auch JACOBI ist zu den gleichen Ergebnissen gekommen wie wir. Die Hirnlipoid-Antikörper-Reaktion ermöglicht es nicht, die Diagnose Schizophrenie aus dem Liquor zu stellen[1].

Die Vermutung, daß bei Schizophrenie ein zu einem Defektzustand führender organischer Hirnprozeß vorliege, ist keineswegs zuerst von

---

[1] GAUPP jun., R.: Arch. f. Psychiatr. **109**, 342 (1939). — JACOBI, A.: Klin. Wschr. **1938 II**, 1583. — JAHNEL, F.: Z. Neur. **165**, 469 (1939). — LEHMANN-FACIUS, H.: Z. Neur. **158**, 109 (1937); **161**, 515 (1938); **165**, 467 (1939) — Klin. Wschr. **1937 II**, 1646 — Umschau **1937**, H. 37 — Allg. Z. Psychiatr. **110**, 232 (1939). — NAGEL, O.: Schweiz. Arch. Neur. **42**, 414 (1938). — ROEDER, F.: Zbl. Neur. **92**, 176 (1939) — Arch. f. Psychiatr. **109**, 341 (1939) — Allg. Z. Psychiatr. **112**, 44 (1939) — Z. Neur. **165**, 462 (1939) — Psychiatr.-neur. Wschr. **1938**, 49.

Lehmann-Facius ausgeprochen worden, andere Psychiater, z. B. Ewald, haben schon vor längerer Zeit diese Ansicht vertreten. Es fragt sich aber hier prinzipiell, ob überhaupt cerebrale Abbauvorgänge stattfinden und sich auf die Liquorzusammensetzung auswirken.

Von F. Roeder wurden aus diesem Grund eingehende Untersuchungen über das Verhalten der Phosphatidfraktion im Liquor bei schizophrenen Prozeßpsychosen durchgeführt.

Lipoidphosphor in Milligrammprozent (Lumballiquor) bei Fällen von Schizophrenie, innerhalb des ersten Krankheitsjahres.

Fall 1	0,024 mg%	Fall 7	0,030 mg%	Fall 13	0,025 mg%
2	0,015 ,,	8	0,014 ,,	14	0,035 ,,
3	0,038 ,,	9	0,014 ,,	15	0,023 ,,
4	0,023 ,,	10	0,021 ,,	16	0,024 ,,
5	0,030 ,,	11	0,023 ,,	17	0,019 ,,
6	0,019 ,,	12	0,025 ,,	18	0,0075 ,,

Der Mittelwert beträgt 0,022 mg%.

Fälle im zweiten Krankheitsjahr.

Fall 1	0,026 mg%	Fall 6	0,050 mg%	Fall 11	0,022 mg%
2	0,026 ,,	7	0,030 ,,	12	0,022 ,,
3	0,029 ,,	8	0,032 ,,	13	0,032 ,,
4	0,018 ,,	9	0,018 ,,		
5	0,023 ,,	10	0,020 ,,		

Der Mittelwert beträgt 0,026 mg%.

Seit vielen Jahren bestehende schizophrene Psychosen.

Fall 1	0,018 mg%	Fall 11	0,032 mg%	Fall 21	0,005 mg%
2	0,010 ,,	12	0,021 ,,	22	0,018 ,,
3	0,031 ,,	13	0,023 ,,	23	0,011 ,,
4	0,028 ,,	14	0,034 ,,	24	0,022 ,,
5	0,010 ,,	15	0,023 ,,	25	0,005 ,,
6	0,025 ,,	16	0,035 ,,	26	0,010 ,,
7	0,018 ,,	17	0,021 ,,	27	0,016 ,,
8	0,023 ,,	18	0,010 ,,	28	0,020 ,,
9	0,028 ,,	19	0,012 ,,		
10	0,023 ,,	20	0,042 ,,		

Der Mittelwert beträgt 0,022 mg%.

Das Resultat dieser Untersuchungen ist dahin zu charakterisieren: Die Phosphatidwerte im Liquor der Schizophrenen haben einen sehr niedrigen Durchschnittswert, der sich an der unteren Grenze der Norm bewegt. Er ist bei den Fällen innerhalb des ersten Krankheitsjahres, ferner bei den seit vielen Jahren bestehenden Erkrankungen im Durchschnitt niedriger als bei zum Vergleich herangezogenen Fällen von Psychopathie sowie Debilität und Imbezillität.

Fraglos ist ein niedriger Phosphatidgehalt des Liquors bei schizophrenen Psychosen häufig, doch tritt dieser Befund nicht regelmäßig auf. Gelegentlich finden wir auch Werte, die einem hohen Normalwert entsprechen. Die niedrigen Werte sind auch nicht allein für Schizophrenie typisch, denn auch bei den Fällen von Psychopathie und Debilität können derartige Werte gefunden werden.

Die Phosphatidwerte im Liquor von Schizophrenen verhalten sich so, wie es RIEBELING bereits schon für die Eiweißkonzentrationen, das spezifische Gewicht und die molekulare Konzentration des Liquors bei Schizophrenie beschrieben hat. Ebenso wie bei Schizophrenie nicht nur auffällig niedrige Eiweißwerte, niedrige Interferometerwerte und niedriges spezifisches Gewicht beobachtet werden, sondern gelegentlich auch hochnormale bzw. leicht erhöhte Werte vorkommen können, so fanden sich neben den meist niedrigen Lipoidwerten auch einige, die die obere Grenze der Norm erreichten.

Von O. REHM ist darauf hingewiesen worden, daß es Schizophrenien mit normaler Liquorzellzahl gibt, bei denen jedoch die Zellformen teilweise pathologisch sind. Es finden sich im wesentlichen Histiocyten, welche auf einen früher durchgemachten entzündlichen Prozeß innerhalb der Meningen hinweisen.

Positive Liquorbefunde jeglicher Art bei Fällen, die als Schizophrenie angesprochen werden, sind diagnostisch besonders eingehend daraufhin zu prüfen, ob sich keine organisch-neurologische Erkrankung, insbesondere entzündliche und traumatische Hirnprozesse, hinter dem schizophrenen Zustandsbild verbergen.

b) Pathologische Liquorbefunde bei **cyclothymen Psychosen** sind sehr ungewöhnlich. Die Depressionen sowie die Manien zeigen meist völlig normale Liquorverhältnisse.

c) Bei Fällen von **angeborenem Schwachsinn** finden wir ebenfalls normale Liquorwerte. Das Vorliegen eines normalen Liquors schließt aber das Bestehen organischer Hirnveränderungen keineswegs aus, so daß in jedem Fall die Encephalographie nicht versäumt werden sollte. Die Blut- und Liquoruntersuchung klärt manchen Fall von syphilitisch bedingtem Schwachsinn auf. Bei den Fällen von **Idiotie,** die häufiger als die Fälle von reinem Schwachsinn die organische Grundlage erkennen lassen, stoßen wir des öfteren auf deutliche Eiweißvermehrungen, Lipoidvermehrungen sowie auf Spätpleocytosen (Histiocyten).

d) Die **senile Demenz,** soweit sie nicht durch Arteriosklerose kompliziert ist, weist normale Liquorwerte auf. Treten, wie dies sehr häufig ist, arteriosklerotische Gefäßprozesse hinzu, so finden sich ganz nach Maßgabe der Lokalisation und der Schwere der Veränderungen alle Übergänge von leichter Eiweißvermehrung und geringen Ausschlägen in den Kolloidkurven bis zum xanthochromen Liquor. Die **Alzheimersche Krankheit** zeigt im allgemeinen in ihrer reinen Form normale Werte.

e) Bei der **Pickschen Atrophie** können neben praktisch negativen Befunden zuweilen leichte uncharakteristische Veränderungen auftreten.

Wir beobachteten u. a. bei einer schwach positiven Pandy-Reaktion negative Kolloidreaktionen, normales Gesamteiweiß, Fehlen von Lymphocyten und negativen Wassermann. Ein weiterer Fall zeigte bei der Liquoruntersuchung einen positiven Pandy sowie bei der Goldsolreaktion angedeutete „Lueszacke". Die Zellzahl war nicht erhöht. Der Wassermann war negativ. Da gleichzeitig Pupillenstörungen bestanden, wurde auf der betreffenden Abteilung wegen des Verdachts auf Paralyse eine Fieberkur durchgeführt, die ohne Erfolg blieb. Anatomisch wurde eine PICKsche Atrophie vom Frontal-Parietal-Typ festgestellt. Dazu kam eine stark ausgeprägte Atrophie beider Nuclei caudati, ein zum Bild der PICKschen Atrophie nicht unbedingt hinzugehörender Befund. Es könnte dies vielleicht den Gedanken nahelegen, daß die hier stattfindenden Abbauvorgänge in nächster Ventrikelnähe die Liquorzusammensetzung pathologisch verändert haben könnten.

Einer besonderen Erwähnung verdient ein von O. REHM beobachteter Fall, bei dem das Gesamteiweiß des Liquors erheblich vermehrt war, die Globulinreaktionen positiv waren, die Zellzahl sich an der oberen Grenze der Norm bewegte. Die Zellen selbst bestanden in der Mehrzahl aus großen, geschwänzten Elementen. Besonders auffällig war, daß sich große, acidophile Pigmentschollen fanden, die manchmal Zellformen annahmen. Dieselben Formen fanden sich auch bei der histologischen Untersuchung innerhalb der Pia. Es könnte sich hier um abgebaute Substanzen aus dem nervösen Parenchym handeln, die in die Pia und von da in den Liquor übergetreten sind. Beim Zustandekommen dieses Befundes darf man allerdings wohl Faktoren annehmen, die für die PICKsche Atrophie ungewöhnlich sind.

16. Genuine und symptomatische Epilepsien.

Bei *genuiner Epilepsie* gefundene Liquorveränderungen sind verhältnismäßig gering; leichte Abweichungen der Norm finden sich in etwa 20% der Fälle. Diese bestehen in leichter Eiweißvermehrung bis zu etwa 40 mg%, die sowohl die Albumine als auch die Globuline betreffen kann. Gelegentlich findet sich bei normalem Gesamteiweißgehalt relativ vermehrtes Globulin. Die Zellzahl bewegt sich an der oberen Grenze der Norm. Nur ganz ausnahmsweise zeigen die Kolloidkurven bei gleichzeitiger Eiweißvermehrung leichte Linkszacken. Der Liquordruck ist meist normal.

Die genuine Epilepsie hat in der überwiegenden Zahl der Fälle keinerlei Liquorveränderungen aufzuweisen. Finden sich bei erhöhtem Lumbaldruck starke Veränderungen, wie ausgeprägte Pleocytose, deutliche Eiweißvermehrung, ausgeprägte Kolloidkurven, z. B. vom Paralysetyp, oder Xanthochromie des Liquors, dann besteht in jedem Fall der Verdacht, daß es sich um *symptomatische Epilepsie* bei einer mit gröberen

pathologischen Veränderungen einhergehenden Hirnerkrankung handelt
(Tumor, multiple Sklerose, Lues cerebri usw.). Gerade eine starke Eiweißvermehrung ist immer verdächtig auf symptomatische Epilepsie.
Wird allerdings bei genuiner Epilepsie direkt im Anschluß an einen
Anfall oder im Status punktiert, dann findet sich häufig eine stärkere
Pleocytose sowie Eiweißvermehrung. Die *Narkolepsie* zeigt bei Anwendung der üblichen Methoden keine Veränderung in der Liquorzusammensetzung.

17. Gefäßerkrankungen.

a) Bei **essentieller Hypertonie** findet sich bei fehlenden Anzeichen
cerebraler Komplikationen (apoplektischer Insult) lediglich ein erhöhter
Liquordruck. Dieser steht mit dem erhöhten Druck innerhalb der intrakraniellen arteriellen Gefäßgebiete in engem pathophysiologischen Zusammenhang. Bei dieser Erkrankung beobachtete MAUGERI eine Vermehrung des Liquorzuckers bei normalen Blutzuckerwerten; eine recht
bemerkenswerte Tatsache, da normalerweise der mittlere Zuckergehalt
des Liquors sowohl hinter der Höhe des Blutzuckers wie auch hinter
dem Zuckerwert des Kammerwassers zurückbleibt.

Bei einem Fall von Hypertonie, der mit heftigen Kopfschmerzen
und Ohnmachtsanfällen einherging, beobachtete F. ROEDER eine Gesamteiweißvermehrung auf 50 mg%; Globulinwert 10,0 mg%, Eiweißquotient
0,25. Die Kolloidkurven, wie die Zellzahl, waren normal. Pathologische
Veränderungen der Spinalflüssigkeit fehlen im allgemeinen.

b) Bei **Polycythämie** liegen die gleichen Liquorverhältnisse vor. Bei
einer Hirnblutung, die im Verlauf einer derartigen Erkrankung aufgetreten war, fanden wir eine deutliche Erhöhung des Gesamteiweißes
(50 mg%) bei sonst völlig normaler Liquorbeschaffenheit, unter Anwendung üblicher Methoden.

REISKE gibt an, stark erhöhte Gesamtkreatininwerte (Werte bis
zu 5,0 mg%) bei 2 Fällen gefunden zu haben.

c) Bei **Hirnarteriosklerose** ohne voraufgegangenen apoplektischen
Insult ist häufig der Liquorbefund ein völlig normaler; gelegentlich sieht
man allerdings leichte Eiweißvermehrung oder sehr mäßige Pleocytose.
Der Liquordruck weicht nicht von der Norm ab.

Vorübergehende *apoplektische Gehirnläsionen* lassen dahingegen deutliche Eiweißvermehrung zurück. Bei cerebralen Hämorrhagien mit
Durchbruch der Blutung in äußere oder innere Liquorräume (Ventrikel-
oder Arachnoidealräume) zeigt die Spinalflüssigkeit starke Xanthochromie; im Sediment finden sich reichlich Erythrocyten. Die Eiweißwerte
sind erheblich erhöht, die Kolloidkurven tief und rechts verlagert. Je
länger der Insult zurückliegt, desto eher trifft man auf normale Verhältnisse. Schwere Fälle von Gehirnarteriosklerosen gehen allerdings nicht

selten mit einer Persistenz ausgeprägter Liquorveränderungen trotz lang zurückliegender Insulte einher.

In folgendem Fall war u. a. noch starke Xanthochromie nachzuweisen; das Gesamteiweiß betrug 90 mg%, der Eiweißquotient 0,21. In derartigen Fällen ist die Auswirkung erneuter anamnestisch nicht bekanntgewordener Hirnblutungen natürlich nicht auszuschließen. Die Xanthochromie spricht dafür.

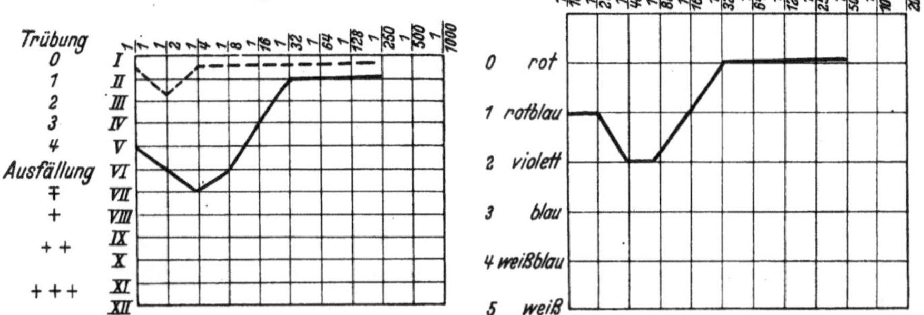

Abb. 52 u. 53. Fall von schwerer Cerebralsklerose, der 10 Jahre nach überstandener Hemiplegie punktiert wurde. (Eigene Beobachtung.)

DEMME hat darauf hingewiesen, daß eine Hirnblutung sich auch ohné Durchbruch in die Liquorräume auf die Zusammensetzung der Spinalflüssigkeit auswirken kann, und zwar dadurch, daß sie sich als raumbeschränkender Prozeß auswirkt, indem sie die freie Liquorpassage unterbricht. Es können dann Stauungssyndrome auftreten, wie sie bei Tumoren gleicher Lokalisation zur Beobachtung kommen. Dringt die Hämorrhagie nicht direkt in die Liquorräume ein, so sind die Veränderungen der Spinalflüssigkeit meist nur sehr gering und bestehen am häufigsten in einer leichten Eiweißvermehrung und Vermehrung der Zellzahl.

Encephalomalacien wirken sich recht ähnlich aus; als Zeichen einer Beeinträchtigung der glykolytischen Funktionen des Hirnparenchyms tritt eine mäßige Steigerung des Glucosewertes auf; normale Liquorbefunde sind selten; meist besteht mäßige Eiweißvermehrung, leicht positive Globulinreaktionen und geringe Ausfälle in den Kolloidkurven. Nur ausnahmsweise kommen sehr starke Eiweißvermehrungen zur Beobachtung. So zeigte ein Fall von DEMME ein Gesamteiweiß von 6,8, Globulin 1,8, Albumin 4,0; Eiweißquotient 0,45 mit entsprechend starker Trübung im rechten Teil der Mastixkurve. Bei der Sektion wurde ein faustgroßer Erweichungsherd in der linken Großhirnhemisphäre gefunden. Für die *Hirnembolien* und *thrombotischen Erweichungsherde* gilt das gleiche.

Bei einem Fall von *Encephalomalacie* wurde der Liquor 52 Tage lang nach dem Schlaganfall kontrolliert. Neben einer erheblichen Vermehrung des Gesamteiweißes auf 2,666 $^0/_{00}$ mit einer Goldsolblutkurve fanden sich 25000/3 Zellen, hauptsächlich Leukocyten, einige Gitterzellen und mehrere große Einkernige am 3. Tag. Am 6. Tag war der Liquor hellgelb, die Eiweißvermehrung war auf 1,333 zurückgegangen; Pleocytose 864/3, starke Vermehrung der Gitterzellen neben dem Bestand an Polynucleären. 9. Tag: 0,417 $^0/_{00}$ Gesamteiweiß, 193/3 Zellen, hauptsächlich große Einkernige. 11. Tag: Gesamteiweiß 0,333 $^0/_{00}$, 32/3 Zellen, hauptsächlich Lymphocyten. 15. Tag: Pleocytose zurückgehend, meist Lymphocyten. 52. Tag: Farbe noch hellgelb; Gesamteiweiß 0,333 $^0/_{00}$, Pleocytose 18/3, darunter 11 Lymphocyten, 2 Gitterzellen, 6 große Einkernige. Das Gesamteiweiß nahm dann mit dem Rückgang der Zellzahl ab, blieb aber bis zum 52. Tag leicht vermehrt.

Abschließend ist über die Veränderungen der Spinalflüssigkeit bei Gefäßkrankheiten zu sagen, daß sie weitgehend unspezifisch sind, lediglich auf das Vorliegen einer organischen Erkrankung hinweisen und vor allem die klinisch so wichtige Abgrenzung gegen die Hirntumoren nicht ermöglichen, wie auch darauf aufmerksam zu machen ist, daß leichte unspefische Liquorveränderungen sowohl durch eine alte Neurolues, wie auch durch apoplektische oder traumatische Hirnläsionen bedingt sein können.

18. Interne Erkrankungen.

Es sind in erster Linie die *Stoffwechselerkrankungen*, die zu erheblichen Änderungen der Zusammensetzung der Cerebrospinalflüssigkeit führen können. Hierhin gehören vor allem die Nierenerkrankungen mit urämischen Erscheinungen.

a) Bei den akuten **Nephritiden** treten meist recht geringe Befunde auf, die über eine leichte Eiweißvermehrung, mäßige Pleocytose sowie eine Vermehrung der Chloride nicht hinausgehen.

Bei chronischer Nephritis zeigen sich zahlreiche Veränderungen des Liquors, die mit den erheblichen pathologischen Veränderungen des Blutchemismus in engem Zusammenhang stehen. Wir finden die Harnstoff- und Harnsäurewerte erhöht, ebenso den Reststickstoff. Der Liquordruck ist meist gesteigert, oft besteht eine Eiweißvermehrung, gelegentlich eine ausgeprägte Pleocytose, die sogar über 100/3 Zellen betragen kann.

Beim Übergang in *urämische Zustände* kommt es zu sehr ausgesprochenen pathologischen Liquorsyndromen. Der Druck des oft xanthochrom gefärbten Liquors ist fast immer erheblich gesteigert, bis auf 500—600 mm H_2O; Pleocytosen bis zu 400/3—500/3 Zellen kommen zur Beobachtung. Die Eiweißwerte sind erhöht, die üblichen Globulinreaktionen werden positiv. Die chemische Zusammensetzung weist erhebliche Abweichungen von der Norm auf. Sie betreffen in erster Linie den Reststickstoff und den Harnstoff. Der Reststickstoff, der normalerweise 15—20 mg% beträgt, zeigt eine starke Zunahme. REICHE, der diese Substanz bei einer großen Reihe von internen Erkrankungen im Liquor bestimmte, fand bei Leber- und Nierenerkrankungen Werte von 21 bis 282 mg%. MESTREZAT, der einen durchschnittlichen Harnstoffwert von 6 mg% im Liquor angegeben hat, sah bei Meningitiden 20 bis 40 mg%, bei Typhus in Komplikation mit Nephritis 80 mg%. Überhaupt sind bei Nierenerkrankungen die Harnstoffwerte im Liquor gesteigert. Sie erreichen bei der Urämie Werte von 55 bis 60 mg%. REICHE beschreibt sogar Fälle von Urämie mit Werten von über 200 mg% Harnstoff im Liquor. Eine stärkere Zunahme des Harnstoffs im Liquor gilt als prognostisch recht ungünstiges Zeichen.

Bei der Urämie sind weiterhin die Chloride, ferner die Harnsäure und das Kreatinin vermehrt.

Mit der Schwere der Erkrankung steigt auch der Glucosewert des Liquors. RIEBELING sieht die Ursache hierfür darin, daß die Glykolysefähigkeit der Gehirne von Urämikern herabgesetzt zu sein scheint, wie sich auch aus einigen eigenen Versuchen ergab. Er setzt diese Beobachtung in Parallele zu Erfahrungen bei der Apoplexie und ist der Ansicht, daß diese zwei Erkrankungen, die die Gehirnsubstanz auf die verschiedenartigste Weise schädigen, eine veränderte Glykolyse des Zentralnervensystems und der Meningen hervorrufen.

Bei Nierenerkrankungen ohne Insuffizienzerscheinungen findet sich im Liquor keine Steigerung des Xanthoproteingehalts und kein *Indican*. Während bei Schrumpfniere ohne urämische Erscheinungen der erstere Stoff bereits in erhöhter Menge in den Liquor übertritt, bleibt das Indican negativ.

Bei ausgeprägten urämischen Zustandsbildern findet sich eine deutliche Zunahme beider Körper im Liquor. Die chemischen Veränderungen beschränken sich nicht nur auf diese Stoffe. GREENFIELD und CARMICHAEL fanden den Milchsäuregehalt vermehrt, MESTREZAT konnte positive Acetonreaktion erhalten, trotz Fehlens einer Ausscheidung des Acetons im Urin.

Infolge Erhöhung der molaren Konzentration des Liquors durch das Ansteigen des Spiegels dieser erwähnten Substanzen, vor allem des Rest-N- und des NaCl-Gehalts, steigt der Brechungsindex des Urämikerliquors sehr deutlich an, wie aus den Interferometerwerten zu ersehen ist. Auch bei der Bestimmung der Gefrierpunktserniedrigung zeigten sich deutliche Abweichungen von der Norm. Nach MESTREZAT beträgt der Normalwert $-0{,}57°$ bis $-0{,}59°$. Ebenso wie bei Diabetes sind Steigerungen dieser Werte des öfteren beobachtet worden, und zwar betrugen sie bei der ersten Erkrankung (Urämie) $-0{,}63°$ bis $-0{,}73°$, bei der letzteren (Diabetes) $-0{,}62°$ bis $-0{,}96°$. Gleichzeitig steigt das spezifische Gewicht des Liquors nach Maßgabe der Stärke der Veränderungen seiner chemischen Zusammensetzung an.

Das kolloidchemische Verhalten des Liquors bei der Urämie ist, wie aus der Abbildung zu ersehen ist, recht wechselnd. Von normalen Kurven bis zu solchen vom Paralysetyp und rechtsverlagerten Kurven gibt es alle Variationen.

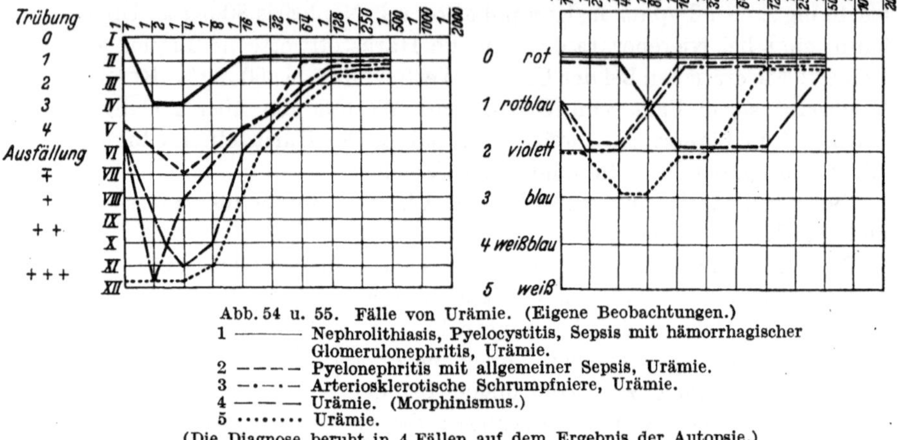

Abb. 54 u. 55. Fälle von Urämie. (Eigene Beobachtungen.)
1 ———— Nephrolithiasis, Pyelocystitis, Sepsis mit hämorrhagischer Glomerulonephritis, Urämie.
2 ———— Pyelonephritis mit allgemeiner Sepsis, Urämie.
3 —·—·— Arteriosklerotische Schrumpfniere, Urämie.
4 ——— Urämie. (Morphinismus.)
5 ········ Urämie.
(Die Diagnose beruht in 4 Fällen auf dem Ergebnis der Autopsie.)

Ein ähnliches kolloidchemisches Verhalten des Liquors wird allerdings auch bei pseudourämischen Zuständen auf arteriosklerotischer Grundlage beobachtet. Aus Abb. 56 ist zu ersehen, daß der Ausfall der Kolloidkurve des Liquors eines Falles von Pseudourämie bei Hirnarteriosklerose ohne Nephrosklerose, wie die Autopsie ergab, den Kurven der Urämiker ähnlich ist. Das Gesamteiweiß betrug in diesem Fall 45 mg%, Nonne: schwache Opalescenz, Pandy +, Zellzahl 6/3. Die spezifischen Reaktionen in Blut und Liquor waren negativ. Auch bei anfangs als Pseudourämie angesprochenen Zuständen auf ganz anderer Grundlage sieht man ähnliche Liquorsyndrome, wie die Kolloidkurve des Liquors bei einem Fall von multiplen Hirnmetastasen

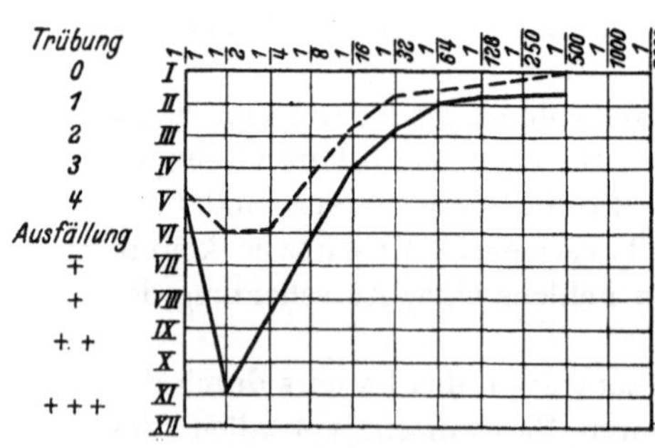

Abb. 56.
———— Pseudourämie, Hirnarteriosklerose, keine Schrumpfniere. (Eigene Beobachtung.)
———— „Pseudourämie". Multiple Hirnmetastasen eines Lungencarcinoms.

bei Lungencarcinom zeigt. Gesamteiweiß, Globulinreaktion und Zellzahl entsprachen dem zuerst erwähnten Befund bei Hirnarteriosklerose.

Die Liquorveränderungen bei Nierenerkrankungen, insbesondere der Urämie, sind einerseits auf den weitgehend gestörten Blutchemismus zurückzuführen, andererseits sind sie der Ausdruck einer toxischen Schädigung des Zentralnervensystems selbst. Ferner ist auch mit einer veränderten Permeabilität der Blutliquorschranke für Stoffe des Serums zu rechnen, zumal SINGER und WOLDRICH positive Hämolysinreaktionen bei Urämie fanden.

b) Der Liquor der *Diabetiker* zeigt eine ganze Reihe von recht auffälligen, vor allem methodisch leicht faßbaren Veränderungen. Die *Zuckervermehrung* ist zum erstenmal wohl von KAHLER gefunden worden. Die Zuckerwerte können stark zunehmen, in erster Linie bei Übergang der Erkrankung in ein Coma diabeticum. Werte von 400 bis 500 mg% können zur Beobachtung kommen. In schweren Fällen von Diabetes, natürlich vor allem im Koma, läßt sich Aceton nachweisen bis zu Werten von 10 mg% und mehr. Acetessigsäure tritt in erster Linie im Koma auf, Oxybuttersäure hingegen nur in Spuren. Eine Steigerung des Milchsäuregehalts infolge schnellen Zuckerzerfalls ist ebenfalls festgestellt worden.

In ähnlicher Weise wie bei Nierenerkrankungen finden wir bei Anwendung physikalisch-chemischer Methoden deutliche Veränderungen. Beim **Diabetes mellitus** bestehen Steigerungen des Wertes der Gefrierpunktserniedrigung. Diese betragen $-0,62°$ bis $-0,69°$; der Normalwert liegt zwischen $-0,56°$ bis $-0,58°$.

Die aktuelle Acidität zeigt beim kompensierten Diabetes normale Werte, während sie bei Übergang in Komazustände Verschiebungen nach der sauren Seite erleidet. Der Gehalt an Chloriden ist bei Diabetes im Liquor gesteigert. Nach GREENFIELD und CARMICHAEL finden sich, wie eigentlich zu erwarten war, bei dieser Erkrankung normale Harnsäurewerte.

Die bei Diabetes, aber auch bei der perniziösen Anämie und bei Urämie vorkommenden serologischen Befunde sind recht interessant. SINGER und WOLDRICH fanden bei diesen drei Erkrankungen positive Hämolysinreaktionen im Liquor. Diese Befunde bedürfen aber noch einer weiteren Bestätigung.

Klinisch besonders wichtig sind indessen die Veränderungen des Liquors, die bei Anwendung der üblichen Methoden gefunden werden. Ein Teil der Fälle zeigt eine leichte Pleocytose; Werte von 8/3—12/3 Zellen werden des öfteren beobachtet. In zahlreichen Fällen sieht man eine mäßige Vermehrung des Gesamteiweißes; dabei werden Werte bis zu 75 mg% nicht so selten erreicht. Die Fälle von Diabetes, bei denen ein Liquorbefund vorliegt, werden allerdings meist punktiert, weil eine Komplikation, in erster Linie eine *Polyneuritis* vorliegt. In derartigen Fällen findet man meist eine leichte Pleocytose, mäßige Vermehrung des Gesamteiweißes, insbesondere der Globuline. Die Kolloidkurven zeigen pathologische Ausfällungen, meist im Bereich der mittleren

Liquorverdünnungen, die recht deutlich ausgeprägt sind. Eine pathologische Kolloidkurve ist durchaus mit der Diagnose Diabetes vereinbar und braucht auf keine andersartige Erkrankung hinzuweisen. Bei der sog. „Pseudotabes diabetica", die mit einer Areflexie der unteren Extremitäten einhergeht, kann man derartige Kolloidkurven beobachten. Im Coma diabeticum finden sich deutliche Vermehrungen des Liquorzuckers, des Gesamteiweißes, des Globulins, des Albumins und der Kolloidkurven. Für die Beurteilung von Zuckervermehrung im Liquor ist immer wichtig, zu wissen, ob eine allgemeine Stoffwechselstörung im Sinne eines Diabetes vorliegt oder nicht. Besteht ein Diabetes, so ist der Befund sehr einfach zu erklären, im anderen Fall ist die Steigerung des Zuckergehalts der Cerebrospinalflüssigkeit ein Anzeichen für das Bestehen einer organischen Erkrankung des Zentralnervensystems, ein Befund, der zunächst bei Encephalitiden (epidemische Encephalitis), aber auch bei Apoplexien, Urämien, Tumoren zur Beobachtung kommt und wahrscheinlich mit einer pathologisch veränderten, in diesem Fall verringerten glykolytischen Fähigkeit der Meningen und des Hirnparenchyms in Zusammenhang zu bringen ist.

Recht häufig werden agonal bei den verschiedensten Erkrankungen Anstiege des Liquorzuckers beobachtet, die nicht selten bis zu 120 mg% hinaufgehen können. Die *agonale Steigerung des Liquorzuckers* ist im übrigen ein sehr häufig zu beobachtendes Phänomen. Ein besonderer Grund für den Internisten, bei inneren Erkrankungen Liquorbefunde einer stärkeren Beachtung zu unterziehen, liegt darin, daß es bei innersekretorischen Störungen zu pathologischen Liquorzusammensetzungen kommen kann.

c) Während es bei Morbus Basedow und hyperthyreotischen Zuständen nicht zu Liquorveränderungen kommt, werden dagegen beim **Myxödem** ausgeprägte Liquorsyndrome beobachtet. W. O. Thompson, E. Silveus und Dailey untersuchten u. a. die Liquores von 17 Myxödemfällen, die eine Herabsetzung des Grundumsatzes von —17 bis —46% hatten. Bis auf einen Fall, der einen normalen Liquoreiweißwert zeigte, war das Gesamteiweiß vermehrt. Die Werte erstreckten sich von 34 bis 221 mg%, die Globulin- wie auch die Albuminproben waren positiv. Diese Autoren konnten weiterhin zeigen, daß nach Schilddrüsenbehandlung nicht nur der Grundumsatz, sondern vor allem auch die Eiweißwerte des Liquors annähernd wieder normal wurden, die Globulin- und Albuminreaktionen waren jetzt ebenfalls meist negativ. Auch Samson beobachtete Eiweißvermehrungen bei Myxödem, desgleichen auch leichte Pleocytose. Demme fand in Bestätigung dieser Befunde bei 2 Fällen eine Eiweißvermehrung mit erhöhtem Eiweißquotienten, eine pathologische Kolloidzacke und in einem Fall Pleocytose. Diese Befunde sind von besonderer Wichtigkeit, da sie auf Beziehungen des Liquoraufbaus zu der inneren Sekretion hinweisen.

Die *hypophysären Erkrankungen*, die *Akromegalie* und die *Dystrophia adiposogenitalis*, verändern die Liquorzusammensetzung nicht, vorausgesetzt, daß das klinische Bild nicht durch Tumoren oder luische Erkrankungen der Hypophyse hervorgerufen wird. Bei *Nebennierenerkrankungen* sind in erster Linie in den Endstadien Veränderungen nachweisbar; Bousquet und Devrien fanden Aceton im Liquor, Demme erhöhte Eiweißwerte und eine entsprechende Mastixkurve.

Bei schwer *kachektischen* Menschen, nicht nur bei innersekretorisch bedingten Fällen, findet man mäßige Eiweiß- und Zellvermehrung im Liquor, desgleichen pathologische Kolloidreaktionen geringeren Ausmaßes; dies gilt z. B. für Carcinomkranke, Endstadien der Tuberkulose usw.

d) Bei schwerem **Ikterus** können wir schließlich einen gelb verfärbten Liquor antreffen, in dem sich die Gallenfarbstoffe nachweisen lassen, das Eiweiß ist vermehrt. Reiche stellte bei akuter gelber Leberatrophie im Liquor erhöhten Rest-N fest. Demme beschrieb 2 Fälle von Coma hepaticum, die einen wasserklaren Liquor, geringe Albuminurie und Globulinvermehrung, normale Zellzahlen, aber pathologische Mastixkurven hatten.

e) Im Verlauf einer **perniziösen Anämie** treten Liquorveränderungen meist dann auf, wenn als Komplikation eine *funikuläre Myelitis* hinzugetreten ist. Oft kommt es dann zu einer leichten Eiweißvermehrung, einer geringgradigen Pleocytose; pathologische Kolloidkurven sind selten. Nach Demme sind die stärksten Liquorveränderungen bei schweren, akut verlaufenden Fällen zu finden, desgleichen auch, wenn psychotische Erscheinungen aufgetreten sind. Lenhartz beobachtete bei *Chlorose* sowie schwerer sekundärer und perniziöser Anämie erhebliche Steigerung des Liquordrucks, die er auf das Vorliegen eines Hirnödems zurückführte. Durch ausgiebige Lumbalpunktion konnte in diesen Fällen die Wirkung der Drucksteigerung günstig beeinflußt werden. Bei *Agranulocytose* besteht ein normaler Liquorbefund, vorausgesetzt, daß nicht infolge der Allgemeinerkrankung Meningismus aufgetreten ist.

f) Beim **Keuchhusten** kommt es in etwa 50% der Fälle zu Veränderungen im Liquor. Er zeigt gelegentlich Xanthochromie (Keuchhusteneklampsie, Blutungen in Meningen und Hirnsubstanz), ferner Druckvermehrung und Pleocytosen sowie Vermehrung der Eiweißmenge (Reiche, W. Bayer). Zu beachten ist die Möglichkeit einer reaktiven, aseptischen Meningitis nach Vaccinierung mit Keuchhustenimpfstoff.

19. Mikroorganismen und Parasiten. Bacillen.

a) Zahlreiche Beobachtungen liegen über Fälle von seröser und eitriger Meningitis vor, bei der **Typhusbacillen** im Liquor nachgewiesen wurden. Sie kommen aber auch im Liquor bei Typhuserkrankung vor, ohne daß dabei eine Meningitis im anatomischen Sinne verursacht würde. Zum Nachweis ist die kulturelle Prüfung der fraglichen Bacillen auf den bekannten Typhusnährböden notwendig.

Meningitis, durch *Paratyphusbacillen* verursacht, ist ebenfalls beobachtet.

Ob bei der Pestmeningitis *Pestbacillen* gefunden sind, ist nicht bekannt.

Nach SCHOTTMÜLLER ist im Liquor weiterhin der B. acidi lactici im Meningealeiter nachgewiesen worden, ferner B. coli, B. pyocyaneus, B. mallei, ferner B. anthracis.

b) Bei der epidemischen Meningitis ist der WEICHSELBAUMsche **Meningococcus** in 80—100% der Fälle im Liquor nachzuweisen, ebenso im zirkulierenden Blut. Es muß allerdings betont werden, daß außer den Meningokokken weitere Gram-negative, intracellulär gelegene Diplokokken auftreten können, so der Micrococcus flavus und catarrhalis. Für die klinische Beurteilung und die sich daraus ergebenden therapeutischen Maßnahmen reicht der bakterioskopische Befund völlig, der kulturelle Nachweis sollte aber zur völligen Sicherheit jedesmal angeschlossen werden.

Anreicherung der Meningokokken ist nach RUGE zur mikroskopischen Diagnose möglich, wenn man einzelne Tropfen Liquor bei Zimmertemperatur durch eine Petrischale geschützt auf einem Objektträger langsam eintrocknen läßt. Der kulturelle Nachweis ist immer notwendig. (Handbuch von KOLLE-KRAUS-WEICHSELBAUM.)

SCHOTTMÜLLER betont die hämatogene Entstehung der Meningitis circumscripta disseminata durch Pyokokken.

Gonokokken rufen zuweilen Entzündung der Hirnhäute hervor; der Nachweis der Gonokokken ist deswegen erschwert, weil sie dem Diplococcus Weichselbaum überaus ähnlich sind; auf ein subtiles Kulturverfahren darf nie verzichtet werden.

Influenzabacillen sind von E. FRÄNKEL aus Meningealeiter gezüchtet worden. Wichtig ist in solchen Fällen die Verwendung der Blutagarplatte für das Wachstum der Erreger; sie erleichtert in vielen Fällen wesentlich die Differentialdiagnose.

Bei Eiterungen im Gebiet der Meningen finden sich neben anaeroben Streptokokken auch aerobe im Liquor. Auf die Mischinfektion mit Streptococcus putridus deutet der fötide Geruch der Eiterung hin. Besonders häufig sind Streptokokkenmeningitiden im Verlauf eitriger Otitiden, sie können aber auch metastatisch bedingt sein oder nach einer Basisfraktur auftreten.

c) Tuberkelbacillen sind wohl in jeder größeren Probe des Liquor von tuberkulöser Meningitis vorhanden; da es sich aber oft nur um eine geringe Zahl handelt, so ist das Auffinden häufig mühsam und zeitraubend. Da sich bei der tuberkulösen Meningitis mit Vorliebe ein Fibrinnetz bildet, so ist es das einfachste, mittels einer Nadel das Netz aus der Flüssigkeit herauszuheben, auf einen Objektträger zu bringen und nach der üblichen Färbung nach ZIEHL-NIELSEN die Bacillen zu suchen. Sie liegen zwischen den weißen Blutkörperchen in Häufchen. Wenn kein Fibrinnetz sich bildet, zentrifugiert man den Liquor scharf und färbt das auf den Objektträger ausgebreitete Sediment. Nach dem Vorschlag von WICHELS kann man dem Liquor ein paar Tropfen Blutserum zufügen, weil dadurch nach einigen Stunden ein Fibrinkuchen sich bildet, der mikroskopisch, kulturell und im Tierversuch weiterverarbeitet werden kann. Sehr günstig ist die Verarbeitung des Liquors nach dem zur Untersuchung der Liquorzellen angegebenen Verfahren, indem durch Zufügen des Liquors zu 96proz. Alkohol ein Sediment gewonnen wird, in welchem die Bacillen leicht färbbar und darstellbar sind.

JAKOBSTHAL brachte den Liquor in zugeschmolzenen Röhrchen 8 bis 12 Wochen lang in den Brutschrank, wobei sich in der Flüssigkeit feinste Flöckchen entwickelten, die aus Reinkulturen von Tuberkelbacillen bestanden. Zur Reinkultur eignet sich der Eiernährboden nach BESREDKA. Der Tierversuch ist für den Nachweis der Tuberkelbacillen nicht günstig, weil er zu lange Zeit in Anspruch nimmt. MUCHsche Granula sind nach SCHOTTMÜLLER nicht im Liquor zu finden; sie wären auch dort sehr leicht mit Verunreinigungen zu verwechseln. ROTHE stellte im Lumbalpunktat von Kindern unter 5 Jahren bei tuberkulöser Meningitis in 6,9% der Fälle *bovine* Tuberkelbacillen fest; die Infektion geschah wahrscheinlich durch Milch einer tuberkulösen Kuh.

d) Die die *Schlafkrankheit* verursachenden **Trypanosomen** sind im Liquor durchaus nicht immer leicht nachzuweisen. Manchmal ist nur *ein* Trypanosoma im ganzen Lumbalpunktat nachzuweisen. Nahezu die Hälfte aller liquorpositiven Fälle beherbergte nicht mehr als *ein* Trypanosoma im Kubikmillimeter (nach REICHENOW). Dieser Forscher hat im Liquor eine auffällig hohe Zahl von Teilungsformen festgestellt. Im Gegensatz zum Blut besteht im Liquor ein periodisches Anwachsen und Abnehmen der Zahl der Parasiten nicht. Im allgemeinen ist der Gehalt an Trypanosomen im Liquor eher spärlich als groß. Im Liquor überwiegen die Schmalformen der Parasiten, worunter sich viele Exemplare mit einer deutlichen Vakuole neben dem Blepharoplast finden. REICHENOW fand:

0,1—1 Trypanosomen in 1 cmm Liquor in	37 %	der Fälle
bis 2 „ „ 1 „ „ „	37 %	„ „
bis 3 „ „ 1 „ „ „	16,4 %	„ „
bis 10 „ „ 1 „ „ „	7,4 %	„ „
bis 50 „ „ 1 „ „ „	22,4 %	„ „
bis 200 „ „ 1 „ „ „	4,5 %	„ „

Eine Verminderung der Parasitenzahl im Liquor findet nicht durch Trypanolyse, sondern durch Lymphocytenanheftung, außerdem aber durch den Rücktritt von Trypanosomen aus dem Liquor in die Blutbahn statt. Die Zellvermehrung ist eine Folge der Parasiteninvasion. Für charakteristisch gelten die Maulbeerzellen im Liquor (degenerierte Plasmazellen). Immerhin sind sie nicht spezifisch für die Trypanosomenerkrankung. Der Liquor kann ohne entzündliche Veränderungen sein und dabei etwa 5—10 Zellen im Kubikmillimeter aufweisen. Die Mehrzahl der Zellen gehört den Lymphocyten an. Ein starker Trypanosomengehalt kann mit starker oder geringer Zellvermehrung vergesellschaftet sein. Reichenow fand bei 71 Schlafkranken nur 9 mal eine Zellvermehrung. Van Hoof fand bei 28 Fällen 24 mal große Mononucleäre und 18 mal Maulbeerformen mit begleitender Zellvermehrung. Trypanosomen fand er nur in 3 vorgeschrittenen Fällen. Die Parasiten sollen von den Plexus aus einwandern, wo sich frühzeitig extravasculäre Depots von Trypanosomen mit zahlreichen Teilungsformen vorfinden.

Folgende Methoden sind zu empfehlen:

1. Frischpräparat zwischen Objektträger und Deckglas. Dunkelfeld.

2. Färbepräparat (nach Romanowsky): Lufttrocknen, Fixieren mit absolutem Alkohol für 20—30 Minuten, Methylalkohol 5 Minuten, Färben mit Azur-Eosin oder Leishman-Methylenblau-Eosin.

3. Am besten Ausschleuderung des Liquors mit der Zentrifuge 20 bis 30 Minuten lang.

Chagas hat in 3 von 10 Fällen bei der *amerikanischen Trypanose* des Menschen, die durch das *Schizotrypanum cruzi* verursacht ist (Chagas-Krankheit), im Liquor die Parasiten gefunden; klinisch handelt es sich um eine Meningoencephalitis.

Bei *Fleckfieber* sind im Liquor neben einer Pleocytose eigenartige Zellveränderungen in der Form von Siegelringen beschrieben worden.

Die Parasiten der *Leishmania* (Erreger der *Kala-Azar*) sind in den Capillaren der Meningen und der Plexus gefunden worden; demnach ist es nicht unwahrscheinlich, daß sie auch im Liquor zu finden sind.

Beim *Gelben Fieber* kommt es nach Hoffmann zu Fieberdelirien und echten akuten Geistesstörungen. Der Liquor ist vermehrt und hämorrhagisch; genaue Untersuchungen desselben liegen noch nicht vor.

Die Befunde bei *Poliomyelitis* sind an anderer Stelle angeführt. Sie weisen darauf hin, daß im Liquor dieser Kranken sich charakteristische Veränderungen in den Zellen, die auf das Einwirken des Virus direkt oder indirekt hinweisen, vorfinden (Rehm).

e) Die **Spirochaeta pallida** wurde manchmal im Liquor von Paralytikern, auch bei juveniler Paralyse gefunden; selten ist sie bei dieser Erkrankung im strömenden Blut festzustellen. Häufiger gelingt der

Nachweis von Spirochäten im Liquor von luischen Meningitisfällen. LEBŒUF und GAMBIER beschrieben einen Fall von mittelafrikanischem Rückfallfieber (Recurrens), in welchem sie die entsprechenden Spirochäten im Liquor fanden.

Die Spirochäten nahestehenden Leptospiren sind im Blut von Fleckfieberkranken gefunden. Da es sich vielfach um Meningitiden handelt, so dürften sie auch im Liquor dieser Kranken vorhanden sein.

Bei der WEILschen Krankheit sind Spirochäten in Blut und Liquor nur in den ersten Tagen der Erkrankung durch Tierversuche nachweisbar.

Die Recurrensspirochäte (Spirosoma Duttoni) wurde im Liquor von Paralysekranken nach entsprechender Impfung gefunden. Dabei war die Zellzahl im Liquor erhöht, zuerst im Sinne einer Leukocytose, der Eiweißgehalt war vermehrt. Inwieweit die paralytischen Veränderungen den Befund überlagerten, müssen wir natürlich weitgehend berücksichtigen. Vereinzelte Beobachtungen französischer Autoren sichern das Vorkommen der Spirochäten im Liquor Recurrenskranker.

f) Pilze. Zu erwähnen sind die durch Actinomyces verursachten Meningitiden und cerebralen Granulationsgeschwülste bei von der Schädelbasis fortgeleiteten Prozessen.

Mehrmals ist das Vorkommen von *Blastomyceten* im Liquor beschrieben worden. Als Eingangsstelle werden die Lungen angegeben. Die Hefezellen kommen entweder aus multiplen Abscessen im Gehirn in den Liquor, oder es handelt sich um eine Meningitis. So werden in der Ventrikelflüssigkeit Schleimfäden beschrieben, welche aus Hefeherden bestanden. VERSÉ fand in den weichen Hirnhäuten vorwiegend Phagocyten, die mit Hefezellen vollgepfropft waren. Bei einem Fall von FREEMAN und WEIDMAN war der Liquor klar, es fanden sich 300 Zellen, von denen zwei Drittel grünliche, ovale Körperchen mit stark lichtbrechenden Konturen waren; darunter befanden sich Sproßformen.

g) Bei Ascariden fand FRANKONI[1] gelegentlich erhöhten Liquordruck, Pleocytosen mit 65% Polynucleären und leichte Eiweißvermehrungen.

h) Der Echinococcus, Jugendzustand der Taenia echinococcus, kommt im Gehirn beim Menschen selten zur Beobachtung; es können sich dann einige hundert Blasen an der Oberfläche und in der Substanz des Gehirns ausbilden; zuweilen sitzen sie auch in den Ventrikeln. Die Blasen können eine Größe von einer Erbse bis zu einer Mannsfaust erreichen. Sie wirken sich auf den Liquor im Sinne eines Tumors mit den entsprechenden Merkmalen aus.

Öfters kommen **Cysticerken** zur Beobachtung. Sie bedeuten den Jugendzustand der Taenia solium. Sie sind am häufigsten in der Pia

---

[1] FRANKONI, G.: Erg. inn. Med. **57**, 399 (1939).

und senken sich von da aus in die Hirnrinde. Sind sie in Ventrikelnähe lokalisiert, so können sie einen Hydrocephalus bewirken. Als Reiz auf die Nachbarschaft kommt es zu einer umschriebenen Meningitis, auch zu Blutungen. Die Meningitis hat fibrösen Charakter. Der Liquor hat eine trübe weißliche Beschaffenheit, er kann in schweren Fällen massenhaft kleine Bläschen enthalten, welche die Nadel geradezu verstopfen. Der Druck kann erheblich gesteigert sein; Nonne und Pandy sind positiv; der Eiweißgehalt steigt an; die Mastixkurve zeigt eine typische „Lueszacke"; die Goldsolkurve entspricht der der Paralyse. Die WaR. ist immer negativ. Mikroskopisch finden sich amorphe Kalkmassen, massenhaft Zellen, die im wesentlichen Histiocyten darstellen, gefüllt mit Granula, so daß oft der Kern verdeckt ist. Außerdem sind Leukocyten und Lymphocyten vorhanden, auch Monocyten und Plasmazellen. Weiterhin sieht man große, Tumorzellen ähnliche Gebilde, die fast ganz vom Kern ausgefüllt sind und Carcinomzellen gleichen. Häkchen kommen selten zu Gesicht. Die Zellen sind zum Teil degeneriert und pyknotisch. Zahlreich pflegen Lamellen zu sein, Teile der Cuticula. *In der Regel finden sich etwa 50% Eosinophile unter den Leukocyten des Liquors.*

Im Liquor sind spezifische, komplementbindende Antikörper vorhanden, die sich mittels der Komplementbindungsreaktion, mit Hydatidenflüssigkeit als Antigen, nachweisen lassen (WEINBERG). Zu stützen ist die Diagnose durch den Nachweis von Bernsteinsäure, die sich in den Cysticercusbläschen befindet und in den Liquor übergehen kann, sowie durch den Nachweis einer Vermehrung des Kochsalzes. (Eigene Beobachtung; ferner Arbeiten von G. RIZZO, R. HENNEBERG und W. FISCHER.)

20. Viruskrankheiten.
a) Herpes.

Die Rückenmarksflüssigkeit bei *Herpes zoster* steht meist unter erhöhtem Druck. Es besteht immer eine recht ausgeprägte Liquorlymphocytose von mehreren 100/3 Zellen. Das Eiweiß ist hingegen nur mäßig vermehrt, außerdem finden sich pathologische Kolloidkurven (im linken Kurvenschenkel oder Mittelzacken). Die Pleocytose kann sich beim Herpes zoster im Gegensatz zu allen anderen entzündlichen Erkrankungen des Nervensystems recht lange halten (GREENFIELD und CARMICHAEL); DEMME fand 5 Wochen nach Beginn der Erkrankung noch 163/3 Zellen. Die Eiweißvermehrung bildet sich später zurück als die Pleocytose und kann noch ein Jahr nach Ausbruch der Erkrankung gefunden werden.

Der *Herpes febrilis* zeigt selten Liquorsymptome. PETTE beobachtete allerdings Eiweißvermehrung und Pleocytose. Ähnliche Befunde wurden bei Herpes ophthalmicus (REHM) und Herpes genitalis (RAVAUT und

Darre) erhoben. Bei den neurotropen Viruserkrankungen sind Liquorveränderungen gefunden worden, die in den folgenden Abschnitten besprochen werden.

b) Poliomyelitis acuta anterior (Heine-Medin).

Bereits bei den ersten Prodromalerscheinungen dieser Erkrankung tritt eine Pleocytose im Liquor auf, die mehrere 1000/3 Zellen betragen kann. Sie ist am höchsten beim Auftreten der ersten Lähmungserscheinungen. Die Zellzahl sinkt dann bezeichnenderweise von Tag zu Tag rasch ab. Am 4. oder 5. Krankheitstag finden sich meist nur noch mehrere 100/3, nach 2—4 Wochen sind die Werte wieder normal; im Anfang sind es fast nur polynucleäre Leukocyten, später überwiegen die Lymphocyten; der Liquordruck ist fast regelmäßig erhöht. *Der Zellvermehrung folgen die Eiweißvermehrung und die pathologischen Kolloidkurven im Laufe der ersten Krankheitstage nach.* Gerade im präparalytischen Stadium finden wir trotz der hohen Pleocytose gelegentlich noch normale Eiweißwerte und normale Kolloidkurven. In den nächsten Tagen tritt dann eine Eiweißvermehrung auf das 2—3fache gewöhnlich ein. Die Kolloidkurven zeigen jetzt auch leichte Links- oder Mittelzacken. Das Zellbild des Liquors, das sich zunächst aus Leukocyten zusammensetzt, ändert sich nach Absinken des Fiebers weitgehend im Sinne einer Lymphocytose, außerdem enthält der Liquor eine Anzahl schwer bestimmbarer degenerativer Zellformen. Allmählich vermehren sich die Monocyten, es tritt dann ein chronisches Stadium ein, das biologisch das Heilstadium der Krankheit darstellt. Schon zu Beginn der Krankheit, wie auch später, finden sich in den anschwellenden Lymphocytenkernen acidophile Einschlußkörperchen[1]. Der Liquorbefund der mit Poliomyelitis infizierten Affen ist anscheinend ähnlich. Immerhin ist wenig Genaueres darüber bekannt. Jedenfalls findet sich auch beim Affen eine erhebliche Pleocytose, ferner eine charakteristische Kolloidkurve (Jungblut und Khorago). *Wichtig ist, zu erwähnen, daß die Liquorerscheinungen im Durchschnitt 48 Stunden vor den klinischen vorhanden sind.* Bei der geheilten Affenpoliomyelitis bleiben Liquorveränderungen ähnlich wie beim Menschen monatelang zurück.

Diagnostisch ist wesentlich, und zwar als wichtigstes Unterscheidungsmerkmal gegenüber bakteriellen Meningitiden, daß bei Poliomyelitis normale oder eher erhöhte Zuckerwerte vorhanden sind. Bakteriologisch ist der Liquor stets steril. Wir kennen zwar keinen Liquorbefund, der für Poliomyelitis spezifisch wäre, jedoch ist ein Liquorsyndrom, das einhergeht mit

1. höherer Pleocytose im Anfang (polynucleäre Leukocyten),
2. normalen oder nur leicht erhöhten Eiweißwerten,

---

[1] Rehm: Münch. med. Wschr. **1939**, 1603.

3. erhöhten Zuckerwerten,

4. leichten Ausfällen im Anfangsteil oder in der Mitte der Kolloidkurven,

immer auf Polyomyelitis sehr verdächtig und spricht bei Vorhandensein entsprechender klinischer Symptome sehr für eine derartige Erkrankung.

Schwierig ist die Abgrenzung gegen die sog. aseptische Meningitis, deren Ursache unbekannt ist und die mit großer Wahrscheinlichkeit Krankheitsbilder verschiedenartigster Ätiologie zusammenfaßt. Es ist anzunehmen, daß ein Teil dieser Fälle verkannte Poliomyelitiden sind. O. REHM[1] hoffte, daß die Kerneinschlußkörperchen, die er bei Poliomyelitis beobachtete, differentialdiagnostische Anhaltspunkte geben könnten.

O. REHM[2] bearbeitete den Liquor einer Anzahl klinisch und serologisch sichergestellter Poliomyelitisfälle unter Anwendung der für die Untersuchung auf Einschlußkörperchen bei Viruskrankheiten gebräuchlichen Färbemethoden. Er kam zu dem Resultat, daß es gelingt, bei dieser Erkrankung Einschlußkörperchen färberisch darzustellen, wie sie andere Viruskrankheiten in ähnlicher Art aufweisen. REHM nahm an, daß sich die Einschlußkörperchen in den Kernen der Liquorlymphocyten entwickeln. Methodisch wurde folgendermaßen verfahren:

„Der Liquor wird in 96proz. Alkohol aufgefangen; dieser flockt das Liquoreiweiß aus, in dem die Zellen suspendiert sind. Das durch Zentrifugieren gewonnene Sediment wird nach histologischen Grundsätzen weiterbehandelt, in Celloidin eingebettet und geschnitten.

Die *Färbung* geschah mit Toluidin, Hämatoxylin und Carbol-Methylgrün-Pyronin (UNNA-PAPPENHEIM). Bei den zuletzt untersuchten Fällen von Poliomyelitis fügte ich den genannten Methoden noch die Färbung nach LENTZ, auch MANN und schließlich die mit *Methylenblau-Phloxin* an. Damit sind die Einschlußkörperchen als ein charakteristisches Merkmal der Poliomyelitis als Viruskrankheit am besten darzustellen. Die Färbung mit Methylenblau-Phloxin bewährte sich mir sehr gut. Die Liquorzellfärbungen bergen gewisse Schwierigkeiten in sich, welche in der ‚Materie‘, d. i. in dem Eiweiß als Grundsubstanz, gegeben sind. Die Eiweißverhältnisse sind unter krankhaften Verhältnissen quantitativ und vor allem qualitativ so verschieden, daß jeder Fall gewissermaßen seiner eigenen Technik bedarf." Auf der am Schluß des Buches

---

[1] REHM: Münch. med. Wschr. **1939**, 1603.

[2] a) Vortrag bei der Versammlung Südwestdeutscher Neurologen und Psychiater in Baden-Baden, 4. Juni 1939. — b) Die epidemische Kinderlähmung. Beitrag zur Pathologie des Liquors. Klin. Wschr. **1934**, 13.

befindlichen Tafel sind die sich ergebenden Liquorzellbilder zur Darstellung gebracht worden.

Die genauere Betrachtung der Lymphocytenkerne zeigt deutlich den Zerfall der Chromatinsubstanz bei der Färbung mit Toluidin und Hämatoxylin (Bild a). Wir erkennen Kerne, die als Einschluß ein Körperchen bergen, das von kreisrunder oder auch ovaler Form und verschiedener Größe ist. Es ist von einem hellen Hof umgeben; das Chromatin ist an der Peripherie des Hofes oft angereichert.

Bei Doppelfärbungen mit baso- und acidophilen Farbstoffen sehen wir eigenartige Körperchen, welche bei einer Größe von 1 μ von fast kreisrunder Form sind. Sie sind stark lichtbrechend, haben eine kräftige Kontur, welche angereicherte Chromatinsubstanz zu enthalten scheint. Der größere Teil des Inhalts wird von einem Kern ausgefüllt, der bei gelungener Färbung rot erscheint, nur eine Andeutung von Farbschattierung aufweist und im wesentlichen gleichmäßig gefärbt ist (Bild b). Bei weniger guter Färbung haben die Gebilde eine blaue Tingierung.

Deutlicher kommen die Körnchen zum Ausdruck, wenn wir mit Mann bzw. Lentz oder am besten mit *Methylenblau-Phloxin* färben. Wir sehen dann (Bild c) bei einem Fall am 3. Tag der Krankheit die Mehrzahl der Lymphocyten mit Einschlußkörperchen im Kern. Die Kernkörperchen scheinen sich zu vermehren und zu verdicken. Der Kern hellt sich im ganzen auf, das Chromatin schließt einen Hof ein, in welchem ein acidophil gefärbtes Körperchen liegt. Manchmal scheint die Hofbildung noch nicht vollendet; öfters treten diese *Einschlußkörperchen* an den Rand des Kernes, ragen über ihn heraus und sind offenbar im Begriff, ihn zu verlassen. Mit dem Wachstum der Einschlußkörperchen vergrößert sich der Kern. Schließlich sieht man ‚Kernleichen‘ mit Vakuolen, ersichtlich dem Raum, aus dem das Einschlußkörperchen herausgetreten ist.

Wenn wir die Präparate vergleichen, so erkennen wir, daß die erkrankten Lymphocytenkerne im ganzen einen leichten roten Schimmer annehmen, wodurch sie sich sofort zu erkennen geben. Dieser Schimmer wird durch die Vermehrung und Verdickung der Kernkörperchen verursacht. Wenn sich dann im weiteren Verlauf der Entwicklung das Chromatin als Einrahmung der Einschlußkörperchen anreichert, sehen wir wieder mehr basophile Substanz. Im übrigen zeigt das Gesichtsfeld freie basophile Körnchen, die staubartig frei lagern und manchmal kleine Ringe bilden, d. h. eine Aufhellung im Innern erfahren. Sie sind der Rest der zerfallenen Kerne.

ʹSchließlich bringen wir in einem Übersichtsbild das *Entwicklungsschema* der Einschlußkörperchen (Bild d). Wir sehen in der oberen Reihe Lymphocyten, die Chromatinverarmung des Kernes mit

Aufsplitterung, Vermehrung und Verdickung der Kernkörperchen zeigen. Gleichzeitig tritt ein acidophiler Schimmer des Zellkernes ein. Die chromatische Substanz wird einesteils an den Kernrand gepreßt, anderteils tritt eine Hofbildung mit Anreicherung des Chromatins als Umrandung des Hofes ein. Die Einschlußkörperchen werden deutlich, sie wirken rosettenförmig. Einzelne Einschlußkörperchen treten an den Kernrand und schließlich aus dem Kern hervor, wobei sie an Größe zunehmen."

c) Encephalitis epidemica.

Während der im Jahre 1920 herrschenden Epidemie konnte das Liquorsyndrom dieser Erkrankung eingehend beobachtet werden: Der Liquordruck ist meist erhöht, die Zellzahl vermehrt, jedoch meist nur auf Werte bis zu 50/3 hinauf. Bei zahlreichen Fällen liegen im Beginn der Erkrankung normale Zellzahlen vor. In den ersten Krankheitstagen finden sich entsprechend den histologischen Befunden polynucleäre Leukocyten; die Zellvermehrung schwindet rasch; Eiweißvermehrung besteht nicht oder ist nur sehr gering ausgeprägt. Bemerkenswert ist der Gegensatz zwischen der Pleocytose und der fehlenden oder geringen Eiweißvermehrung (cytoalbuminische Dissoziation).

Die Kolloidkurven sind meist normal, oder es treten nur leichte Zacken im Anfangsteil der Kurven auf. Gelegentlich haben sich allerdings bei der Goldsolreaktion „Paralysekurven" gefunden.

Daß ein sehr ausgeprägtes Liquorsyndrom mit hoher Pleocytose, stärkerer Eiweißvermehrung sowie tiefen Kolloidzacken bei gleichzeitig bestehender Hyperglykorrhachie auftreten kann, geht aus nachstehend angeführtem Befund hervor.

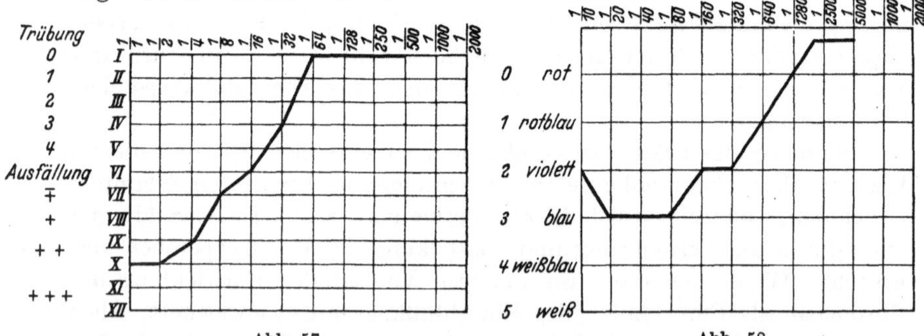

Abb. 57.   Abb. 58.

Abb. 57 u. 58. Akute Encephalitis epidemica. Zellzahl 924/3 (Lymphocyten), Gesamteiweiß 100 mg%, Albumin 86 mg%, Globuline 14 mg%, Eiweißquotient 0,16, Zucker 86 mg%.

Am charakteristischsten ist bei Fällen von Encephalitis epidemica die Steigerung der Liquorzuckerwerte. Diese ist bereits von Economo beschrieben worden. Man findet häufig Werte, die 100 mg betragen oder überschreiten (Normalwerte 45—75 mg%).

Bakteriologisch ist der Liquor stets steril. Hinzufügen müssen wir noch, daß eine hohe Zellzahl, insbesondere eine starke Vermehrung der Leukocyten, d. h. Werte von mehreren 1000/3 Zellen, mehr für Poliomyelitis und gegen Encephalitis epidemica sprechen würden.

d) Einheimische Panencephalitis vom Typus der Encephalitis japonica.

Die Frage nach dem Vorkommen einer Encephalitis vom Charakter einer Japonica im Deutschland muß nach den von PETTE[1] gemachten Erfahrungen unbedingt bejaht werden. Gegenüber der ECONOMOschen Krankheit fehlen meningeale Symptome selten, der Liquor zeigt entsprechende entzündliche Veränderungen. KANEKO und AOKI fanden in 36 Fällen Zellwerte zwischen 9 und 350 im Kubikmillimeter bei geringer Eiweißvermehrung. PETTE notierte bei einem seiner sehr bekannt gewordenen Fälle schwache Eiweißvermehrung, 26/3 Zellen, Zuckergehalt 82 mg%, in der Mastixkurve Linkszacke, bei einem weiteren zunächst regelrechte Liquorverhältnisse, später leichte Eiweißvermehrung, schwache Pleocytose und Ausfall der Mastixkurve im Anfangsteil.

CONRAD und DELLBRÜGGE fanden bei einem, mit den von PETTE beobachteten Krankheitsbildern weitgehend übereinstimmenden Fall, normale Eiweißwerte, Goldsol linksverschobene Kurve bis Blau, Mastix normal. Liquorzucker 75 mg%, bei einer späteren Punktion 81 mg%, Zellzahl 4/3, Druck 280 mm. Bakteriologisch steril; bei einer späteren Punktion betrug die Zellzahl 1/3, das Gesamteiweiß 48 mg%, der Eiweißquotient 0,2, der Zucker 56 mg%, Goldsol mäßig tiefe unspezifische Zacke im 4. Röhrchen bis Violett.

ROEDER stellte bei einem durch die Hirnsektion gesicherten Fall von Panencephalitis vom Typ der Japonica, der unter meningealen Reizerscheinungen ad' exitum führte, einen erhöhten Liquordruck fest, Gesamteiweiß und Globulin waren stark vermehrt, tiefe Kolloidzacken in den mittleren Konzentrationen vorhanden. Zellzahl 434/3, vorwiegend Lymphocyten, im ganzen ein meningitisches Liquorsyndrom.

Es ist zu erwarten, daß sich nach der eingehenden Beschreibung des Krankheitsbildes durch PETTE die Erfahrungen hinsichtlich der bei dieser Erkrankung auftretenden Liquorsyndrome und ihrer Beziehung zum klinischen Verlauf noch erweitern werden.

e) Encephalitis post vaccinationem.

Der Liquorbefund richtet sich danach, ob eine stärkere meningitische Reizung besteht. Zahlreiche Fälle weisen bei Fehlen einer solchen einen normalen Befund auf. Die ausgeprägten meningitischen Reizzustände nach Kuhpockenimpfung zeigen hingegen eine relativ geringe Lymphocytose (mehrere 100/3 Zellen), Eiweißvermehrung und entsprechende

---

[1] PETTE, H.: Münch. med. Wschr. **1938**, Nr 30, 1137—1140.

pathologische Kolloidkurven. Gegen Meningitis (z. B. tuberkulöse) sprechen die normalen oder leicht erhöhten Zuckerwerte des bakteriologisch sterilen Liquors.

f) Pocken.

Bei den Pocken gelang der Virusnachweis im Liquor sehr häufig (GILDEMEISTER und HILGERS). Bei menschlichen Impflingen mit ungestörtem Impfverlauf waren die Liquoruntersuchungen stets negativ.

g) Lyssa.

Im Schrifttum finden sich nur wenige Beobachtungen.

KRADT, STERLING, WEBER und LÖWENBERG haben Liquoruntersuchungen bei Fällen von Tollwut durchgeführt.

Bei WEBERS 3 Fällen waren im 1. Fall 432/3 Zellen vorhanden, polynucleäre und Lymphocyten. Die Mastixkurve zeigte eine leichte Linkszacke. Die NONNEsche Reaktion war positiv. Im 2. Fall wurden 188/3 Zellen gefunden (Lymphocyten). Die Mastixreaktion war normal. In beiden Fällen war der Liquor steril. Beim 3. Fall fand sich, abgesehen von einer mäßigen Pleocytose und einem schwach positiven Nonne, nichts Pathologisches.

FEDOROFF und LÖWENBERG teilten einen Fall mit, der eine stärkere meningitische Reizung gezeigt hatte; im Liquor fanden sich 1032/3 Zellen, schwach positive Globulinreaktionen, sowie mäßig ausgeprägte pathologische Kolloidkurven. LÖWENBERG machte die Erfahrung, daß sich bei menschlicher Lyssa zum Teil normale Zellwerte finden neben Pleocytose. Er beobachtete ebenfalls positive Kolloidreaktionen sowie Globulinvermehrung. Es hängt, wie bei Encephalitiden anderer Ätiologie, weitgehend von der Beteiligung der Hirnhäute am Krankheitsprozeß ab, welche Liquorsymptome bei der Lyssa-Encephalitis auftreten, auch ist der Zeitpunkt der Punktion von Bedeutung. Die NEGRIschen Körperchen sollen sich ausnahmsweise in der Cerebrospinalflüssigkeit vorfinden. So soll auch das Ultravirus ausnahmsweise in der Cerebrospinalflüssigkeit vorkommen (PASTEUR). In einigen Fällen wurde eine sehr starke Leukocytose bei verhältnismäßig geringer Eiweißvermehrung gefunden. Es ist offenbar so, daß, beim Menschen wenigstens, wie bei allen akuten entzündlichen Erkrankungen der Meningen zuerst eine Leukocytose erscheint, die dann einer Lymphocytose Platz macht.

h) Schweinehüterkrankheit.

Die Schweinehüterkrankheit ist besonders in der Schweiz beschrieben worden. Sie erscheint unter dem Bilde einer serösen Meningitis (Meningitis serosa porcinarii) als Saisonkrankheit. Das Virus hat seinen Sitz im Blut, im Liquor und in den meisten Organen. Der Liquor ist trüb, die Globulinreaktion positiv, es bestehen Pleocytosen von mehreren 100/3 Zellen (FRANKONI).

i) Parotitis epidemica.

Bei der Parotitis epidemica wird gelegentlich eine Meningitis beobachtet, welche 3—8 Tage nach Ausbruch der Parotitis eintritt. Im Liquor besteht zuerst eine cytoalbuminische Dissoziation; dann nimmt die Pleocytose ab und die Eiweißwerte steigen. Im Vordergrund des Zellbildes stehen Mononucleäre (FRANKONI und JASINSKI).

k) Varicellen.

Varicellen verursachen selten eine Meningitis. Bei einem von FRANKONI beobachteten Fall bestanden Pleocytose sowie leichte Ausschläge innerhalb der Goldsolkurve.

21. Pathologie des Tierliquors.

a) Pferd. Da sich bei der Bornaschen Krankheit der Pferde eine geringgradige zellige Infiltration der Meningen findet, die ·im wesentlichen aus Lymphocyten und Histiocyten besteht, ist mit mäßigen Liquorveränderungen zu rechnen, wenn auch die Hirnhäute nur sekundär in Mitleidenschaft gezogen werden.

Die Liquorbefunde ·von JOHNE und von JOEST sind nicht zu gebrauchen, weil sie vom toten Tier stammen. Einschlußkörperchen wurden nicht gefunden.

Bei der *enzootischen Encephalomyelytis* des Pferdes fanden MEYER, WOOD, HARING und HOWITT „vermehrte" Spinalflüssigkeit; sie war trüb bis zur Wolkenbildung. Die Zahl der Zellen betrug 600—25000, teilweise Leukocyten. Nach W. MENK ist das Virus auch im Liquor zu finden.

REHM gelang es, im Liquor eines Pferdes und eines Maultieres *Rikettsien* darzustellen. Der Liquor wies beim Pferde eine mäßig starke Pleocytose, ferner bei beiden Tieren eine leichte Eiweißvermehrung auf.

Bei der FRÖHNER-DOBBERSTEINschen *Gehirn-Rückenmarks-Entzündung* des Pferdes wird eine geringe Vermehrung des Eiweißgehaltes im Liquor beschrieben; zellige Bestandteile sind nicht beschrieben.

F. ROSENBUSCH hat bei Untersuchungen über *Mal de Caderas* in Argentinien die Trypanosomen bei 35,3% der Pferde im Blut gefunden. Im Liquor waren die Parasiten, auch wenn sie im Blut nicht vorhanden waren, in kleinen Mengen nachweisbar. Es kommt zu einer beträchtlichen Zunahme der Zellelemente, hauptsächlich von Lymphocyten und großen Mononucleären. Die Eiweißvermehrung beträgt bis zu 35%; der Pandy ist positiv.

Daß jede Erkrankung der weichen Hirnhäute mit einer Reaktion des Liquors verbunden ist, ist selbstverständlich; so wird man bei Erkrankungen dieser Art bei den einschlägigen Tieren Liquorsymptome feststellen können.

Meningitische Erkrankungen, wenn auch ohne Nachweisbarkeit der Erreger, finden sich häufig, so bei der Influenza des Pferdes und beim bösartigen Katarrhalfieber des Rindes. Bei der zu erwartenden Durchforschung des Liquors der Tiere werden sich wahrscheinlich viele weitere Befunde, vielleicht auch therapeutisch zu verwertende Gesichtspunkte ergeben.

b) Rind. Mit Pocken geimpfte junge Tiere zeigen (nach eigenen Untersuchungen) auf dem Höhepunkt der Infektion am 4. Tag, an welchem dann auch Fieber besteht, meist eine leichte Zellvermehrung bis 35/3. Das Gesamteiweiß beträgt durchschnittlich 19,7 mg %, Globulin 0,3, Albumin 1,6 und der Eiweißquotient 0,2. Pandy und Nonne sind negativ. Die Normomastixkurve verhält sich wie bei den normalen Rindern (Ausfällung im linken Kurvenschenkel). Demnach besteht bei den pockenkranken Rindern eine cytoalbuminäre Dissoziation leichter Art. FRAUCHIGER und HOFMANN erwarten einen positiven Liquorbefund beim bösartigen Katarrhalfieber des Rindes, bei welchem SEYFRIED eine geringfügige Leptomeningitis und ein geringgradiges Ödem der Leptomeningen fand.

c) Hund. Über den Liquor des kranken Hundes ist anscheinend nicht viel bekannt; es haben nur ROMAN und LAPP die Liquordiagnostik als bestes klinisches Verfahren zur Feststellung der *Staupe* bezeichnet. SEYFRIED erwähnt, daß sich bei der *Lyssa* die NEGRIschen Körperchen nur ausnahmsweise im Liquor finden.

d) Schwein. Bei der *Virusschweinepest* (Hog-Cholera-Encephalitis) findet sich in 70—90 % der Fälle eine nichteitrige Meningoencephalitis; außerdem bestehen umfangreiche Blutungen in der Pia, ferner Ödem derselben mit Ansammlung gallertartiger, sulziger Massen. Dementsprechend ist der Zellgehalt des Liquors nach SEYFRIED an Lymphocyten wesentlich erhöht; außerdem sind dort häufig zahlreiche rote Blutkörperchen nachzuweisen.

e) Kaninchen. Die *Coccidiose* des Kaninchen wurde von ZEKI studiert. Sie ist mit einer mehr oder weniger ausgebreiteten Meningoencephalitis verbunden; demnach findet sich im Liquor eine steigende Zellzahl bis 74/3 (kleine und große Lymphocyten); Pandy, Nonne und Weichbrodt sind positiv; das Gesamteiweiß beträgt bis zu $^2/_3$ %; die Mastixkurve ist positiv. ILLERT und JAHNEL stellten fest, daß monatelang unter Kontrolle stehende Tiere mit stets normalem Liquor plötzlich Liquorveränderungen zeigten, die auf das Bestehen einer *Spontanencephalitis* hinwiesen. Die Liquorveränderungen sind außerordentlich großen Schwankungen unterworfen; meningitische Veränderungen können fehlen; umgekehrt kann trotz negativen Liquorbefunds eine Spontanencephalitis vorliegen. Solche Untersuchungen mahnen zu höchster Vorsicht bei Auswertung pathologischer Befunde im Liquor bei experimentellen Untersuchungen. So verlangt MOLLARET vorherige Liquorkontrolle der Affen, welche zur Impfung, besonders von neurotropem Virus, herangezogen werden. Der Autor hat mehrfach bei scheinbar gesunden Tieren einen pathologischen Zustand der Meningen gefunden.

22. Liquorveränderungen im Tierversuch.

a) Affe. Das für experimentelle Untersuchungen bevorzugt herangezogene Tier ist der *Affe*, besonders der Macacus rhesus. MOLLARET und ERBER fanden bei mit *Poliomyelitis* intracerebral geimpften Affen eine Zellzahl von 50 bis 1500; von den Zellen waren ein Drittel Polynucleäre. Pandy war positiv, ebenso die Benzoekurve. Diese Liquorerscheinungen waren in der Regel 48 Stunden vor den klinischen vorhanden. Mit Virus von viscerotropem gelbem Fieber subcutan geimpft, zeigen sie bei Fehlen nervöser Symptome im Liquor Lymphocytose, leichte Albuminvermehrung, negativen Pandy und normale Benzoekurve. Bei Einspritzung von neurotropem Virus finden sich im Liquor Pleocytose und positive Benzoereaktion. JUNGBLUT und KHORAZO fanden bei 61 mit Poliomyelitis geimpften Affen eine mehr oder weniger pathologische Goldsolkurve.

Von TEDESCHI wurde ein Affe mit *Lepra* inoculiert; er wurde paraplegisch; bei der Sektion fanden sich im Hirnherd und subarachnoideal zahllose Bakterien. Bei der experimentellen *Schlafkrankheit* kommen nach VAN HOF starke Liquorveränderungen zustande. Neben starker Zellvermehrung bis zu 1890/3 wurden große Mononucleäre, seltener Maulbeerzellen und selten Trypanosomen festgestellt.

b) Hund. APELT hat den Liquor von mit Trypanosomen infizierten *Hunden* untersucht. Die Tiere, welche mit *Trypanosoma Tsetse* infiziert waren, zeigten eine Lymphocytose zwischen 12/3 bis 276/3 und leichten Nonne. Bei fortschreitender Erkrankung und bei mehrfachen Punktionen wurden die Zellwerte höher. Hunde, welche mit *Streptococcus mucosus* occipital infiziert waren, zeigten nach KASAHARA und SHIMAZU trüben Liquor mit Spinngewebe, Vermehrung des Eiweißes bzw. Globulins, Vermehrung des Zuckers, ferner Pleocytose mit Überwiegen der Polynucleären.

c) Rind. Beim *Rind*, das experimentell mit Poliomyelitis infiziert war, fanden FRAUCHIGER und HOFMANN folgende Werte: Zellzahl 22/3, hauptsächlich Lymphocyten, Nonne +, Takata-Ara +. Gesamteiweiß erhöht, Zucker normal. Mastix normal, Goldsol „Meningealtyp". Ähnlich war der Befund bei einem mit Poliomyelitis infizierten Stier.

d) Kaninchen. ZEKI erklärte, daß trotz zahlreicher Untersuchungen es bis heute noch nicht gelungen sei, bei den verschiedenen natürlichen und den künstlich erzeugten Krankheiten differentialdiagnostisch verwertbare, und für die einzelnen Krankheiten einigermaßen kennzeichnende Liquorveränderungen aufzufinden. Die Stärke derselben ist von dem Ausmaß der entzündlichen Reaktion abhängig. Besonders aber spiegelt sich die Art der Entzündung der mesodermalen Gewebe in den cytologischen Verhältnissen des Liquors wider.

KASAHARA und SHIMAZU infizierten Kaninchen mit Streptococcus mucosus. Dadurch wurde eine Meningitis verursacht; die Spinalflüssigkeit zeigte eine trübe Farbe, Vermehrung des Eiweißes, insbesondere des Globulins, Pleocytose und Verminderung des Zuckers.

Die experimentelle Kaninchen-*Syphilis* ist von MULZER und PLAUT bearbeitet; bei einem Drittel der syphilitischen Kaninchen wurden Zellvermehrung und NONNEsche Reaktion festgestellt.

Der Nachweis des *Pocken*-Virus gelang GILDEMEISTER und HILGERS im Liquor bei 5 von 34 Kaninchen. NIKOLAU und KOPCIOWSKA haben Kaninchen cerebral mit *Herpes*-Emulsion infiziert. Der Liquor dieser Tiere wurden anderen Kaninchen subdural injiziert. Nach 36 Stunden fanden sich viele Polynucleäre; später degenerierten diese, indem sie oxyphil und pyknotisch wurden; es kam zur Zertrümmerung des Chromatins. Vom 3. Tag an entwickelte sich eine Mononucleose; vom 4. Tag an überwogen Mononucleäre die Polynucleären. JAHNEL und ILLERT haben Conjunctivalsekret *herpeskranker* Kaninchen subdural Kaninchen injiziert; Liquorbefund: Vermehrung des Eiweißes und besonders des Globulins; Pleocytose (Plasmazellen, Lymphocyten).

Bei der experimentellen *Herpesencephalitis* der Kaninchen setzt nach PETTE die Pleocytose sehr akut ein und geht dann allmählich wieder zurück. In den ersten Tagen findet sich ein hoher Prozentsatz (25%) Leukocyten, dazu große und kleine Lymphocyten. Die Leukocytose klingt in den folgenden Tagen ab, es bleiben Lymphocyten. Das Gesamteiweiß ist schon im ersten Stadium vermehrt, die Mastixprobe uncharakteristisch.

ZEKI hat 70 Tiere mit *Borna* intracerebral infiziert. Am ersten Tag kommt es zu einem pathologischen Zellbefund, der rasch verschwindet. 20 Stunden nach der Injektion ist der Höhepunkt der Zellvermehrung (1000—5000 Zellen). Nach 6—12 Tagen tritt eine zweite Liquorreaktion ein. Die Zellzahlen erreichen nicht mehr die frühere Höhe, dagegen ist der Gehalt an Globulin und Gesamteiweiß wesentlich höher. ZEKI fand, ähnlich wie REHM bei der Poliomyelitis, tiefgehende Veränderungen innerhalb der Zellen bis zur Bildung von Fädchen und kleinsten, stark lichtbrechenden Körnchen.

Sachverzeichnis.

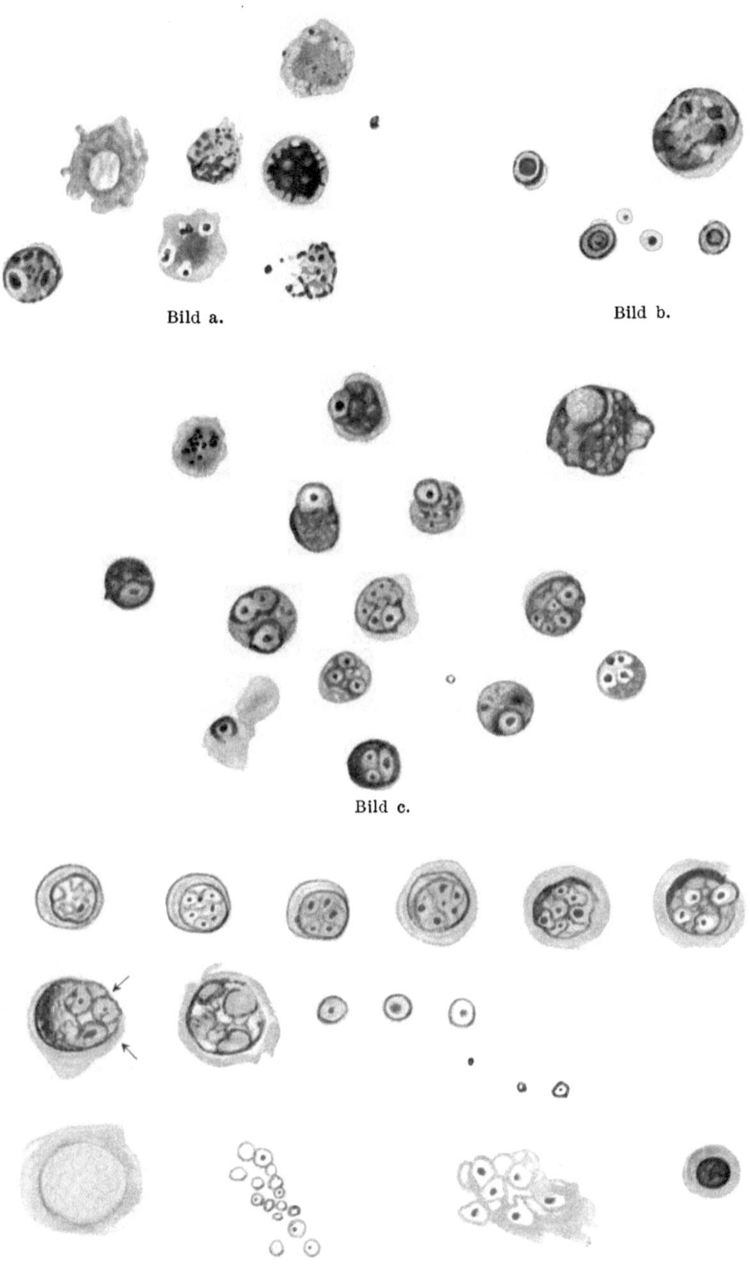

Bild a.

Bild b.

Bild c.

Bild d.

Einschlußkörper (durch Pfeile gekennzeichnet) im Liquor cerebrospinalis Poliomyelitiskranker.   (Nach Rehm. Zu S. 170/171.)

Roeder u. Rehm, Cerebrospinalflüssigkeit.

Liquor · Hirnpunktion · Röntgenologie. (Allgemeine Neurologie VII/2. Allgemeine Symptomatologie einschl. Untersuchungsmethoden V/2. Handbuch der Neurologie, VII. Band, 2. Teil.) Mit 416 Abbildungen. VIII, 553 Seiten. 1936. RM 117.—; Ganzleinen RM 122.—

Physiologie und Pathologie der Liquormechanik und Liquordynamik. Anatomie des Liquorsystems. Methoden der Liquorentnahme. Entstehung des Liquor cerebrospinalis. Liquorresorption. Liquorzirkulation. Passage- und Resorptionsprüfungen. Störungen der Liquorresorption und Liquorzirkulation und ihre Behandlung. Liquormenge und Liquorregeneration. Liquordruck. Zweck und Funktion des Liquors. – Hirnpunktion. Die Hirnpunktion bei Hirntumoren. Die Untersuchung der gewonnenen Hirnpartikel. Intrakranielle Blutungen. Therapeutische Anwendung der Hirnpunktion. – Röntgendiagnostik. Gehirn und Häute: Tumor cerebri. Traumatische Veränderungen. Kongenitale Veränderungen. Entzündliche Veränderungen. – Rückenmark, Rückenmarkshäute und Wirbel. Abweichungen der Meningen. Abweichungen der Knochen und Gelenke als Folge von Erkrankungen des Nervensystems. Abweichungen der Wirbel. Kongenitale Anomalien. – Peripheres Nervensystem. – Röntgendiagnostik des Gehirns und Rückenmarks durch Kontrastverfahren. Encephalographie durch Darstellung des Liquorsystems mit gasförmigen Kontrastmitteln. Allgemeiner Teil. Spezieller Teil. Anhang: Die Pneumocephalia intracranialis spontanea. Encephalographie durch Darstellung des Liquorsystems mit flüssigen Kontrastmitteln (Jodöl, Thorotrast, Jodnatrium, Abrodil). Encephalographie durch Kontrastdarstellung des Gefäßsystems (Angiographie). (Arteriographie, Phlebographie.) Encephalographie durch kombinierte Kontrastdarstellung des Liquor- und Gefäßsystems (Encephalo-Arteriographie). Myelographie.

Krankheiten des Nervensystems. (Bildet Band V vom „Handbuch der inneren Medizin", dritte Auflage, herausgegeben von G. v. Bergmann, Berlin, und R. Staehelin, Basel, unter Mitwirkung von Dr. V. Salle, Berlin. In zwei Teilen. Mit 611 zum Teil farbigen Abbildungen. XXI, 1797 Seiten. 1939. RM 132.—; Ganzleinen RM 141.60

Erster Teil: Allgemeiner Teil: Das Nervensystem und seine Korrelationen. Die Tätigkeit des Zentralnervensystems. Das Nervensystem und die vegetativen Funktionen. Allgemeine Anatomie, Physiologie, Pathologie und Symptomatologie. Gehirn. Rückenmark. Periphere Nerven. Liquor cerebrospinalis einschl. Röntgendiagnostik der Liquorräume. Spezieller Teil: Die Krankheiten des Gehirns und seiner Häute. Die Zirkulationsstörungen. Die entzündlichen Krankheiten des Gehirns und seiner Häute. Angeborene Krankheiten und Geburtsverletzungen des Gehirns. Die raumbeengenden Krankheiten im Schädelinnern. Senile und präsenile Hirnkrankheiten. Die traumatischen Hirnschädigungen. Die Krankheiten des extrapyramidalen Systems. Die syphilitischen Krankheiten des Gehirns. Die Krankheiten der Brücke und der Oblongata. Die Krankheiten des Kleinhirns.

Zweiter Teil: Die Krankheiten des Rückenmarks. Die Krankheiten der peripheren Nerven. Multiple Sklerose. Allgemeine Vorbemerkungen zur Erbpathologie der Nervenkrankheiten. Vorwiegend erblich auftretende neuromuskuläre und andere Erkrankungen. Kopfschmerz, Migräne, Schwindel. Vasomotorische und trophische Erkrankungen. Psychopathische Anlagen, Zustände, Einstellungen und Entwicklungen. Genuine Epilepsie und symptomatische epileptische Zustände. Namen- und Sachverzeichnis.

Die physikalischen Methoden der Liquordiagnostik. Von Dr. Fritz Roeder, Göttingen. (Sonderabdruck aus Zeitschrift für die gesamte Neurologie und Psychiatrie, Bd. 159.) Mit 26 Abbildungen und 15 Tabellen. VII, 63 Seiten. 1937. RM 3.60